Le dualisme antiréaliste et semi-empirique de Bernard Vidal

Ouverture philosophique

Collection dirigée par, Dominique Chateau, Jean-Marc Lachaud et Bruno Péquignot

Une collection d'ouvrages qui se propose d'accueillir des travaux originaux sans exclusive d'écoles ou de thématiques.

Il s'agit de favoriser la confrontation de recherches et des réflexions, qu'elles soient le fait de philosophes « professionnels » ou non. On n'y confondra donc pas la philosophie avec une discipline académique ; elle est réputée être le fait de tous ceux qu'habite la passion de penser, qu'ils soient professeurs de philosophie, spécialistes des sciences humaines, sociales ou naturelles, ou… polisseurs de verres de lunettes astronomiques.

Dernières parutions

Jean-Louis BISCHOFF, *Penser la notion de rencontre*, 2017.

HyeJeong SEO, Paul Ricœur, *Image de Dieu* : Rédemption et Eschatologie, Tome 2, 2017.

HyeJeong SEO, Paul Ricœur, *Image de Dieu* : Origine et déchéance, Tome 1, 2017.

Dimitra PANOPOULOS, *L'hypothèse platonicienne*, 2017.

Hans COVA, *Pour une approche stratégique des espaces politiques, Essai de philosophie politique*, 2017.

Tristan VELARDO, *Georges Palante, La révolte pessimiste*, 2017.

Robert TIRVAUDEY, *Apprendre à penser avec Marc Aurèle,* 2017.

Xavier LAMBERT (dir.), *Action, énaction. L'émergence de l'œuvre d'art*, 2017.

Alessia J. MAGLIACANE, *Zéro. Révolution et critique de la raison. De Sade et Kierkegaard à Adorno et Cavell*, 2017.

Olivier NANNIPIERI, *Du réel au virtuel. Les paradoxes de la présence*, 2017.

Fallander KALTCHAREL

LE DUALISME ANTIREALISTE ET SEMI-EMPIRIQUE DE BERNARD VIDAL

De l'*apeiron* d'Anaximandre
aux maîtres de la quantique
et à l'empirisme de van Fraassen

L'Harmattan

5-7, rue de l'École-Polytechnique ; 75005 Paris

http://www.editions-harmattan.fr

ISBN : 978-2-343-12048-5

EAN : 9782343120485

Avertissements

Dans cet exposé sur le dualisme de Bernard Vidal (1943-) nous avons fait le choix de la brièveté, de la simplicité et de la clarté. Nous avons privilégié, en général, mais pas de façon exclusive, les références et études pour un public cultivé plutôt que celles des spécialistes. Il fallait penser en effet à bien des scientifiques pour qui les discours philosophiques, en particulier ceux relatifs à l'Antiquité grecque, ne sont pas familiers ou dont leur formation scientifique aurait pu à tort les prévenir, voire les immuniser. Il fallait penser de même à ceux que les œuvres scientifiques contemporaines, et leurs analyses ou commentaires spécialisés, rebuteraient. Nous avons essayé de mettre notre exposé à la portée du plus grand nombre, et chacun pourra déceler dans tel ou tel domaine, qui lui serait plus familier, des choix relevant de la vulgarisation — terme sans connotation péjorative — et peut-être même s'en étonner. Certes, nous avons pu prendre des raccourcis qui pourraient paraître osés, mais nous pensons qu'ils ne le sont en fait qu'au premier abord. Nous nous sommes tenu aussi près que possible de la pensée de Vidal, nous efforçant de ne jamais la dénaturer.

On trouve les termes « en soi » écrits en italiques : *en soi*, comme le pratique parfois Vidal, et bien sûr sans accorder le pronom (en lui, en nous, en elle…). La chose *en soi* est en effet un concept philosophique introduit par Emmanuel Kant. Il signifie le réel tel qu'il pourrait être pensé hors de toute sensation, si l'on préfère hors de toute expérience, tel qu'en lui-même. À ce titre philosophique, *en soi* est masculin et invariable. De même, nous utilisons des italiques pour le *Réel en nous*, ce qui souligne le caractère antithétique de ce réel par rapport à l'*en soi* de Kant. L'ensemble de ces trois mots forme ainsi un tout, un bloc, permettant une identification immédiate du concept une fois qu'il a été défini. Nous utilisons aussi « le Un » et non pas « l'Un », ce qui fait ressortir le mot Un.

Le terme ontologique concerne la philosophie de ce qui se rapporte à l'être, le terme ontique ce qui se rapporte à l'étant. Ce dernier est peu compris, peu utilisé en dehors des écrits spécialisés ; nous utiliserons plutôt des périphrases illustratives. Des métaphores pédagogiques, peut-être osées parfois, mettant en jeu notre expérience du quotidien, pourront si besoin en est être utilisées pour faciliter la compréhension.

Nous avons fait le choix d'écrire : antiréaliste et antiréalisme, plutôt que anti-réaliste et anti-réalisme. Nous utilisons de façon osée le mot intelligibilisation au sens de porter à l'intelligibilité. Le mot transcendance est utilisé avec une connotation d'absolu, de divin.

Précisons que la nature est, pour chacun de nous, ce qu'il perçoit lorsque, sa conscience et sa sensibilité étant en œuvre, il est frappé par ce qui semble de prime abord, seulement de prime abord, ne pas être lui et qui l'enserre de toutes parts, ce qui s'impose à sa perception. La nature est un brut empirique. C'est un empirisme. Nous employons le terme d'univers en synonyme de la nature.

L'esprit de l'homme fait partie de la nature, parce que les facultés mentales ne sont pas séparables de la matière, au moins celle du cerveau, qui fait partie de nature. Le brut empirique contient aussi l'esprit de l'homme en tant qu'esprit empirique. Parfois nous mentionnons ce fait « empirique » pour le rappeler. Cependant, comme Vidal ne fétichise pas l'empirisme, pour modérer ce terme nous parlerons parfois de semi-empirique. Le dualisme de Vidal a en effet d'autres dimensions que la seule dimension empirique, ce qui allège le caractère prégnant de celle-ci. Certes, nous écrivons antiréaliste et semi-empirique alors que dans le second, francisation du mot anglais *semiempirical*, il vaudrait mieux éviter le trait d'union, mais l'usage des scientifiques français l'introduit.

Le chapitre VI traite de l'empirisme de Bas C. van Fraassen, soulignant ce qui distingue celui de Vidal d'un empirisme classique et de celui de van Fraassen.

On utilise les termes de « monde des phénomènes », « phénomène » étant pris au sens scientifique. Ce « monde » appartient, bien sûr, à la nature. Il est une des façons qu'a notre esprit, dans son travail de construction d'un modèle de la nature, de concevoir celle-ci, de faire pénétrer dans une logique l'empirisme de ses sensations, de l'encadrer. L'esprit intervient ainsi pour découper — en métaphore — la nature en petits morceaux : les phénomènes, de même que les catégories de choses, c'est-à-dire qu'il isole dans la nature certaines activités, objets ou états... de celle-ci, du tout qu'elle forme, et leur donne une identité individuelle. Il le fait comme si ces activités, objets ou états... étaient en propre à la nature, préexistant en dehors de toute perception, toute sensibilité, tout esprit. Ceci lui permet de construire le modèle scientifique à partir, entre autres, de ces morceaux que nous appelons les phénomènes. Le monde des phénomènes, la catégorisation de façon générale, constituent donc déjà une construction intellectuelle à partir de l'empirique de la nature, une pré-modélisation. De ce fait, lorsque le scientifique s'intéresse à la nature pour en construire un modèle destiné à mimer le comportement de celle-ci, il travaille en fait sur une nature déjà pensée, d'une part de façon générale, mais aussi dans un cadre de perception axé vers la modélisation. L'invention des phénomènes, l'identification de ceux-ci dépendent des concepts de modélisation dont dispose le scientifique, des théories, de la culture... qui l'imprègnent.

Beaucoup de scientifiques utilisent les termes de « faits d'observation », ce que nous éviterons, parce que cela sous-entend une certitude affirmée, définitive, quant à notre conception de la nature. Il n'y a pas de « fait » pur, ni de phénomène pur.

Nous utilisons parfois les termes de « monde macroscopique ». Ces termes désignent le monde de notre sensibilité, celui qui est à notre échelle, cette échelle fût-elle même à la mesure de l'univers. Il est nommé macroscopique pour le distinguer du microscopique, plus exactement monde microphysique que nous appelons « le microphysique ». Nous ne devons pas confondre « le » microphysique avec « la » microphysique, qui est la théorie du microphysique.

L'esprit est difficile à définir. Sa définition est enfouie sous un flou tissé au cours de l'histoire par les penseurs chrétiens, entre autres, puisqu'on l'a autrefois qualifié d'âme. On pourrait dire en raccourci que c'est l'ensemble de ce qui apparaît comme des facultés mentales qui peuvent se regrouper sous le terme de « Principe pensant » ou « Principe de la pensée ». Ce principe, donc, est lié à la faculté de « pensée », d'intelligence, de conscience, de conscience de soi, de mémoire, à la faculté intellectuelle d'abstraction, donc celle de la conceptualisation, de la symbolisation qui découlent de la pensée… À la place de faculté, on peut employer le terme de fonction, si l'on donne une identité forte à ce principe dans un lien possible avec la biologie. De même que la nature est une constatation brute, empirique, qui éclot dans la sensibilité, qui semble s'imposer à nous, on pourrait dire que l'esprit s'impose à nous, à lui-même, en tant qu'ensemble de fonctions empiriquement constatées, auto-constatées, fonctions que nous venons d'énumérer de façon non limitative. Toutes ces fonctions ne sont pas isolées les unes des autres, mais forment une sorte de bouquet dans lequel elles s'interpénètrent. Ceci permet de les unifier et de les conceptualiser en un « Principe pensant », tel que nommé ci-dessus. L'esprit peut ainsi être considéré comme une conceptualisation de l'ensemble des facultés mentales et de leurs interactions.

Essayant de définir l'esprit, nous ne pouvons ignorer la matière, parce que beaucoup voient entre l'esprit et la matière une sorte d'opposition au sein d'une dialectique rustique. La matière n'est pas plus facile à définir que l'esprit. En fait, pour être appréhendée, la matière doit être comme formée par l'esprit, elle doit être une pensée en acte, elle doit être substance de pensée, elle doit être « pensée ». La matière étant pensée par l'esprit, il n'y a pas de divorce entre eux, mais interdépendance, interpénétration, mieux : imprégnation réciproque. Ce serait, si cela était possible, ce qu'il reste de la nature lorsqu'on a fait abstraction de l'esprit, mais nature et matière supposent l'esprit pour être définies. Esprit et matière ne sont pas antithétiques, ni dialectiquement distincts. Comme ils se « recouvrent », qu'ils sont interdépendants, s'imprègnent, la ligne de partage entre eux, s'il y en a une, est très floue, voire s'étend à l'être entier. Nous pourrions dire aussi que la matière est comme un complexe de sensations, ce qui apparaît concrétude, qui s'impose comme concrétude à notre sensibilité qui elle non plus n'est pas indépendante de l'esprit — ni de la matière. Vouloir définir la matière comme un ensemble de molécules, d'atomes, d'électrons, de protons et autres stocks de particules, et de champs, en invoquant la mécanique quantique et son dualisme onde-corpuscule, son principe d'indétermination, etc. avec l'ensemble de ses postulats spécifiques, ne définit en rien la matière. Cela fait appel à un modèle, au modèle de la matière qu'est la théorie quantique, partie de la science actuelle. Le modèle appelé science mime le comportement de la nature, de la matière ; il n'est pas la nature ; il n'est pas la matière. Il faut faire appel à notre sensibilité empirique comme nous l'avons fait pour l'esprit, et pour la nature.

Nos sources sont constituées par les ouvrages écrits de Bernard Vidal, que nous citons dans le texte, les conférences qu'il a prononcées et dont ne subsistent que des notes parcellaires, voire que des souvenirs chez les auditeurs, les cours oraux qu'il a dispensés, non publiés, en particulier concernant ses conceptions microphysiques, et les longs échanges verbaux que nous avons eus pendant plusieurs années sur le thème général de son dualisme. À certaines époques, nos rencontres étaient de longues entrevues quotidiennes.

Vidal, en définitive, a peu écrit sur son dualisme. Nous voudrions, si nous avions les mêmes compétences que le Romain Lucrèce, jouer pour la pensée de Vidal le rôle, toutes proportions gardées et très modestement, que ce disciple a joué pour diffuser celle du philosophe grec Épicure. C'est ainsi qu'ont pu nous parvenir les éléments de sa philosophie et ses conceptions sur l'atome. C'est là un rêve, certes, mais rêvons.

Parfois, nous nous sommes résolu, après avoir hésité, à produire des citations de son œuvre que d'aucuns pourraient trouver longues. Il est apparu, en effet, dans ces cas-là, qu'il valait mieux avoir accès directement à l'expression écrite de Vidal, sans perdre le discours en une longue paraphrase diffuse pour donner l'impression que nous nous distinguions de l'expression première, ni en périphrases destinées à masquer, par une vaine recherche de style, la répétition. Nous aurions alors chargé ce travail d'une plus grande lourdeur. Chacune des citations a été autorisée par Bernard Vidal que nous remercions ici. Nous le remercions aussi pour ses conseils.

Nous avons tenu à répéter, lorsque nous l'avons estimé indispensable, au cours du texte, des éléments du dualisme de Vidal, car celui-ci, peu connu, nécessitait d'en rappeler quelque teneur nécessaire pour éventuellement éclairer une problématique. Parfois, nous avons même repris certains points pour les enrichir d'une approche complémentaire ou différente.

Si notre travail n'a pas toujours été assez clair, pas aussi clair que le lecteur le souhaiterait et que nous le souhaiterions, ce n'est pas la pensée de Vidal qui est en cause, mais la rusticité de notre expression, voire la modestie de notre compréhension.

Port-Mathurin, le 1er mars 2017

Fallander Kaltcharel

Chapitre I

Les monismes, bases du dualisme de Vidal

Réflexions préliminaires sur le dualisme de Vidal

Autour du terme de dualisme

Les termes de « dualisme ontologique », utilisés par Bernard Vidal dans *Les visages de la science*[1a] et dans *La science, un bricolage qui a réussi,*[2a] ouvrages où il expose rapidement quelques principes de sa pensée, jouent dans un espace intellectuel déjà parcouru dans l'histoire ; mais ils en renouvellent la problématique. Ainsi, plusieurs dualismes philosophiques ont été élaborés. Beaucoup ont fait l'objet de fortes critiques. Vidal souligne la dimension ontologique de son dualisme. Certes, tout discours sur l'être relève par définition de l'ontologie, et un dualisme, en tant que système de l'être, est ontologique, tout comme le monisme l'est. La référence à l'ontologie est utilisée, selon Vidal, parce qu'il existe plusieurs dualismes non ontologiques : celui des couples Soufre/Mercure, ou Mâle/Femelle, ou encore du matérialisme dialectique…

Ainsi, on peut souligner, dans un premier abord, ce que n'est pas ce dualisme, afin de balayer la scène avant que le spectacle commence. Il ne s'agit pas, en effet, d'un dualisme entre éléments matérialisés, tels que le Feu et l'Eau, le Yin et le Yang, le Masculin et le Féminin, le Soufre et le Mercure des alchimistes. Les dualismes que nous citons se réfèrent à des principes, mais certains sont encombrés d'une matière déjà constituée, même en ce qui concerne le Masculin et le Féminin qui ont un aspect biologique, des aspects vécus parfois comme des « contraires » engagés dans une lutte d'union/opposition. Le dualisme de Vidal n'est pas, non plus, une dialectique marxiste, parce que dans cette dialectique il n'y a pas d'ontologie et il n'y en a pas parce qu'il n'y a pas d'être. Pour qu'il y ait un être, il faut de la permanence, au moins celle d'une durée infinitésimale, ce qui est impossible car la dialectique est principe du mouvement ; rien n'est établi, rien n'est stable. De plus, le mouvement change, dérange, détruit ; il vise « la négation de la négation », donc la dialectique est principe de violence.

Nous parlerons du « dualisme de Vidal », parfois de « dualisme antiréaliste » ou de « dualisme logique » ou « semi-empirique », plutôt que de restreindre le terme d'« ontologique » à la seule désignation de son dualisme.

Les conceptions qui font une part à l'esprit dans le réel s'appellent *antiréalistes*, pour les distinguer de celles de Platon et des autres idéalistes de l'histoire. En effet, dans l'antiréalisme il s'agit plus de prendre des distances avec le caractère réel *en soi* des entités physiques mises en jeu pour construire le modèle scientifique, et/ou de prendre des distances avec la réalité des théories, des lois que d'affirmer un monde uniquement pensé, un monde qui serait uniquement une pensée, un monde des Idées, comme l'était celui de Platon. L'antiréalisme de Vidal n'exclut par un réel. En effet, l'antiréalisme ne porte que sur certains éléments d'un réel.

Cette précision est nécessaire parce que Bernard Vidal est réaliste, en ce sens qu'il pense que quelque chose existe et qu'il y a une nature empirique, une matière empirique même si l'esprit participe à leur donner leurs formes.

Le dualisme de Vidal emprunte ici une voie qui n'a pas été jusque-là développée. Il est fondé sur un monisme, un peu comme la trinité chrétienne est un monothéisme. Il n'y a là rien de paradoxal comme on le verra à propos des éléments premiers des philosophes de Milet. Les deux entités ontologiques du dualisme de Vidal, que nous étudierons au chapitre suivant, s'imprègnent l'une l'autre. De cette imprégnation, elles donnent, comme exsudant hors de leur ontologie, pour utiliser une métaphore : la nature empirique, dont l'esprit, le temps, l'espace, la matière. Temps et espace, associés ou non, relèvent aussi de l'esprit et de la matière, pénétrés l'un en l'autre, de ce qui est notre sensibilité, de la façon dont notre esprit, aussi de ce fait, conçoit ce qui est nature et se conçoit lui-même.

*L'*en soi*, l'espace et le temps de Kant*

Emmanuel Kant (1724-1804)[3] avance que l'esprit intervient dans l'organisation de la connaissance. Il imposerait de ce fait un ordre au réel. Ainsi, la causalité serait une des catégories de l'entendement, c'est-à-dire un des modes de fonctionnement de nos facultés mentales. Comprendre le monde, le connaître, sont soumis à des formes *a priori* : le temps et l'espace, qui relèvent de notre façon de percevoir. L'intervention de la perception qui impose des constatations brutes dévoile une dimension d'empirisme. L'entendement quant à lui met en jeu des abstractions, des concepts et ne relève pas de l'empirisme.

Vidal côtoie la voie de Kant en ce qui concerne l'intervention de l'esprit dans la mise en forme de la connaissance, ce qui revient pour le premier à la mise en forme du réel. De même, en ce qui concerne l'espace[3a] et le temps[3b], Vidal suit Kant, pour qui temps et espace sont des formes *a priori* de l'intuition pure. Mais Vidal ne retient pas l'*en soi* de celui-ci. Profitons de cette première rencontre avec l'*en soi* pour préciser ce que Kant conçoit comme *en soi*, ne serait-ce que pour en démarquer la pensée de Vidal. Dans « Avertissements » nous avons signalé qu'il signifie le réel tel qu'il pourrait être pensé hors de la sensation, tel qu'en lui-même, si l'on préfère : hors de l'expérience sensible. Kant pense que l'on ne peut connaître les choses *en soi* comme telles :

« [...] que [...] nous ne puissions connaître un objet comme chose en soi, mais seulement en tant qu'objet de l'intuition sensible, c'est-à-dire en tant que phénomène : c'est ce qui sera prouvé [...]. Il en résultera que toute connaissance spéculative de la raison se réduit aux seuls objets de l'*expérience*. [...] si nous ne pouvons *connaître* ces objets, comme choses en soi, nous pouvons du moins les *penser* comme tels.»[4]
[*NDLR. Les italiques figurent dans le texte*]

On ne peut pas connaître un objet en tant que chose *en soi*, écrit Kant, mais il y a bien chose *en soi*. Nous n'avons connaissance que de l'expérience, du sensible, mais ceci n'élimine pas la chose *en soi* de l'objet. Il apparaît qu'on peut penser les objets comme choses *en soi* — ce qu'il appelle noumène. Mais il poursuit de façon aventureuse écrivant qu'il serait aberrant de penser « qu'il y a des phénomènes (ou des apparences) sans qu'il y ait rien qui apparaisse », ce qui relève du faux bon sens.

Pour Vidal, en effet, il n'est pas absurde qu'existe, entre autres, le phénomène sans qu'il y ait de chose *en soi*, de phénomène *en soi* à son origine, car le phénomène n'est tel qu'en vertu d'une construction intellectuelle qui définit une dimension théorique contingente. Il n'est jamais pur, jamais isolable de la théorie pour laquelle il est phénomène, jamais isolable de la fonction mentale, non pas seulement au sens où notre esprit pense le monde et participe à le produire pour lui en tant que phénomène, mais aussi parce qu'il pense, parce qu'il construit la théorie qui fait que le phénomène est phénomène. Il n'y a pas de chose, pas de phénomène en dehors de la théorie qui elle-même n'est prisonnière d'aucun absolu, d'aucun donné imposé par une nature qui serait faussement conçue comme extérieure à l'homme. Or, pour Kant, le phénomène est une sorte de reflet soumis aux formes *a priori* et aux catégories (causalité…), un reflet passé par ces *a priori* et ces catégories, un reflet de la dimension d'*en soi*, qui constitue pour lui un référentiel absolu de la nature. Ce reflet est une déformation par notre esprit, en fonction de ses modalités d'entendement et de son intuition sensible, de l'*en soi* comme à travers des lunettes imparfaites ou une fenêtre inadaptée. En d'autres termes, pour Kant, l'esprit construit son réel comme reflet déformé de l'*en soi*. Pour Vidal, qui n'admet cependant pas l'*en soi* de Kant, c'est l'esprit qui donne la forme du réel en modelant un amorphe, un indéterminé.

Vidal pense que, si les théories étaient autres, ce qui est possible puisqu'elles sont contingentes, comme nous le verrons sur des exemples, les phénomènes seraient autres. Ils seraient conçus, décrits différemment. Les images que nous en construirions dans notre esprit, les modèles que nous en tirerions seraient différents, contingence des phénomènes donc. Cette contingence interdit les choses *en soi*, existant en elles-mêmes, pures, absolues.

De plus, conjecturer des choses *en soi* ne relève pas de la science, car, nous le verrons, cette conjecture est inutile et n'est pas testable. Il n'y a rien d'*en soi* au-delà de ce qui est la sensation, la perception, qui sont des « images » dans l'esprit. Le phénomène pur, la chose *en soi*, n'étant pas une conjecture valide, les apparences ne signifient en rien qu'il y ait au-delà d'elles des choses à apparaître, des choses dont elles seraient l'apparence, des choses dont les apparences seraient le reflet, qu'il y ait des phénomènes à apparaître dont les phénomènes apparents seraient le décalque tangible. On peut dire que ce sont des « images » pour éviter l'ambiguïté de « apparence ». Le réel est à la dimension de notre sensibilité — et donc de notre esprit.

Kant suppose un réel, un *en soi* inconnaissable ; l'esprit dans ses fonctions d'entendement et les fonctions de sensibilité qui les accompagnent obligent ce réel à lui apparaître sous des formes propres à son entendement : sous forme de phénomènes. Kant module un réalisme de base par l'intervention de l'esprit ; il le module en termes chargés d'idéalisme puisque c'est l'entendement qui participe à imposer au réel sa forme, ce que l'on percevra de lui. Kant fixe, sans preuve, un socle à la connaissance, un réel qui ne peut nous apparaître. Pourquoi donc supposer un réel absolu ? C'est là une entité cachée, excédentaire, superflue, dont il faut se débarrasser au titre, comme on le verra ci-dessous, du principe d'Ockham.

Espace et temps de Vidal et espace-temps de la Relativité

Les conceptions de Vidal sur l'espace et le temps qui côtoient la pensée de Kant ne relèvent pas d'un archaïsme adoptant une physique antérieure à la théorie de la Relativité. En effet, précisons ici, ce qui évitera d'y revenir chaque fois que nous ferons référence au temps et à l'espace, que l'espace-temps de Poincaré (1905)[5], repris par Minkowski (1908) et Einstein (1907) — utilisé dans la Relativité Générale d'Einstein —, est un concept fondé sur le temps et l'espace de notre sensibilité, de notre appréhension empirique. Il n'y a pas d'autres temps et d'autres espaces ressentis. Tout ce que l'on peut appeler temps et espace, autres que ceux ressentis, est abstraction, concepts formulés par l'esprit pour concevoir un modèle. L'espace-temps est un concept, une abstraction construite dans le cadre d'une modélisation de la gravitation et, en tant que relevant d'un modèle, il ne se substitue pas à notre temps et à notre espace empiriques, sensibles. La Relativité emprunte l'espace et le temps ressentis, pour construire une abstraction, un concept que l'on appelle espace-temps. L'homme ressent le temps et l'espace de façon séparée, malgré la théorie de la Relativité qui les lie l'un à l'autre. Le chronomètre et le mètre s'utilisent, malgré la Relativité, même si l'on a besoin de celle-ci pour nos GPS, parce qu'elle modélise bien certains comportements de la nature.

Du monisme au dualisme

En préliminaire au traitement du dualisme de Vidal aux chapitres II et III, on peut se poser la question : pourquoi le monisme de Vidal s'épanouit-il en dualisme ? Parce qu'un monisme est une impasse et que tous les monismes ont dû, de façon plus ou moins cohérente, après avoir affirmé le Un, revêtir après coup un manteau de pluralisme pour produire le divers, le multiple de notre sensibilité, le multiple de la nature empirique. Ceci se faisait parfois discrètement, comme à la dérobée, dans l'embarras. Vidal, conscient de cette contrainte, l'assume dès l'abord. Rappelons, même s'il s'agit de deux domaines différents, que dans le monisme chrétien, ce que nous désignons par monothéisme, le Dieu unique est trois personnes, consubstantielles, chacune étant non seulement égale mais identique à l'autre dans sa divinité. Ce sont les trois hypostases de Dieu ; c'est la Trinité. Ce passage au pluralisme est dans ce cas, non pas seulement assumé, mais affirmé comme un triomphe du monothéisme. Il est affirmé en tant que mystère de la foi.

Le christianisme fait éclater son monisme en trois, sans aller jusqu'à un pluralisme ontologique embrassant tout l'univers. En effet, le Dieu chrétien crée la matière et sa multiplicité, mais il n'est pas cette matière ; il n'est pas la Nature, ne s'identifie pas à elle, même s'il la crée.

Le dualisme de Vidal peut être qualifié de logique. Il est en effet contraint dans ses étapes conceptuelles de suivre, d'admettre une voie encadrée de déterminisme, celui-ci serait-il flou, « mou », encadrée de causalité, celle-ci serait-elle floue, « molle », pas opérationnelle en tout. De plus, il est déduit logiquement de son principe de base moniste. Posant le principe moniste, il trouve en aval une structure conceptuelle pour le réel, pour notre perception. Si l'on préfère, les étapes successives dans l'élaboration de la pensée de Vidal suivent une logique aristotélicienne globale. Elles sont encadrées par des prémisses en amont et par le résultat du raisonnement en aval qui doit être en adéquation avec la forme du réel mentionné ci-dessus, celui qui s'impose de façon empirique, le seul réel. Du monisme, Vidal est conduit logiquement à un pluralisme. Le fait que son pluralisme soit un dualisme vient de ce que plus de deux principes ne s'imposent pas parce que ces principes peuvent produire la nature empirique, tout ce que nous donne la sensation. Ses étapes de logique permettent de parler de « dualisme logique », voire de « dualisme logique empirique ». De même on pourra écrire « dualisme antiréaliste », comme ci-dessus, selon les aspects du dualisme auxquels on fera référence. On se limitera souvent à « dualisme de Vidal ».

Précisons que le fait que l'esprit intervienne pour former le réel allège les lourdeurs arrogantes parfois des dictats apparents de l'empirisme dur. En effet, l'esprit intervient dans la nature et la matière empiriques d'abord par son activité créatrice, ensuite par la sensibilité qui n'est pas séparée des fonctions mentales. La nature, la matière, semblent s'imposer certes à l'esprit, s'imposer comme un fait. Mais l'esprit participe à construire cette nature et il la perçoit ensuite comme empirique, en prend conscience comme un fait empirique. Cette nature empirique perçue, qui est le réel, le seul réel, n'est pas pleinement empirique puisqu'elle est l'aboutissement d'une chaîne de processus à laquelle participe l'esprit qui la structure. Il y a un processus derrière l'empirique. L'empirisme n'est pas totalement pur. On dira donc que la conception du réel est semi-empirique. On parlera souvent d'empirique par raccourci quand il serait plus exact de parler de semi-empirique. Lorsque nous faisons référence à l'esprit empirique, la nature empirique, la matière empirique, il s'agit d'esprit semi-empirique, de nature semi-empirique, de matière semi-empirique, compte tenu de leurs parts non directement empiriques. Les autres dimensions qui caractérisent la matière font qu'elle est bien semi-empirique dans le modèle dualiste de Vidal, parce que son empirisme n'est pas seul à la définir. Notons que l'allègement du fait empirique ne signifie pas pour autant que la nature, l'esprit, la matière auraient une connotation d'*en soi*. L'intervention de l'esprit dans le réel fait que ce dernier est contingent, puisqu'il est pensé par l'esprit, et la contingence ne s'inscrit pas dans la dureté infinie, la fixité des Tables de la loi d'un *en soi*.

Nous utilisons semi-empirique en référence à la « méthode semi-empirique du champ auto-cohérent » (*Self Consistent Field Method* : SCF) en chimie. Elle présentait des intégrales difficiles à calculer[6-8]. Certaines reçurent des valeurs *ad hoc* qui rendaient valide la méthode pour des molécules tests. On put alors l'appliquer à d'autres molécules. Elle était semi-empirique parce qu'elle recélait une part d'empirisme, du fait des entités fixées par le constat de l'expérience. Mais tout n'était pas empirique.

Pour établir les fondements de la pensée de Vidal, il faut remonter aux monismes de l'Antiquité, rappelant leur intérêt et leurs faiblesses. Ces monismes constituent une étape indispensable de la pensée rationnelle dans ses balbutiements de modélisation de la nature. Ceci permettra de mieux appréhender l'originalité de Vidal dans le support moniste qu'il attribue à son dualisme. En effet, paradoxalement, dans le Un on peut trouver une source de multiplicité infinie pour peu que l'on ne se fige pas dans le Un de Parménide. Nous le verrons à propos de l'*apeiron* d'Anaximandre.

Quelques éléments fondateurs du dualisme de Vidal

Une culture de l'Antiquité classique

Des idées anciennes, reformulées dans un cadre différent, deviennent neuves parfois. L'atome a été repris des penseurs de l'Antiquité, sur d'autres bases culturelles, et d'insécable il est devenu sécable. Il prolifère en une centaine d'atomes fondamentaux, avec des centaines de particules élémentaires, ne conservant qu'un infinitésimal de ce qu'il était autrefois. Sa structure est formalisée en termes de mécanique quantique apparue dans les années vingt-trente du XXe siècle, si bien qu'on ne trouve pas dans le concept actuel ce qu'il était autrefois. L'évolution scientifique depuis la fin du XVIIIe siècle a nié de plus en plus sa nature épicurienne. L'atome est un concept nouveau.

Ce n'est pas qu'une question de taille et de tour de main entre les fusées données en spectacle autrefois par les artificiers chinois et celles qui vont au-delà du système solaire. La différence est considérable entre le savoir-faire empirique des Chinois et ce qui est mis en jeu de science et de techniques rationnelles pour aller dans l'espace. L'électronique embarquée est fondée sur la mécanique quantique. C'est une aventure nouvelle.

De même, l'homme a toujours rêvé d'imiter les oiseaux. Ceci ne donne au légendaire Icare aucun brevet d'antériorité dans la conception de ce qui est aujourd'hui un avion ou un hélicoptère. Les avions et les hélicoptères sont des artéfacts originaux par rapport aux ailes d'Icare.

Évoquons les rêves des alchimistes. Ils ne sont pas prémonitoires de ce que nous appelons transmutations. Il n'y a rien de commun entre la pensée des alchimistes et celle des scientifiques. C'est en échappant à l'alchimie, en la niant, que l'on a pu produire des transmutations.[9a]

On pourrait aussi se pencher sur le devenir du monde des Idées imaginé par Platon, notion sous-jacente à tant de pensées au cours de l'histoire, qui enrichissent encore nos réflexions mais d'une façon à laquelle les Anciens ne songeaient pas.

Ainsi, Vidal a écrit une œuvre de jeunesse : *Théories élémentales et atomiques de l'Antiquité Classique*[10], modeste, mais claire, dans laquelle il identifie les notions fondamentales de la philosophie grecque concernant la matière. Certes il le fait, comme il le précise, dans la mesure où le concept de matière peut être identifié comme tel dans les philosophies de l'époque. Il traite aussi de la structure de la matière, chaque fois, il le précise encore, que cela a un sens. Il s'adressait à des scientifiques débutants et ne pouvait s'émanciper d'une certaine concrétude. La notion de matière est très difficile à définir — voir « Avertissements » — et Vidal se fait, dans *Les visages de la science*, l'écho de cette difficulté.[1b] Il faut se garder de prêter aux philosophes grecs nos interrogations. Cependant, on peut chercher dans les questions qu'ils se posaient et dans leurs réflexions les prémisses diaphanes des questions que nous nous posons.

Dans les *Théories élémentales…*, Vidal ne souligne pas particulièrement les caractéristiques de l'*apeiron*, cet « indéterminé » que pose Anaximandre (610-547 av. J.-C.)

comme fondement de la nature. On peut penser pourtant que l'*apeiron*, des décennies plus tard, sera à la source de son principe premier amorphe, indéterminé. Ainsi, de même que le concept atome est devenu nouveau, cet autre concept devient nouveau aujourd'hui chez Vidal. La notion d'*apeiron* est assez confuse dans l'Antiquité. Elle est présentée par Vidal[10a] de façon cursive mais précise, sans doute assez proche de ce que Robert Baccou[11], que Vidal cite, concevait lui-même, si bien que l'*apeiron* éclaire l'« Amorphe premier », l'« Indéterminé » qu'il pose à la base de son dualisme aujourd'hui. La survie de l'*apeiron*, par-delà des années de mûrissement intellectuel, viendra étayer sa conception du Réel. Lorsque sa réflexion débuta sur l'Amorphe premier, il n'était pas conscient de s'inspirer de l'*apeiron*. Il ne s'aperçut qu'ensuite de la filiation qui se tissait, après qu'il se fut replongé dans ses études sur l'Antiquité, et ceci le conforta dans sa conception d'un amorphe. La continuité avec le passé est ici plus étroite, peut-être, que pour l'atome ou les transmutations.

Quelque chose plutôt que rien

G.W Leibniz (1646-1716) écrivait en 1714 :[12]

« [...] la première question qu'on a droit de faire sera : *pourquoi il y a plutôt quelque chose que rien ?* Car le rien est plus simple et plus facile que quelque chose. De plus, supposé que des choses doivent exister, il faut qu'on puisse rendre raison pourquoi elles doivent exister ainsi, et non autrement. »[12] [*NDLR. Les italiques sont de notre fait.*]

Pour Leibniz, c'est Dieu la raison de cet état. Vidal dépouille l'interrogation de Leibniz de toute connotation de transcendance divine et part du simple constat empirique qu'« il y a quelque chose » et non pas rien. Sur cette base de « quelque chose est », sur cette base d'Être, il construit une conceptualisation, aussi modeste que possible, en se fixant une économie des concepts à mettre en jeu, tant dans leur nombre que dans leurs qualités. Il lui faut élaguer tout ce qui ne permet pas d'atteindre la plus grande simplicité dans la construction ontologique de ce qui doit aboutir au comportement concret, sensible, de la nature, cette nature qui s'impose à nous de façon empirique. Si l'on préfère, il faut faire le lien entre la nature empirique et la constatation empirique initiale qu'il y a de l'être, de façon à ce que partant de l'être initial on puisse aboutir à la nature. Vidal émet l'idée que ce « quelque chose », cet Être premier, est amorphe dans tous les sens du terme. Rien n'est déterminé en lui ; il n'a nulle qualité ; on ne peut lui supposer espace ou temps… Il est l'Indéterminé. Il n'est rien par lui-même d'autre qu'Être. C'est l' « Amorphe premier ». On ne peut lui supposer moins d'être particulier, moins d'« étanteté ». Vidal se garde de tout errement métaphorique qui ancrerait cet amorphe dans la concrétude de la sensibilité. Cet Amorphe, cet Indéterminé, constitue l'Être, il est l'Être ; c'est lui l'Être.

En fondant son système sur une conceptualisation aussi simple que possible, c'est-à-dire avec aussi peu de concepts que possible et ceux-ci posant aussi peu de difficultés que possible, Vidal suit le principe d'Ockham. Ce principe est aujourd'hui à la base de toute réflexion scientifique. Vidal se fonde sur un amorphe premier, le Un. Il sera obligé de transformer ce monisme de base, dans le déroulement de son modèle vers l'empirisme de la nature sensible, en un dualisme parce qu'il faut s'orienter vers le multiple et qu'il est inutile de supposer une plus grande multiplicité ontologique. Notons que l'empirisme de Vidal, à ce niveau, est une simple constatation que quelque chose est, constatation d'un être.

Le principe d'Ockham

Il est important ici de rappeler la pensée d'Okham, puisque Vidal fonde sa démarche sur le principe qu'a émis ce moine franciscain anglais. Guillaume d'Occam ou d'Ockham (1290/1300-1350)[13-15] a été l'objet d'une redécouverte par les scientifiques, grâce à l'informatique. Il présente des tendances empiristes et trace une séparation absolue entre foi et raison. Il revendique l'indépendance pour la philosophie-science. Seul existe, pour lui, ce qui est individualisé en choses et celles-ci seules peuvent être connues au moyen de l'expérience qui est donc le seul moyen de connaissance. La métaphysique doit être abandonnée, car les entités qu'elle met en œuvre sont pure invention. Cette condamnation de la métaphysique et de ses entités l'amena à réduire le plus possible le nombre de celles-ci à utiliser au cours de la réflexion. Il est ainsi le père d'un principe de simplicité dans le raisonnement que l'on a appelé plus tard le « rasoir d'Ockham » : on ne doit pas faire plus d'hypothèses que ce qui est strictement nécessaire (« les entités ne doivent pas être multipliées sans nécessité »), d'où le nom de rasoir, car ce principe taille tout ce qui dépasse du strict indispensable. *Le principe d'Ockham, qui prône une économie en logique, sera un élément de la méthode scientifique. En particulier, il permettra de ne pas tenir compte du concept Dieu en science, puisque le fonctionnement de la nature empirique, la seule nature qui soit, peut s'expliquer sans ce concept, sans cette entité.* Les informaticiens se sont inspirés du principe d'économie logique pour réduire au minimum leurs logiciels. Ce principe de réduction conduisit Ockham à prendre position sur les « universaux » ou idées générales. Il nie que les idées générales aient une existence propre dans le domaine de la pensée. Nous dirions qu'elles n'ont pas d'existence *en soi*. Elles ne sont même pas en puissance dans le monde sensible. Chaque idée générale n'est pour lui qu'un signe affecté à une pluralité de choses, un nom (nominalisme), un mot pour désigner cette pluralité. Ockham, ainsi, centre sa pensée sur la « réalité », sur le monde sensible. Il allait inspirer des penseurs tournés vers l'expérience, la physique, les sciences, les mathématiques qui alors n'étaient pas distinctes de la physique, et cela permit le développement de la science.

Quand Ockham se réfère à l'expérience, il s'agit de la pratique des choses, de leur usage familier, du vécu avec elles. Sans adopter Ockham en tout, Vidal se réfère au principe d'économie logique pour justifier la démarche qu'il met en œuvre.

*Impossible de prouver l'*en soi

Vidal pense le Réel en tant que réel empirique tel qu'il s'impose à nous, tel qu'il nous apparaît comme étant la nature, cette « claque » que nous ressentons lorsque nous ouvrons nos sens. Ce réel empirique relève, entre autres, de notre sensibilité, de notre esprit aussi de façon générale parce que, de même que ce réel contient le monde que l'on appelle parfois monde des phénomènes, il est un état déjà pensé de la nature — voir « Avertissements » en début de ce travail. Vidal fonde le réel sur l'Amorphe premier, l'Indéterminé, qu'il conçoit comme étant deux hypostases. Ces hypostases sont importantes. Il les appelle *être-esprit* et *être-monde*. Elles sont l'Amorphe. Elles s'imprègnent l'une l'autre, se modèlent l'une l'autre si l'on accepte les métaphores d'imprégnation et de modelage, issues d'une concrétude, pour acter d'une ontologie. Ceci produit le réel, la nature empirique, ce qui nous apparaît comme esprit — esprit empirique — et non-esprit — matière empirique. Il n'existe aucun *en soi*, puisque l'esprit empirique, notre esprit, est partie prenante dans le processus. Il est partie prenante en tant que produit non ontologique de l'imprégnation, mais aussi comme acteur, modelant, donnant les formes du réel, pour suivre Kant. Les hypostases relient le dualisme de Vidal à un état moniste dans le cadre d'une économie d'entités, d'une économie de concepts. Il n'y a pas d'*en soi* de la nature, mais un réel empirique, un réel de nous, un *Réel en nous* issu de l'imprégnation réciproque de l'*être-esprit* et de l'*être-monde* et vice-versa. Postuler un *en soi* est inutile, selon le principe d'Ockham. On ne peut certes pas prouver que l'*en soi* n'existe pas, pas plus qu'on ne peut prouver qu'il existe, mais il est inutile de penser cet *en soi*. C'est un concept clos sur lui-même ; il est comme s'il n'était pas. Il y a quelque chose, mais rien ne permet de le poser *en soi*. Ce dernier est inutile dans une modélisation scientifique. Il n'est pas testable, falsifiable au sens de Karl Popper[16-17]. On ne peut pas prouver que ce qui n'existe pas n'existe pas. De ce fait, les tenants d'un *en soi*, qui est au-delà de l'évidence, doivent assumer la charge de la preuve. Le « quelque chose » dont part Vidal, s'inspirant de Leibniz, n'a pas à être rattaché à un *en soi*, parce que ce « quelque chose » n'a pas de détermination, au-delà de ce qu'étant Être premier il est potentiel de tout. Les concepts que Vidal introduit ensuite découlent de cet Être pour aboutir au divers du *Réel en nous*.

Le problème de l'*en soi* est analogue à celui de Dieu. On ne peut prouver que Dieu n'existe pas, mais pas plus que l'on ne peut prouver qu'il existe. Il est donc inutile d'utiliser Dieu quand on modélise la nature. Ce concept, on l'a dit, doit être proscrit de la science, d'une part en vertu du principe d'Ockham, et d'autre part encore parce qu'il n'est pas « falsifiable » au sens de Karl Popper. Dieu est un joker — terme qu'utilise Vidal — que l'on peut sortir chaque fois que l'on ne comprend pas quelque chose, mais qui n'explique rien et ne sert à rien dans un modèle. De même, on ne peut pas prouver que le dahu n'existe pas, pas plus qu'on ne peut prouver qu'il existe. Il est donc inutile de penser qu'il existe tant que l'on n'a pas prouvé son existence. L'*en soi* c'est le dahu. L'immensité infinie de ce dont on ne peut prouver ni l'inexistence ni l'existence conduit à la pensée prudente de son inexistence. On ne peut se réfugier derrière le fait que toute assertion a une chance de validité aussi infime soit-elle, pour en soutenir la possibilité. Dans l'immensité de l'univers, « n'importe quoi » pourrait en effet avoir une probabilité même infime de se produire, supposé un temps infini. Plus simplement, on le répète, c'est à ceux qui croient en l'existence d'un *en soi* de prouver l'effectivité de celui-ci. Il s'agit d'un acquis de la méthode scientifique : c'est à celui qui avance une conjecture d'en prouver la validité. Or, souvent des charlatans présentent des conjectures comme vraies et, devant l'incrédulité de leurs interlocuteurs, les piègent en exigeant qu'ils prouvent que ces conjectures sont fausses alors que c'est à eux charlatans de prouver qu'elles sont vraies. Sans *en soi*, préexistant à l'esprit et qui fixerait toute forme, c'est l'esprit, pour suivre Kant, qui donne les formes de la nature, parce qu'il *pense* la nature.

Les spiritualistes n'aiment pas que l'on s'affranchisse de Dieu et s'affranchir d'un *en soi*, d'un absolu de référence, conduit à s'affranchir de Dieu. Certes, s'ils sont scientifiques, ils conçoivent que mettre le concept Dieu au centre de la modélisation serait une erreur, mais parfois ils ne peuvent s'empêcher de déborder les limites de cette méthodologie dans des expressions vers le grand public. Ils devinent la grande ombre de Dieu au fond du ciel parmi les constellations. D'autres ne manquent pas de trouver dans la nature, dans le fait qu'il existe quelque chose et non pas rien, la preuve de l'existence de Dieu, car celui-ci aurait créé le « quelque chose ». Ils avancent le mauvais argument : « Comment penser qu'existe une horloge sans qu'existe un horloger qui l'a fabriquée ? » Mais qui a fabriqué l'horloger ? Cette histoire n'explique rien. Elle remplace un problème : l'existence de l'horloge, engin dénué de complexités extrêmes, par celui de l'horloger, entité plus complexe. On ne peut expliquer quelque chose par quelque chose que l'on comprend encore moins, sauf à l'axiomatiser, mais le filtre d'Ockham veille.

On arguera que l'Amorphe premier, l'Indéterminé, est posé et qu'il n'y a aucune démonstration de son étanteté. En fait, il s'agit d'un axiome, qui tient compte de ce qu'il y a quelque chose et non pas rien. Il n'y a pas à démontrer qu'il y a quelque chose, c'est empirique. Et, « quelque chose » c'est de l'être. Cet axiome moniste de l'Indéterminé permet d'introduire un deuxième axiome, dualiste celui-là, qui conduit au réel empirique.

L'axiome, on le rappelle, est un principe premier posé à la base d'un raisonnement. Il est justifié par son efficacité. Il s'impose à nous, comme les principes de la thermodynamique, indémontrables, s'imposent à nous par leur efficacité heuristique. Cette efficacité, pense Vidal de l'axiome dualiste concernant les hypostases, s'exprime dans le fait que ce dernier conduit à une représentation précisément efficace de la cohérence de la nature. Cette représentation est en adéquation avec la nature. Vidal cherche un état de moindre conceptualisation, le principe le moins déterminé possible. Que supposer de moins déterminé que de l'« Être seulement » ? Il n'a pas à démontrer l'existence de l'Être, puisqu'il part du constat empirique et axiomatique qu'il existe quelque chose. Vidal renouvelle ainsi l'élément premier des philosophes de l'Antiquité. Il en tire le multiple, ici un dualisme qui sera la base du pluralisme plus étendu de la Nature empirique. Mais, lui, il assume ce dualisme fondé sur un monisme.

Le roman de l'évolution

Toujours, dans un cadre préliminaire à l'exposé du dualisme de Vidal (chap. II et III), on notera que Vidal se reporte parfois à ce qu'il appelle le « roman de la matière », « roman de l'évolution » si l'on essaye de tisser une rustique métaphore. Nous reviendrons sur ce thème pour en élargir la dimension, l'affiner, ou pour préciser certains points, notamment à propos de la présence ou non du temps. Nous le livrons ici de façon brute.

La métaphore du roman de l'évolution suppose un état dit « la nature en évolution ». La nature comprend l'esprit et la matière qui ne sont pas distincts en tout, qui interagissent, qui se modèlent l'un l'autre, se pénètrent peut-on dire, à l'image des hypostases du niveau ontologique ; elle comprend les sens qui sont une expression de la matière et de l'esprit.

Si l'on se situe, pour donner une base à la réflexion, en des époques lointaines, se sont trouvés produits l'esprit et la matière. La question de savoir qui a été le premier de l'œuf ou de la poule est sans objet parce qu'ils participent chacun à la production, au support de l'autre. L'un ne peut être sans l'autre. La capacité de l'esprit à produire un monde peut être illustrée lorsqu'on regarde les taches amorphes, un amorphe, c'est-à-dire ici sans signification par elles-mêmes, sans détermination, d'un test de Rorschach.[18] Bien sûr, pour la généralité il ne faut pas se limiter aux dix planches officielles (dix : parce qu'on a dix doigts ? pourquoi pas onze ou cent ?) de ce test dont on peut douter que les taches qu'elles contiennent soient vraiment dues au hasard, mais on se place dans le cas où l'on fait effectivement des taches au hasard sur une surface blanche. L'un verra un singe, l'autre une montagne, un troisième un arbre, un quatrième rien. Nous ne nous prononçons pas ici sur l'intérêt et l'interprétation médicale éventuelle de ce test auquel certains n'attribuent qu'une valeur faible. De même en ce qui concerne les nuages du ciel, chaque esprit pourra y créer son propre monde. L'esprit donne une forme, pour lui, en réciprocité, à la nature qui l'a produit au cours du roman de l'évolution, ou qui a participé à le produire. Nous reviendrons sur la temporalité supposée de ce roman et le reformulerons pour en adoucir les aspérités, voire les écueils.

Un ancêtre : l'*apeiron* d'Anaximandre

Il n'est rien de plus beau, lors des premiers frémissements de la philosophie-science, que le concept d'« *apeiron* » qui fut émis par Anaximandre (610-545 env. av. J.-C.)[10a] au VIe siècle av. J.-C. à Milet en Grèce d'Asie Mineure, région de la Méditerranée qui a vu naître la civilisation hellénique, rien de plus beau en effet par la magnifique abstraction de la nature que l'*apeiron* pose dès l'abord. Pour Anaximandre, l'*apeiron* est l'élément premier du monde, son principe aussi, ce qui dépasse la simple matérialité en la conceptualisant, première notion abstraite utilisable dans la construction d'un modèle de la nature. C'est un infini, illimité, indéterminé, dans toutes les acceptions que l'on peut imaginer, en d'autres termes pour Anaximandre : un indéfini (R. Baccou[11]), ce que Vidal appellera, quant à lui, l'Amorphe premier, l'Indéterminé. À vrai dire, l'*apeiron* est surtout beau, non par ce que Anaximandre a pu en dire, parce que rien de ce qu'il en a dit ou écrit nous est parvenu, ni par ce que Aristote ou d'autres philosophes ont pu commenter, mais par les dimensions d'infinitude et d'indétermination que ce terme a suscitées dans la pensée occidentale. Il s'agit ici d'un *apeiron* riche des interprétations formulées dans l'histoire intellectuelle. Il n'est pas le seul concept de cette époque à avoir perduré de façon sous-jacente dans notre culture, car le feu d'Héraclite a attendu deux millénaires, en sa dimension philosophique, avant de renaître dans le matérialisme dialectique de Marx et d'Engels.

Milet avait déjà donné le jour à Thalès (640 ?-547 ?)[10a] au VIIe siècle av. J.-C. Thalès est le père du premier monisme. Il pensait que l'eau est l'élément primordial de toute chose. En effet, l'eau ne nous apparaît-elle pas en un certain sens amorphe ? Elle épouse la forme des récipients qui la contiennent : comment ne pourrait-elle pas prendre toutes les formes, toutes les qualités toutes les propriétés des choses de la nature ? Cet élément eau était cependant trop marqué par ses apparences, trop marqué par une matérialité propre pour pouvoir abandonner cette matérialité qui tend à la figer dans une « forme », au sens d'Aristote, et néanmoins produire toutes les formes de la Nature. Cet élément premier était entaché de matière constituée. L'*apeiron* était plus élégant, mais son abstraction même, qui le plaçait dans un contexte de modélisation, le handicapait ; il s'éloignait trop du concret et de son apparent ancrage dans le réel quotidien, familier, ce qui était la source première des interrogations.

Aussi, après Anaximandre, Anaximène (maturité vers 545)[10a] décline, toujours à Milet, l'Air, le Souffle, comme élément premier de la nature. L'air est plus fluide que l'eau, paraissant moins prisonnier d'une matérialité propre. La pensée milésienne retourne à une vision plus superficielle, plus chargée de matérialité. Le philosophe conserve le nom d'*apeiron* à l'élément de base, mais il n'a plus rien à voir avec l'*apeiron* d'Anaximandre. Pour nous, aujourd'hui, ce principe matériel entraîne les mêmes critiques que celles déjà formulées à l'encontre de la théorie de Thalès, parce que nous savons qu'un gaz, et c'est le cas de l'air, est matière. Mais le concept de gaz — et le mot aussi —, en tant que matière, est dû à Van Helmont (1577-1644, publication posthume 1648)[9b]. Avant lui l'air n'était que du souffle, presque du vide, presque du rien. Anaximène pouvait à bon droit, à son époque, le considérer comme immatériel.

Dans la recherche d'une matérialité aussi peu marquée que possible, Héraclite, né à Éphèse (vers 540 av. J.C.), adoptera le Feu comme élément premier[10b,19a]. Héraclite est sensible à la mobilité et à l'écoulement du devenir. Il se situe dans le temps. La flamme est à l'image de la diversité de la nature et peut prendre toutes les formes. Quand elle est dans la matière, elle est un amorphe, un potentiel. Quand elle s'exhale de la matière, elle est violence, elle détruit, blesse, tue ; elle ondule aussi, bouge dans l'air, se forme, se déforme, disparaît, se condense en eau parfois, se dissout, devenant air, laissant des cendres qui sont la terre à laquelle le feu était uni. Elle fuit par exemple hors du bois et on voit la sève, de l'eau, bouillir, sourdre du bois lorsqu'il brûle, ne laissant que les cendres qui sont ici la Terre. Le Feu, élément premier, élément unique, donne par sa transformation naissance à tous les autres éléments : les trois éléments autres que lui (lorsque le bois brûle, il produit de la fumée : l'Air, de la sève : l'Eau, des cendres : la Terre), c'est-à-dire à ce qui par union, mélange ou imprégnation produit la diversité. Du Un émerge le multiple. Héraclite parvient, de façon plus nette que les Milésiens, à se hisser hors du Un pour engendrer le monde par le Feu, élément premier qui détruit aussi le monde constitué, pour le ramener à lui, à l'état premier, de Feu, de mouvement, de simple violence. Principe du mouvement, du changement, le Feu suppose le divers, la multiplicité, car il n'est nul mouvement, nul changement entre un état et lui-même. Il faut plusieurs états. En tant que principe du mouvement, seul principe, le Feu est Un, mais en tant que potentiel de tout mouvement, il engendre le multiple. Par son mouvement permanent dans l'univers, par la conceptualisation de la violence du Feu, Héraclite inspirera la mise en exergue de la violence dans la dialectique de Marx et Engels au XIXe siècle.

Précisons que le feu, qui paraît mystérieux au non scientifique, est matière. En tant que matière constituée, il relève des mêmes critiques que l'Air et l'Eau comme éléments premiers. Le feu est la manifestation d'une réaction chimique d'oxydation (combustion) entre l'oxygène de l'air et un autre matériau. Une partie de l'énergie contenue dans les molécules de la matière qui brûle apparaît sous forme de chaleur. Les produits réactionnels gazeux et chauds, moins denses que l'air ont tendance à s'élever. Certaines molécules, fractions de molécules ou atomes, peuvent recéler des énergies supérieures à celles possédées dans leurs états stables, énergies qui sont dissipées sous forme de lumière.

La tentative d'abstraction d'Héraclite n'atteindra pas l'abstraction pure de l'*apeiron* d'Anaximandre tel que son expression nous est parvenue et tel que Vidal le conçoit. On ne sait comment Anaximandre parvenait à se hisser hors du Un pour engendrer le multiple. Cet *apeiron* est un principe et non pas une substance matérielle, ni même un substratum de matérialité. Il est hors de notre monde concret, hors de tout. La notion de limite ne peut s'appliquer à lui. Il est sans limite, donc éternel. Le temps, cette succession de limites, est de ce fait sans signification pour l'*apeiron*. Dire cependant que l'*apeiron* est éternel est ambigu car cela impose de l'inscrire dans le temps. Or, il est hors temps. L'être amorphe de Vidal est lui aussi hors temps puisqu'il est indéterminé. Le temps l'inscrirait dans une suite d'instants dont chacun se distinguerait des autres, et donc le déterminerait. L'*apeiron* est potentiel de matière et dynamique de l'être. La matière semble se cacher derrière lui, mais en fait il ne cache rien, parce qu'il n'y a rien derrière lui. Il diffuse un potentiel, et de ce potentiel s'exhale la matière, la nature empirique de nos sens. Ce potentiel exhale l'espace, le temps, même si temps et matière ne sont pas séparables, alors que lui-même ne se définit pas en des termes de temps. Il infère les formes changeantes du devenir. En ce qui concerne le temps, celui-ci impose des limites ; il marque la naissance des choses et leur mort ; il limite, borne l'existence des êtres. Lui, *apeiron*, il est infini, illimité, indéfini, indéterminé. Il est amorphe, à condition de ne pas lui supposer un amorphe « matérialisé ».

C'est là une pensée qui tient au cosmique. Citons Robert Baccou à propos des mondes d'Anaximandre, qu'il faut entendre au sens du divers[11b] :

« À chaque instant il en est qui naissent, à chaque instant il en est qui meurent dans l'infini. Seul le principe, l'*arché* demeure, d'où ils sortent et où ils retournent, après avoir parcouru le cycle fixe et régulier de leurs transformations. [...] Sans doute l'imagination s'y mêle et la pare de ses brillantes couleurs. Mais elle est née sur le terrain de la spéculation rationnelle [...]. »[11b]

On pourrait être tenté, à propos de l'Amorphe, de faire référence à ce que l'on appelle le chaos de la Bible, mais ce serait « matérialiser » l'Amorphe, et Vidal, après avoir hésité, ne se laisse pas entraîner sur ce terrain, d'autant que le chaos de la Bible n'est pas un véritable chaos. Dieu crée le ciel et la terre, ce qui, *a priori*, n'est pas un chaos, et ensuite organise ces deux éléments pour en faire la nature. Ces éléments ne sont pas des amorphes purs ni même un mélange sans ordre. L'état n'est pas non plus un indéterminé. Dans le langage courant, ce qui est amorphe est une matière qui n'a pas de forme propre et que l'on pense malléable. Il faut se garder de supposer une telle matérialité à l'Amorphe qui est amorphe parce qu'il n'a aucune détermination, parce qu'il est seulement de l'être. Vidal utilise le terme Amorphe par métaphore seulement. Il est. Définir un être par ce qu'il n'est pas peut ne pas être satisfaisant. L'appeler l'Indéfini, l'Indéterminé, n'est pas plus satisfaisant parce que, là aussi, on le définit par ce qu'il n'est pas. En fait, comme le dit Vidal, il est potentiel, uniquement potentiel, ce qui est déjà être. Vidal est tenu de supposer ce potentiel puisque, à travers ses hypostases, l'Amorphe donne le *Réel en nous*.

Ceci renvoie aux études de l'*apeiron* qu'en ont fait des philosophes de l'Antiquité. Pour un développement de ces études, on consultera B. Wisniewski.[20]

Compléments aux monismes de l'Antiquité

Thalès est plus important que ce que pourrait laisser penser sa place dans le choix d'un élément premier qui pourrait paraître à tort, à nos yeux familiers d'abstractions, comme rustique. Il rompit avec les traditions, avec la mythologie, qui voyaient dans des dieux multiples la cause des phénomènes de la nature. On peut créditer Thalès d'avoir essayé de comprendre l'univers à l'aide de sa seule raison. En eut-il conscience ? Eut-il des prédécesseurs dont l'expression resta enfouie dans les cénacles d'érudits, dans ce bassin de civilisation ou dans un autre ? Thalès, en fait, n'eut sans doute pas d'illumination brutale au cours de laquelle il aurait pensé qu'il fallait expulser les dieux de notre réflexion, voire même nier leur existence, une sorte d'athéisme constitué. Même après Épicure (341-270 av. J.-C.)[21-22] qui ne nie pas les dieux mais les cantonne loin des humains, et de façon plus nettement formulée chez Lucrèce (98-55 av. J.-C.)[23], l'athéisme dans l'Antiquité n'aura pas de position forte. C'est une attitude en voie de formulation. L'effort de positivité n'aboutira pas en tout. Les penseurs, pour justifier les phénomènes observés, les transformations, le mouvement, supposèrent que des influences internes existaient au sein des choses, des sortes d'âmes qui animeraient la nature. Malgré leur monisme, les Milésiens durent accepter l'idée de ces volontés sous-jacentes, voie vers un pluralisme, car ainsi le Un ne se trouve pas seul face au défi d'engendrer le multiple. En conséquence ces influences cachées purent réinvestir quelques attributs des dieux et les théories des éléments ne parviendront pas, dans l'Antiquité, à se défaire du concept de divinité. Platon (427-347)[24-26] et Aristote (383-322)[26-28] placeront même dieu, pour le premier, en exergue au sommet de son système des Idées et, pour le second, enfoui au sein de la matière où il sera le moteur immobile animant le Tout par le désir que les choses ont de se rapprocher de sa perfection. Évidemment, Vidal n'enfouit pas dans son Amorphe primordial de telles influences, de tels attributs de la divinité. Rien, on l'a dit, ne permet de supposer une divinité, ni des forces occultes, si l'on suit la méthode scientifique — et Ockham —, selon laquelle le concept de divinité n'a pas apporté la preuve de son efficacité dans la modélisation. Il est inutile. Le potentiel de l'Amorphe pourvoie aux besoins.

Des observations pouvaient, à l'époque, étayer le choix de Thalès. L'eau devient dure lorsque le froid la transforme de liquide en glace : les solides ne sont donc qu'une forme d'eau condensée. Elle peut devenir gaz ou plutôt air — car tous les gaz jusqu'aux XVIIe-XVIIIe siècles n'apparaîtront que comme des formes particulières d'air — : l'air est donc de l'eau raréfiée. Si tout ce qui nous entoure est de l'eau sous diverses formes, c'est-à-dire est la manifestation d'un principe unique de base, alors nos sens qui nous donnent des images diverses de la même chose nous abusent. Une telle constatation sera à l'origine d'un scepticisme qui encouragera les philosophes grecs à *aller fouiller derrière l'apparence du monde pour atteindre une réalité cachée, une sorte d'*en soi. On peut ici pressentir la constitution future d'une métaphysique. Cette activité de l'esprit n'apprend rien mais fait réfléchir. De ce fait, en particulier chez les scientifiques, la tendance à rejeter la métaphysique comme superfétatoire est forte et conduit à affecter quelque mépris envers elle. Mais toute science est une métaphysique car, bien qu'elle soit un modèle de ce qui nous apparaît comme le concret de la nature, ce modèle est abstrait, un produit de l'esprit. La science substitue au sensible un abstrait de concepts, de théories, de lois... Certains considèrent cet abstrait comme ayant une existence propre et se situant derrière les choses, comme la vérité *en soi* de la nature, ce qui certes est à l'opposé de la pensée de Vidal pour qui le modèle étant abstrait n'a pas d'*en soi*. Il est une construction intellectuelle destinée à imiter, mimer le comportement de la nature empirique. De ce fait, pour Vidal, il n'y a pas unicité du modèle puisqu'il n'y a pas d'*en soi*, pas d'absolu, en tant que référence que le modèle devrait imiter. Sinon il n'y aurait qu'un seul modèle, un modèle évoluant, cherchant à atteindre la perfection de son adéquation avec l'*en soi* de la nature, cherchant à imiter à la perfection l'*en soi* de la nature. Or, Vidal donne des exemples de la multiplicité possible du modèle, entre autres dans le secteur de la chimie qu'il connaît[1c]. Le modèle — donc les concepts, les lois qui le constituent — est une commodité intellectuelle pour appréhender le concret par imitation de celui-ci, une « réduction » de la complexité de la nature, une construction abstraite avec des concepts inventés par le chercheur, une métaphysique. Le modèle est certes construit par le chercheur qui ne voit que l'une des solutions possibles à sa problématique, mais d'autres modèles que celui qui est produit pourraient être tout aussi valides. Vidal ne cherche donc pas une vérité derrière l'« apparence » des choses car pour lui il n'y a pas de vérité absolue, il n'y a rien derrière les choses ; celles-ci ne sont qu'« apparence », elles ne sont que notre « sensibilité », que le produit de nos sens, des images de nos esprits, qui en inventent le concret, qui les inventent. *Les choses sont leurs apparences et les apparences sont les choses elles-mêmes.* Vidal cherche dans un modèle une validité de concepts permettant d'imiter en une cohérence et selon une logique le comportement de la nature empirique, la seule qui soit, sauf à démontrer l'existence d'un *en soi.* On peut citer ici, comme le fait Robert Blanché[29], Ernst Mach (1838-1916) et le Cercle de Vienne qui développa le positivisme. Le réel physique, la nature, n'est qu'un ensemble d'expériences sensorielles :

« Le monde ne consiste qu'en nos sensations. » (Mach)
Une chose n'est « qu'un ensemble cohérent d'expériences sensibles » (Mach)

« Ce ne sont pas les objets qui produisent des sensations, ce sont au contraire les complexes d'éléments (complexes de sensations) qui composent les objets. » (Mach)[29a, 30]

Et, de façon plus imagée, par le Cercle de Vienne :

« Dans la science, il n'y a pas de profondeur tout est surface. »[29b,31]

L'eau, possédant une spécificité de matière avec ses qualités sensibles, n'a pas un caractère amorphe absolu. Elle est déjà matière bien déterminée. Elle subsistera dans la théorie des quatre éléments d'Empédocle (485-425 av. J.-C.)[32] : Feu, Air, Eau, Terre, jusqu'aux travaux de Lavoisier au XVIIIe siècle[9c] et, on le voit, ce sera le cas des autres éléments aussi, dont la Terre qui est revêtue d'une matérialité forte, parce que d'apparence concrète, tangible. Ceci prouve qu'une matérialité de l'élément premier ou des éléments premiers ne sera pas un handicap à la longévité de ceux-ci dans la construction d'un modèle de la nature. Le technicien de la matière n'est pas toujours un théoricien porté vers la métaphysique.

L'air, l'eau ou le feu répondant imparfaitement aux besoins d'abstraction, Parménide (540-450 av. J.-C.)[33] tentera de se hausser sur un plan plus abstrait.

Le monisme milésien expose une unité de l'Être. Tout provient d'un principe unique, même si ce principe est matérialisé et non pas conceptuel comme l'*apeiron*. Xénophane (580-480 av. J.-C.)[34-35] insiste sur cette conception unitaire, développant une permanence : l'Être reste toujours tel qu'il est. Il ne se modifie jamais. Sur le tard, Xénophane se fixa en Italie, à Élée.

C'est en cette ville que naquit Parménide[33]. Celui-ci y développa la pensée de Xénophane. Il estimait que l'esprit doit se dégager des aspects du monde, aller au-delà des apparences, au-delà de nos sens, trouver ce qui est permanent, trouver le réel. C'est, nous l'avons dit, l'amorce d'une métaphysique. Parménide suppose bien un réel *en soi*. Il y a quelque chose derrière le monde tel que nous le percevons. Parménide est certain que l'univers existe, et que rien, en dehors de celui-ci, ne peut exister ; il est Un, il est l'Être. Son seul état étant d'être, la seule modification qu'il pourrait subir serait de s'annihiler. Rien ne peut donc changer en lui : tout en lui est identique d'un « point » à un « autre », si l'on géométrise en termes de métaphore. De ce fait, l'Être est continu, homogène, immobile, de symétrie sphérique. Les diverses façons dont il apparaît sont dues à l'imperfection de nos sens. L'Être existe parce qu'il peut être pensé :

« L'acte de la pensée et l'objet de la pensée se confondent. Sans l'Être dans lequel il est énoncé, on ne peut trouver l'acte de la pensée. »[19b]

On croirait un aphorisme platonicien. Pour Platon le réel est de l'ordre du monde des Idées, des Concepts, les objets observés n'étant que des reflets de ce monde et l'objet n'est objet que parce qu'il est une « pensée ». De même, Descartes, avec son *cogito ergo sum*, est plus certain de son esprit, de sa pensée, que de sa matière.

Parménide affirme que l'Être a toujours existé et qu'il existera toujours. D'une part, du non-Être, qui n'est rien, qui ne renferme rien, ne peut sortir l'Être. Admettre que l'Être puisse ne plus exister serait admettre qu'il peut devenir non-Être, or le non-Être, le rien, n'existe pas. En effet, l'Être contient tout ; on ne peut donc penser le non-Être, le rien. Or, pour Parménide, ce qui ne peut être pensé n'existe pas. De plus, pour qu'il y ait changement, mouvement, il faut qu'une chose fasse place à une autre, même si c'est seulement son état qui fait place à un autre état d'elle-même. Ce qui disparaît devrait se dissoudre dans le néant, ce qui le remplacerait être tiré du néant. Or, celui-ci étant rien ne peut rien donner ni recevoir. L'Être ne peut donc pas évoluer ; il n'est pas sujet au changement, au mouvement. Le multiple, la diversité sont des illusions. Puisqu'il ne peut y avoir de changement au sein de l'Être, tout point de l'univers doit être identique aux autres, indiscernable d'eux : l'Être s'étend de façon continue et homogène dans toutes les directions mais pas jusqu'à l'infini, pour Parménide. L'Être est donc une sphère dont tous les points sont identiques. Ceci est impossible dans une sphère puisque des points à des distances différentes du centre ont des caractéristiques de ce fait différentes. Mélissos, son élève, étendra l'Être jusqu'à l'infini spatial. L'Être ne doit en effet avoir ni commencement ni fin, parce qu'un début et une fin constitueraient des diversités. Dans une sphère il existe un point singulier : le centre, et tous les points d'un rayon donné d'une sphère sont différents des points d'une autre sphère concentrique ayant un autre rayon. Que serait l'extérieur de la sphère puisque le non-Être n'existe pas ? La sphère de rayon infini résout cela : son centre est en chaque point de l'espace, rendant identiques tous les points. Le caractère continu, homogène de l'Être fait qu'on ne peut le diviser : cela introduirait des discontinuités, la multiplicité. Il est insécable.

L'unité et l'unicité de l'Être, l'absence de mouvement, conduiront à de grandes difficultés. La multiplicité devra être réintroduite à la dérobée dans les théories monistes. Parménide lui-même introduira le multiple dans le Un en faisant intervenir deux éléments pour rendre compte du côté sensible de l'Être, rendre compte des apparences : le feu ou la lumière, et son contraire la nuit ou l'obscurité[19c]. Pour Parménide, ces apparences nous importent ; elles font partie de l'Être si l'Être contient tout. Parménide, faisant à leur propos appel à un dualisme — et il semble que ce soit la première expression d'un dualisme —, un dualisme fondé sur la lumière et l'obscurité, introduit le ver dans le monisme. Il extirpe aux forceps un dualisme du monisme. Si le dualisme de Vidal, on l'a vu, se fonde sur un monisme comme le Un de l'*apeiron*, il faut suivre aussi le Un de Parménide qui met en avant un dualisme entre la lumière et l'obscurité, le feu et la nuit.

Le Un, on le voit, est décevant. Il englobe tout et son unicité explique tout. Chez Parménide, le Un est un bloc impénétrable, insécable, sans mouvement ; tout est figé en lui[10c]. Il est frustrant par sa simplicité même, et par sa négation de la complexité du monde.

Deux est nécessaire. C'est la moindre complexité au-delà du Un. En vertu du principe d'Ockham, c'est suffisant. Pour cela, peut-être, depuis la préhistoire de nos ancêtres primates — auxquels s'imposait l'alternative : je frappe ou je suis frappé, je survis ou il survit —, le dualisme union et opposition, dont chaque terme nécessite de surcroît au moins deux éléments, a été présent dans l'esprit de l'homme, comme mode de raisonnement simple pour cataloguer et référencer. La dialectique matérialiste de Marx et Engels, au XIXe siècle, avec l'opposition entre *thèse* et *antithèse* donnant une *synthèse*, elle-même à son tour niée en tant que nouvelle thèse par une nouvelle antithèse pour donner une autre synthèse… *ad infinitum*, sa « négation de la négation » selon les termes d'Engels, plongera ses racines dans l'humus de ce substrat de pensée, sans oublier la violence d'Héraclite. Ces démarches étaient neuves dans l'Antiquité grecque. Marx et Engels se placent dans un archaïsme philosophique.

Nous avons dit, à propos de Parménide, que La multiplicité devra être réintroduite dans les théories monistes à la dérobée, comme en se cachant. Vidal aborde cette difficulté de face, de plain-pied pourrait-on dire. Il transforme le Un de l'Amorphe premier en une dualité assumée que nous développerons au chapitre suivant.

Devant l'impasse du monisme, les philosophes s'engageront sur des voies pluralistes, c'est-à-dire avec plusieurs principes de base. Ceci donnera la théorie des quatre éléments, dont on a déjà dit qu'elle a survécu jusqu'au milieu du XVIIIe siècle, et la théorie atomique avec une multiplication à l'infini des éléments de base, insécables, les atomes. Pour Vidal ce sera un dualisme.

Références et notes

1) B. VIDAL, *Les visages de la science*, Louvain-La-Neuve, Academia/L'Harmattan, 2014, a) pp. 191-197, b) pp. 116-121, c) pp. 157-190.

2) B. VIDAL, *La science, un bricolage qui a réussi*, Paris, Technedit, 2010, a) en particulier pp. 81-86, b) pp. 99-131.

3) O. DEKENS, *Comprendre Kant*, Paris, Armand Colin, 2005, a) p. 36, b) p. 38.
4)E. KANT, *Critique de la raison pure*, (préface de la deuxième édition, 1787) Paris, GF Flammarion, 1987, p. 46-47 (m16-m17).
5) J. EISENSTAEDT, *Einstein et la relativité générale*, Paris, CNRS Éditions, 2013, pp. 59-65, en particulier p. 64.
6) J.A. POPLE, D.L. BEVERIDGE, *Approximate Molecular Orbital Theory*, NewYork, McGraw-Hill Book Company, 1970.
7) J.N. MURRELL, A.J. HARGET, *Semi-empirical Self-consistent-field Molecular-orbital Theory of Molecules*, London-New York, Wiley Interscience, 1972.
8) B. VIDAL, *Quantique moléculaire*, Paris, TecDoc/Lavoisier, 1997, pp. 109-174.
9) B. VIDAL, *Histoire de la chimie*, Paris, PUF, 1998, a) p. 30-32, b) p. 35, c) pp. 47-58.
10) B. VIDAL, *Théories élémentales et atomiques de l'Antiquité Classique*, Nice, IHS, 1984, a) pp. 22-26, b) 28-32, c) p. 40.
11) R. BACCOU, *Histoire de la science grecque de Thalès à Socrate*, Paris, Aubier-Montaigne, 1951, a) p. 67, b) p. 68.
12) G.W. LEIBNIZ, *Principes de la nature et de la grâce fondés en raison (1714)*, Paris, PUF, 1986, 7.
13) P. VIGNAUX, E. AMANN, *Dictionnaire de théologie catholique*, article *Occam*, Paris, Letouzey et Ané, 1930.
14) C. GRELARD, K.S. ONG-VAN-CUNG, *Le vocabulaire de Guillaume d'Occam*, Paris, Ellipse, 2005.
15) P. ALFÉRI, *Guillaume d'Occam, le singulier*, Paris, Minuit, 1989.
16) K. POPPER, *Conjectures et réfutations. La croissance du savoir scientifique*, Paris, Payot, 1985, pp. 64-65.
17) K. POPPER, *La logique de la découverte scientifique (1934)*, Paris, Payot, 1984, pp. 76-90 et 112-132.
18) H. RORSCHACH, *Méthode et résultats d'une expérience diagnostique de perception : interprétation libre de formes fortuites*, Paris, PUF, 2000.

19) J. VOILQUIN, *Les penseurs grecs avant Socrate, de Thalès de Milet à Prodicos*, Paris, Garnier-Flammarion, 1964. a) fragments d'Héraclite, pp. 71-81, b) p.95 fr.8, c) p. 97.
20) B. WISNIEWSKI, *Revue des études grecques*, 1957, vol. 70 329-330, pp. 47-55.
21) G. RODIS-LEWIS, *Épicure et son école*, Paris, Gallimard, 1975.
22) ÉPICURE, *Doctrines et maximes*, trad. M. Solovine, Paris, Hermann, 1963.
23) LUCRÈCE, *De la nature*, trad. H. Clouard, Paris, Garnier-Flammarion, 1964.
24) B. VERGELY, *Platon*, Toulouse, Éditions Milan, 1995.
25) J. BRUN, *Platon et l'Académie*, Paris, PUF, 1960.
26) P. RICOEUR, *Platon et Aristote*, Paris, CDU, 1968.
27) W. JAEGER, *Aristote*, Paris, Desclée de Brouwer, 1992.
28) J. BRUN, *Aristote et le lycée*, Paris, PUF.
29) R. BLANCHÉ, *L'induction scientifique et les lois naturelles, Paris*, PUF, 1975, a) p. 75, b) p. 76.
30) *Analyse der Empfindungen*, Iena, 1906 ; 5e éd. p. 10, p. 25, p. 270-272, 296.
31) *Wissenschaftliche Weltauffassung*, Vienne, 1929, p. 15.
32) J. ZAFIROPULO, *Empédocle d'Agrigente*, Paris, Les Belles Lettres, 1953.
33) P. SOMVILLE, *Parménide d'Élée, son temps et le nôtre*, Paris, J. Vrin, 1976, a) pp. 31-83.
34) L. REIBAUD, *Œuvre poétique : Xénophane de Colophon*, Paris, Les Belles Lettres, 2012.
35) W. JAEGER, *Paideia : La Formation de l'homme grec*, Paris, Gallimard, 1988, pp. 209-214.

Nota : Les références sur Platon et Aristote sont nombreuses. Celles que nous donnons ici relèvent du grand public.

Chapitre II

Dualisme de Vidal et autres dualismes

Approche du dualisme antiréaliste de Vidal

L'étape moniste de Bernard Vidal est la mise en exergue d'un Être primordial. Cet Être est non structuré de déterminations, c'est-à-dire qu'il est non-déterminé en des êtres aux définitions et aux identités multiples. Le Un n'ayant aucune détermination, comment peut-il être la référence des déterminations du réel empirique ?

En d'autres termes, comment passer du Un au multiple ? Il faut s'évader de la prison de l'unité. Vidal suppose une multiplicité à un niveau ontologique, au même titre que l'unicité du Un, pour engendrer le pluralisme du réel. Il n'est nul besoin d'une multiplicité ontologique infinie. Deux est le minimum du pluralisme et, dans la démarche de s'en tenir au plus simple possible, selon Ockham, un dualisme s'impose. Mais comment s'articule le dualisme sur le Un, l'Unique ?

Comme on l'a déjà rapidement signalé, dans ce cadre dualiste interviennent deux acceptions principales en ce qui concerne l'Être premier, deux hypostases. Ce sont elles qui, produisant le *Réel en nous* hors de leur ontologie, permettent d'aboutir à ce qui se constate de façon empirique, ce que nous ressentons comme perception, d'aboutir aux images en notre esprit qui sont le réel. On appelle cela : la nature, comprenant, de façon classique, l'esprit et la matière ou, plus précisément, nature empirique, esprit empirique, matière empirique... ce qui se constate, qu'on appelle le réel et qui est « image » dans l'esprit. Ce sont, ne l'oublions pas, les images, ou si l'on préfère l'empirique de notre sensibilité, un complexe de sensations — qui dépend de l'esprit et de la matière —, qui fait l'objet de la modélisation scientifique : il n'y a rien d'autre à modéliser. La matière objective, si l'on veut une connotation matérialiste, est la matière empirique produit de la mise en forme du *Réel en nous* par l'esprit.

Il est préférable d'utiliser le terme image, aussi neutre que possible, plutôt que le terme « aspect » empirique. Ce dernier peut laisser supposer qu'il y a quelque chose *en soi* derrière l'aspect, dont l'aspect serait la représentation. Il n'y a pas d'*en soi* caché derrière l'aspect, l'image. Il n'y a de nature, donc de matière et d'esprit qu'empiriques.

Nous aurions dû certes utiliser semi-empirique (voir chap. I) plus fin qu'empirique, parce que, entre autres, ce qui s'impose à nous, que l'on doit admettre comme tel en tant que perception, image, en tant que réel, est le résultat d'une inférence de l'ontologie, inférence qui éclate le Un en multiple, en passant de l'ontologique au *Réel en nous*. Cette inférence est hors temps, car le temps est une détermination et le Un est sans détermination. L'empirique est soutenu par un ontologique. Il a donc une dimension autre que le seul empirisme, plus riche.

Notons qu'on ne peut séparer esprit et matière, ces parties de la nature, parce que dans le *Réel en nous*, l'esprit donne des formes à l'amorphe, des déterminations à cet indéterminé, et ces formes, ces déterminations, sont la nature dont la matière, qui est de ce fait inséparable de l'esprit. N'étant pas séparés, matière et esprit se pénètrent l'un l'autre et se forment l'un l'autre, s'adaptent l'un à l'autre dans la continuité de la simple mise en forme de l'indéterminé par l'esprit. Ils sont, en tant qu'esprit empirique et matière empirique, la nature empirique.

Notons aussi que Vidal récupère, au niveau de sa conception empirique de la nature, le matérialisme, un matérialisme méthodologique[1]. Il n'y a pour le matérialisme que la matière *en soi*, si l'on fait court. Elle contient les lois, les théories qui, de ce fait, sont elles aussi *en soi*. La modéliser consiste à trouver ces lois et ces théories qu'elle recèle. Pour le dualisme de Vidal, c'est sur la nature empirique, entre autres la matière empirique qui est *La* matière, que s'exerce la modélisation. Les théories, les lois ne sont pas dans la matière. C'est l'esprit qui met un ordre dans la matière en décrivant, mimant son comportement en un modèle. De ce fait, le modèle est l'ordre que l'esprit met dans la matière, la matière empirique. Cette différence n'a aucune incidence sur la constitution du modèle, en particulier sur la méthodologie à mettre en œuvre pour constituer ce modèle. La matière empirique, en tant que seule matière est, a-t-on dit, objective ; elle est la matière objective. Elle est telle qu'elle est là, comme la matière du matérialisme est le réel, et est objective.

On pourrait avancer, à tort, que le dualisme de Vidal est un matérialisme mou, affadi, puisqu'il contient une dimension ontologique qui semble estomper la présence forte, la densité de présence de la matière empirique. En fait il n'y a pas affaiblissement du matérialisme, même si le réel avec sa contribution de l'esprit, formateur de la matière mais lui-même réciproquement formé par la matière, a une dimension plus riche que dans le matérialisme standard. *Dans la part non ontologique du dualisme, dans sa concrétude empirique, il s'agit bien de suivre la méthodologie scientifique du matérialisme qui permet de construire un modèle.*

Vidal acte le fait empirique que, dans la nature, matière et esprit sont deux acceptions structurantes. Il suppose qu'il y a, comme en parallèle, deux acceptions ontologiques, auxquelles peuvent se relier les deux premières. Il les appelle, nous l'avons signalé plus haut, les hypostases *être-monde* et *être-esprit*. Les deux hypostases ne sont pas identiques à la matière et à l'esprit que nous connaissons parce que ces derniers, empiriques, relèvent du *Réel en nous*. Les hypostases sont en imprégnation. La nature, matière et esprit, est issue de cette imprégnation qui, si l'on ose une métaphore, accouche du *Réel en nous*, hors de l'ontologie. Le *Réel en nous* est une inférence de l'ontologie.

Ainsi, *être-monde* et *être-esprit* ne proviennent pas du Un par un processus de scission, comme si le Un était un composé des hypostases. *Être-monde* et *être-esprit* sont, ensemble, eux-mêmes l'Amorphe premier, le Un, en tant qu'ils sont ses hypostases. Et lui est eux. L'idée de composition nierait l'unité.

Le Un ne contient ni temps, ni espace, ni détermination, puisqu'il est l'Amorphe, l'Indéterminé. On peut dire, par métaphore, qu'il est potentiel. Vidal, on le rappelle, s'inspire de Kant pour qui le temps et l'espace sont des *a priori* à travers lesquels l'homme organise la connaissance du monde, mais il joint aussi à cette organisation du monde la sensibilité humaine qui dépend à la fois de l'esprit et de la concrétude. Pour lui, en effet, on le répète, on ne peut séparer esprit et matière, du fait qu'ils sont tous deux le produit des hypostases en imprégnation. Les positivistes scientifiques insistaient aussi à la fin du XIXe siècle sur l'absence d'*en soi* concernant le temps et l'espace, et sur la production de ceux-ci par notre sensibilité. Ainsi, William Ramsay (1852-1916), physicochimiste, découvreur des « gaz rares » — qui ne sont plus rares —, écrivait-il le texte suivant en 1908 :

« [...] les événements se produisent en séquences et nous en déduisons le concept de temps. Ensuite nous croyons que nous pouvons changer notre position par rapport à celle d'autres objets [...]. Nous acquérons ainsi le concept d'espace. [...] nous sommes conscients d'un effort musculaire [...] Nous en déduisons [...] l'idée de masse, ou de ce qui résiste à nos efforts [*et*] l'idée d'énergie [...]. »[2]
[*NDLR. le* [*et*] *est de nous*]

On remarquera que parler de séquences suppose déjà le temps, parler de position implique l'espace. Ramsay trouve dans la nature ce qu'il y met. Il est difficile d'être plus explicite quant à l'origine sensible des concepts de temps, d'espace, d'énergie, origine sensible qui nécessite cependant aussi l'intervention conceptualisatrice de l'esprit. Vidal insiste sur le fait que la sensibilité — et donc les sensations qu'elle permet — est un produit de l'esprit et de la matière, eux-mêmes non dissociables. Cependant, Ramsay évacue trop facilement un temps plus proche de nos facultés mentales que de la concrétude. Pour Vidal, c'est dans le *Réel en nous* au niveau de l'esprit que sont le temps et l'espace, esprit qui participe à leur donner leur « forme », celle que l'on vit dans la nature empirique.

Avec les hypostases, Vidal se réfère à la Trinité divine[3-6] de la religion chrétienne, mais sans supposer aux hypostases, ni à l'Être premier, une transcendance au sens religieux. En effet, en science, qui est un matérialisme méthodologique,[1] supposant pour Vidal un athéisme méthodologique, on ne peut faire appel à des concepts connotant le divin. Dieu est, comme il le dit, un joker que l'on peut sortir chaque fois que l'on ne comprend pas quelque chose. Il explique tout, donc il n'explique rien.

Dieu est Un, pour les chrétiens, mais son unité est constituée de trois hypostases : le dieu-père, le dieu-fils, le dieu-saint-esprit, ou : le Père, le Fils, le Saint-Esprit, un Dieu unique en trois personnes, en trois hypostases. Les hypostases ne constituent pas un état trinitaire qui émerge, du Dieu Un, comme étant d'une complexité supérieure à l'état antérieur. Chacune de ces hypostases est Dieu et chacune consubstantielle aux autres.

Insistons bien sur le fait que Vidal, lorsqu'il met en jeu des hypostases, n'entend pas des hypostases au sens chrétien ; les siennes n'ont pas de transcendance divine. Contrairement aux hypostases de la Trinité, elles sont en dehors du temps, de l'espace, de ce que nos sensibilités peuvent conduire à imaginer car les sensibilités ne relèvent pas de l'ontologique. Ces hypostases sont le Un amorphe, dépourvu de qualités, de toute détermination et mènent, par leur imprégnation réciproque, au *Réel en nous*.

Si les hypostases de Vidal sont, ensemble, le Un, elles ne sont pas l'une l'autre, ni ne sont consubstantielles car elles ont des potentiels différents. Dans la Trinité, les hypostases, malgré leurs personnalités différentes, sont consubstantielles, même si l'une (le Fils qui s'est fait homme) a les deux pieds dans la concrétude. Encore il est vrai que ce soit le cas de toutes les trois puisque la Trinité a créé la matière. Ceci pourrait entacher de concrétude l'ontologie. Ceci relève de l'un des mystères de la foi catholique. Vidal se place à la fois dans la foulée des trinitaristes, dont il admire la construction subtile, et dans la continuité des Milésiens qui ont dû sortir de l'unité et de l'unicité du Un, pour produire le multiple en supposant des sortes de forces, des influences, au sein de ce Un. Parménide avait eu besoin du dualisme lumière/obscurité pour sortir du Un. Empédocle avait dû mettre en œuvre l'Amour et la Haine, inclus dans le Un sphérique parménidien, pourtant tétra-élémental, pour produire le divers.

Le concept de Trinité a été formalisé au IVe siècle et n'a atteint sa maturité théologique qu'aux XIIe-XIIIe siècles. Vidal retient cette notion hypostasique parce que, bien qu'elle n'ait aucun caractère rationnel quand elle est considérée dans sa dimension religieuse, elle occupe dans cette dimension, en tant que mystère, le rôle, le statut, de ce qu'est un principe, un axiome fondateur dans la modélisation scientifique de la nature. Les axiomes et autres principes sont formulés parce que le scientifique constate qu'il ne peut aller plus avant dans la rationalisation des phénomènes. Vidal dé-trancendantalise, dé-divinise le schéma hypostasique chrétien et l'adapte aux besoins rationnels du dualisme.

Les hypostases de Vidal ont pu effrayer ceux qui estiment qu'il y a blasphème à dépouiller les hypostases de leur transcendance divine. Mais, on l'a dit, Vidal ne reprend pas, en tout, les concepts hypostasiques chrétiens. Les spiritualistes ne devraient donc pas se sentir outrés. Vidal se situe dans une autre dimension intellectuelle, une dimension relevant d'une méthode rationnelle, dans laquelle il procède par une axiomatisation.

De même, la négation de l'*en soi* indisposera ceux qui remplacent Dieu par un autre absolu parce qu'ils ont besoin d'une transcendance forte, bien que discrète, implicite. De nombreux scientifiques, s'il n'y avait pas d'*en soi*, cet *en soi* qui pour eux serait la Vérité qu'ils traquent dans leurs recherches, *en soi* qu'ils pensent modélisable, ne pourraient considérer leur activité autrement que vaine. Pourquoi chercher s'il n'y a rien d'autre à trouver que ce qui dépend de nous, qui apparaît de prime abord comme étant la sensation et le fonctionnement mental, l'esprit ?

Vidal ne démontre ni le Un, Amorphe premier, ni les hypostases, pas plus qu'on ne démontre qu'il y a quelque chose plutôt que rien — il s'agit d'une constatation pleinement empirique. Il se trouve conduit, par la logique qui s'impose à lui, à poser des axiomes, des principes en tant que fondements, ou comme préfèrent les scientifiques, en tant que bases ; en d'autres termes : *il axiomatise ses bases*. Il les axiomatise en vue d'atteindre une cohérence entre le dualisme et la nature empirique. Il part donc d'un amorphe premier, conceptualisation la plus économe possible, en émettant des concepts logiques, d'une aussi grande économie que possible là encore, qu'il articule sur la nécessité de trouver en bout de chaîne la multiplicité, l'empirique — le semi-empirique — de notre sensibilité, de trouver la nature empirique — semi-empirique — qui s'impose à nous et qui est nous, aussi.

Les concepts axiomatisant le système de Vidal permettent de construire, autant que cela peut être possible, un analogue de l'ontologie adapté à notre façon de raisonner. Ils peuvent certes étonner. Ils rejoignent ainsi le système trinitaire chrétien, le dualisme onde-corpuscule, le principe d'indétermination de Heisenberg, les particules virtuelles ou ces particules qui peuvent aller vers le passé autant que vers le futur dans le cadre de la théorie quantique (chap. IV), ou bien encore cette particule de lumière (photon) — simplifions — vectrice d'information qui s'échange d'un électron à un autre électron en suivant de facto, comme chemin, l'ensemble infini des chemins possibles, chacun pondéré par sa probabilité, et sans que l'un des électrons puisse être considéré comme émetteur et l'autre récepteur. Ils sont chacun, pour la même particule, à la fois l'un et l'autre. On le voit : la théorie quantique n'est pas à une Trinité près. Aussi, il ne faut pas sourire ou hausser les épaules devant cette construction théologique, même si nous ne comprenons pas aujourd'hui à quoi elle pouvait vraiment servir. Peut-être était-elle destinée à rationaliser, là encore, autant que faire se pouvait une dimension du concept de divinité. Quoi qu'il en soit, cela a porté les esprits de milliers de penseurs vers l'abstraction, essayant d'« user », terme métaphorique, l'infiniment dur de l'incompréhensible métaphysique. Cela a permis de construire dans les esprits des voies vers l'abstrait de la modélisation scientifique (voir chap. IV).

Autres dualismes

La théorie du Soufre et du Mercure

Pour souligner l'originalité du dualisme de Vidal, on examinera quelques dualismes qui ont participé à structurer la pensée occidentale. On verra que certains d'entre eux ne sont pas ontologiques parce que leurs éléments sont déjà matériellement constitués. Cependant, pour ceux qui les pensaient, les éléments premiers étant à la racine des choses, à la racine du réel empirique, rien n'était plus ontologique qu'eux. L'ontologie empiétait, en quelque sorte et si l'on ose l'image, sur leur réel quotidien.

Ainsi en est-il de la théorie du Soufre et du Mercure, théorie qui se développa à la fin du Moyen Âge en Occident[7-8] et dont le médecin alchimiste Paracelse (1493-1541)[9] fit un large usage. Ces mots désignent des principes et non pas seulement ce que nous considérons comme des espèces chimiques. Ces dernières étaient conçues comme des formes dégradées des principes du même nom. On peut voir dans les principes Soufre et Mercure des qualités de la matière, mais aussi une image des propriétés antagonistes qui luttent l'une contre l'autre, des pulsions enfouies dans la matière, des sortes de « forces », de volonté interne à la matière, une sorte de dialectique de la nature. On pense à Empédocle qui utilisait, on l'a rappelé, la « force » Amour et la « force » Haine pour justifier que les quatre éléments puissent s'unir pour former la matière (grâce à l'Amour) et se désunir (à cause de la Haine) pour détruire ce qui est constitué et permettre l'évolution, le changement des choses.[10] On peut se reporter aussi à un simple dualisme sexuel et les alchimistes ne manqueront pas d'utiliser la théorie des principes sous cette forme de façon extensive. Ceci est compréhensible puisque tout chez eux se référait aux principes sexuels : la matière, en effet, parce qu'il y a unité et unicité du Tout, possède une dimension vivante.

Le Soufre, dont le matériau de même nom peut brûler, serait le principe Masculin, relatif à ce qui est fixe, actif, agressif, chaud, dur. Le Mercure serait le Féminin, ce qui est passif, froid, volatil, malléable. L'efficacité d'un réactif dans l'attaque d'un métal proviendrait du Soufre qu'il contient, dans ce qu'il y a d'agressif, d'actif en lui. Le métal se transformerait d'autant mieux sous l'action du Soufre qu'il contiendrait plus de Mercure. Le Masculin transforme, modèle le Féminin, lui impose une ou des formes, une ou des qualités.[7]

Le non-scientifique pourrait s'étonner de ce que l'alchimiste traite de l'activité, de l'agressivité du soufre. Ce dernier, en effet, est un solide jaune d'apparence inoffensive. Cependant, il s'oxyde à l'air. En particulier, il peut brûler à l'air. Il se transforme en dioxyde de soufre (anhydride sulfureux) qui lui-même — très soluble dans l'eau — en présence d'humidité devient un acide corrosif. Il se produit un aérosol toxique qui attaque les bronches humides, fait tousser, coupe la respiration et entraîne d'autres maux graves, tels que la destruction des poumons. Selon les manipulations qu'effectue l'alchimiste, il pouvait se dégager parfois du sulfure d'hydrogène, gaz toxique, dont la violente odeur d'œuf pourri est nauséeuse, particulièrement désagréable et suffocante. Tout ceci pouvait donner un avant-goût de l'Enfer.

Vers la fin du Moyen Âge un troisième principe voit le jour en Europe : le Sel ou Arsenic, qui bien sûr a peu de choses en commun avec les entités chimiques de même nom. En effet, apparaît le besoin de lier les deux principes, Soufre et Mercure, l'un à l'autre pour qu'ils ne se « débobinent » pas, de façon à ce que la matière reste constituée. Cependant, à l'image du sel matériel, qui permet de conserver les aliments, comme c'est le cas de la chair du bétail que l'on préserve de la putréfaction par salaison, le Sel principe permet de lier entre eux les deux autres principes Soufre et Mercure, Masculin et Féminin. C'est un principe de médiation qui permet de produire la matière constituée. Platon avait eu besoin d'un cinquième élément pour unir les quatre autres, ce que les alchimistes appelleront la quintessence (la cinquième essence).

Revenons au point concernant la vie dans la matière en alchimie. On vient de le signaler, derrière le dualisme sexuel, qui non seulement organise la nature, mais est part de celle-ci, il apparaît que la nature est pleinement vivante et que ce que l'on voit de vivant, nous les hommes, les animaux, les végétaux, n'est qu'un aspect de ce Tout cosmique qui est vivant en lui-même. Les alchimistes, en effet, croient en l'unité de la matière : il ne peut donc y avoir du vivant d'une part et du non-vivant d'autre part. La matière, que l'on fasse référence aux monismes de l'Antiquité, avec un seul élément primordial constitutif du divers, aux pluralismes avec des éléments multiples, par exemple les théories des quatre éléments, serait-ce le pluralisme des atomes avancés par Épicure, est fondée dans toutes ses diversités sur un substrat de base commun. Tout ce qui existe, pour l'alchimiste, relève de ce que l'on appelait alors la même « essence ». On ne doit donc pas faire de distinction fondamentale entre les multiples corps de la nature. Leurs différences, leurs qualités, ne sont que des formes différentes d'un même substrat de base. Ce sont des accidents. Tout vit, tout possède même une âme. La matière est riche d'une vie interne. Son évolution, ses changements relèvent de ce que nous appellerions des processus de type biologique. Ainsi, le plomb est un métal malade ; si on parvient à le soigner, à lui communiquer la bonne santé, il deviendra or, métal de santé parfaite. Il perdra sa « forme » plomb pour acquérir la « forme » or.

L'alchimiste pourra aussi, par ses manipulations, gommer, effacer la forme plomb — la couleur grise, la densité, la malléabilité, toutes les caractéristiques physiques et la réactivité chimique du plomb… —, forme dont a été revêtu le substrat de base. Cette forme étant gommée, il restera le substrat de base amorphe, c'est-à-dire sans « forme ». L'alchimiste le revêtira ensuite de la forme or : la couleur jaune, la densité, la malléabilité de l'or, sa grande inaltérabilité, et d'autres qualités qui sont différentes de celles du plomb. La notion de forme, que l'on doit à Aristote, inspirera Vidal. Ce substrat de base sans détermination nous rappelle l'*apeiron* indéterminé de Parménide et souligne une étape dans la filiation milésienne de la pensée de Vidal.

Du fait du substrat, qui est vierge de toute forme aristotélicienne, tout est dans tout pour l'alchimiste. Souvent apparaît dans l'alchimie le serpent Ouroboros qui, dessiné sous l'aspect d'un cercle, se mord la queue, et le dessin peut être accompagné de l'aphorisme « Un est le Tout ». Du fait de l'unicité du substrat de base, celui-ci étant plus important que la forme qui n'est, sans trop exagérer, qu'une sorte de détail, commencement et fin sont tout un, sont identiques. En d'autres termes, dans l'œuvre de l'alchimiste, rien de fondamental ne change ; le substrat amorphe est, si l'on peut dire, inaltérable. Il est au débouché de l'expérience, par exemple une transmutation, ce qu'il était au départ, malgré les changements apparents. Dans le plomb et dans l'or il y a le même substrat, que l'alchimiste époussète de la forme « superficielle » dont il est revêtu pour la remplacer par une autre tout aussi superficielle, pense-t-il. Ce substrat cependant put aussi être pensé dans les termes des principes Soufre et Mercure (le Soufre englobe le Feu et la Terre ; le Mercure, l'Air et l'Eau), lorsque ceux-ci dominèrent l'alchimie. Dans le substrat de base, Masculin et Féminin sont alors co-présents, non associés en combinaisons qui les détermineraient en choses concrètes. Ils sont en quelque sorte virtuels, pas en acte. Au-delà de cet état premier, le dualisme du substrat de base le détermine, dans l'addition ou la conjonction des deux principes, en fonction de l'importance de chacun d'eux. Il existerait comme des « forces », des sortes de volontés, qui animent les actions des deux principes, un peu comme les « forces » qui animaient l'élément premier des monismes. Ces forces sont latentes, comme le Masculin et le Féminin dans le substrat premier, non actives.

L'amorphe de Vidal a été conçu au niveau de l'Être premier, qui est ses deux hypostases, en Amorphe. Par l'imprégnation des hypostases, qui donne le *Réel en nous* que l'esprit, partie de ce réel, met en forme, l'Amorphe qui est elles se résout en multiple, en la nature semi-empirique dont l'esprit semi-empirique. Le Un est Deux, comme le Deux est Un, et le Deux ouvre la porte à un multiple *a priori* infini par les interactions diverses entre les deux éléments du dualisme. Dans le monothéisme chrétien le Un est trois, comme le trois est un. Dans l'alchimie le Un est le Tout. Et dans l'esprit de ceux des physiciens contemporains qui cherchent une théorie du Tout, le Tout est Un.

Le dualisme philosophique de Descartes

Etudions maintenant ce que l'on pourrait appeler les dualismes philosophiques, parce que ce sont des systèmes qui ont été émis par des personnes référencées comme « philosophes » par l'histoire. En effet, le dualisme « Soufre-Mercure » vient du tréfonds des antres enfumés où s'empoisonnèrent dans les vapeurs de soufre et de mercure des praticiens manipulateurs alchimistes. Dans les premiers siècles après J.-C., peut-être même avant, cette pratique que l'on appela « philosophie hermétique » — de Hermès Trismégiste dieu tutélaire des alchimistes — se constitua à Alexandrie. Il est d'usage de considérer que ce sont là les débuts de la chimie, mais ce n'est pas pour nous une expression philosophique, c'est une pratique.

La première formulation élaborée du dualisme philosophique en un système à l'époque moderne est due à René Descartes (1596-1650) au XVIIe siècle[11]. Descartes avance la non-matérialité de l'esprit. Le cerveau n'est qu'un support. Le physique et le mental sont donc conçus comme étant deux « substances » distinctes. On nommera parfois ce dualisme un dualisme de substance. Descartes se fonde sur le fait que la sensation de posséder un corps pourrait être un rêve, ou bien une illusion. Mais il ne pouvait douter de l'existence de son esprit parce que c'est l'esprit qui fait que Descartes pense. Descartes est donc sûr de son esprit mais pas de son corps. Ce sont là deux entités distinctes. L'esprit pense, pas le corps. Descartes conçoit que l'esprit peut exister, par le fait de Dieu, indépendamment du corps. L'esprit est immatériel, le corps est matériel. Ces deux substances, dans leur interaction, mettent en œuvre les règles de la causalité[12]. L'esprit peut être à l'origine de phénomènes physiques, le corps peut avoir un effet sur l'esprit. Mais se pose la question : comment une entité immatérielle peut-elle avoir une influence sur une entité matérielle ? Ces entités sont ontologiquement différentes et peuvent que s'« ignorer » l'une l'autre. On pourrait tenter l'image selon laquelle deux droites parallèles ne se rencontrent pas, ou, compte tenu de la différence ontologique entre les deux entités, deux droites orthogonales — et non pas seulement perpendiculaires — n'ont rien de commun. Si elles n'ont rien de commun, comment peuvent-elles interférer l'une avec l'autre ou, pour utiliser un parler rustique, comment peuvent-elles échanger de l'information, des instructions pour que se mettent en action l'une et l'autre entité ? Où est le domaine commun, le point de jonction qui leur permet un échange ? Les alchimistes, dans leur dualisme Soufre-Mercure, avaient introduit un troisième principe pour faire le lien entre les deux principes constitutifs de la matière : le Sel en tant que médiateur des interactions des deux premiers. La nécessité d'un domaine commun entre deux entités étrangères l'une à l'autre est très gênante pour le dualisme de Descartes. Ce dernier pense que le lieu où se fait le « contact » est une glande au centre du cerveau : la glande pinéale, car le cerveau pour Descartes est un support pour l'esprit, pour l'intelligence. Mais qu'est-ce qui fait que, là, l'immatériel peut entrer en contact avec le matériel ? Certains, comme Leibniz, optèrent pour Dieu qui devint l'agent de la causalité. Mais c'est sortir le Super Joker qui a réponse à tout ! Ce n'est donc pas une réponse.

La problématique d'un lieu de contact était justifiée dans le cas des conceptions mécanistes de Descartes, où les corpuscules de matière avaient des aspérités pour s'engrener, se solidariser les uns aux autres de façon à constituer les corps. On retrouve là des conceptions analogues à celles de la physique d'Epicure et de Lucrèce, à ceci près que les atomes d'Epicure et de Lucrèce étaient insécables mais pas les corpuscules de Descartes. Il fallait des points de contact, des engrenages, des frottements pour que l'univers se meuve. Disons, par métaphore, qu'il fallait des sortes d'engrenages entre l'immatériel et le matériel. La problématique aurait dû perdre de son acuité avec les travaux de Newton sur l'attraction des corps et la mise en œuvre d'une force, entité mathématique, conceptuelle donc. Ceci aurait pu servir de modèle à une interaction matériel/immatériel. Une force, en effet, ce n'est pas du matériel tangible, c'est un concept défini de façon mathématique qui permet de mimer par le calcul, en tant que modèle, une partie de la nature. C'est de la métaphysique. Les phénomènes de la nature sont ainsi mimés par un ou des concepts, en vertu d'un immatériel.

Alors que mettre en œuvre des forces aurait pu sauver leur dualisme, les cartésiens s'opposèrent à la force d'attraction newtonienne. Elle fut qualifiée d'influence occulte, parce qu'il n'y avait pas de contact physique, pas d'engrenages pour transmettre l'interaction. Précisément, c'était ce qui pouvait la rendre utile dans l'interaction entre l'immatériel et le matériel, parce qu'une force est immatérielle et meut le matériel. Cependant, du fait de son immatérialité, on ne voit pas une force, on ne voit pas cette force d'attraction ; elle est cachée derrière les choses, les phénomènes, un peu comme dans la magie ou dans l'alchimie. Quelle preuve peut-on avoir qu'il existe une force *en soi* ? Il n'y a pas de preuve parce qu'il n'y a pas de force *en soi*, mais un simple concept efficace de modélisation. Plus tard, lorsque le champ gravitationnel sera venu enrichir le modèle de l'attraction universelle, cette nouvelle entité purement mathématique, qui permet de mimer des comportements de la nature, aurait pu elle aussi être mise à profit pour soutenir le dualisme de Descartes. N'y a-t-il pas « interaction », du moins dans le cadre du modèle, entre deux objets, par le moyen d'un « champ » qui lui aussi est occulte, parce qu'il n'existe pas *en soi*, qu'il est un élément conceptuel du modèle ?

Soyons plus définitif en employant un langage quotidien : un champ, cela n'existe pas *en soi*. C'est une abstraction, une entité métaphysique, une équation, inventée parce qu'elle est utile pour la cohérence du modèle scientifique de la nature, qui lui-même est abstraction.

Vidal consacre, indépendamment de ce problème dualiste, un chapitre dans *Les visages de la science* à la façon d'exprimer la théorie de Newton. Pour montrer quelles autres formulations simples pourraient en être faites, mettant en œuvre d'autres concepts que celui « d'attraction » entre des masses pour interpréter le fait que la distance entre deux masses en présence diminue avec le temps, il souligne le caractère anthropomorphique de cette notion d'attraction. Mais, on le verra, Vidal n'a pas besoin de « contacts », comme on le concevait en termes physiques dans le dualisme de Descartes, entre les facteurs de son propre dualisme.

D'autres dualismes essaient d'effacer le problème de l'interaction entre les deux substances constitutives de la nature. Leibniz fait intervenir Dieu — nous avons signalé ce point — qui assure l'harmonie non pas en soutenant une interaction directe pour assurer le lien entre les deux substances, mais parce que lors de la création il a créé une harmonie dans l'univers qui fait que les événements surviennent comme s'il y avait interaction, comme s'ils étaient le résultat d'une interaction, et comme si la causalité matériel/immatériel de ces événements était apparente, alors qu'il n'y a pas d'interaction. Les phénomènes mentaux vivraient leur propre causalité et les phénomènes matériels vivraient la leur, en parallèle, mais ces deux causalités seraient indépendantes, ceci, en vertu de l'harmonie que Dieu a mise dans le monde.

L'émergentisme

Signalons encore la philosophie de l'émergence[13-17], qui est considérée comme permettant de rattacher la problématique esprit/matière à un dualisme. Ainsi, d'un point de vue matérialiste, l'esprit, pensée, conscience, est apparu au cours de l'histoire de la nature, au sein du processus que l'on appelle « évolution ». La conscience aurait *émergé* de la matière, formant une dualité avec celle-ci. Or, la conscience ne peut être prévue. Son fonctionnement, pour le peu que nous y comprenons, ne peut être déduit de celui de la matière qui lui a donné naissance. On constate *a posteriori* que, lorsque la matière atteint un certain degré d'organisation, de nouvelles propriétés apparaissent que l'on ne sait pas déduire de l'état antérieur. On dit parfois que cette émergence de la conscience accroît la complexité de l'état obtenu comparé à ce qui l'a précédé, encore qu'il soit osé de prétendre que quelque chose que nous comprenons mal : la conscience, soit d'une complexité supérieure à celle de la matière, que nous ne comprenons pas bien non plus. Mais se pose là encore la relation entre les deux entités, matière/esprit, qui apparaissent comme *absolument* différentes. Cette émergence ne se fonde pas sur plus de preuves que l'émergence de la matière à partir du rien (Big bang ?). Comment « rien » peut-il donner naissance à quelque chose ? S'il n'y a rien, ni espace, ni *temps*, on ne peut même pas parler de commencement. L'instant zéro, s'il y avait un instant zéro, serait du temps et du non-temps. Le non-être ne se définit pas à partir de l'être en tant que la négation de celui-ci, ce qui le rattacherait à l'être ; en effet : il est rien.

Pour des spiritualistes, il serait possible d'envisager qu'à partir d'un certain niveau d'organisation la matière se serait trouvée en interaction avec quelque chose — un amorphe, une substance théomorphe ? — et l'aurait actualisé en conscience ; ainsi aurait émergé cette dernière. Ceci suppose que le temps et l'espace auraient existé avant la conscience et que celle-ci serait arrivée dans la matière comme dans un berceau. Il n'y aurait pas eu émergence.

Dans la philosophie de l'émergence, on entend que « le tout est plus que l'ensemble de ses parties ». Certes, la forêt est plus qu'une accumulation d'arbres individuels. Mais considérons un ensemble de matières premières. Celles-ci permettront après traitement de construire une voiture qui aura des fonctions que les matériaux bruts ne peuvent assumer. Déplacement et transport seront des fonctions émergentes parce qu'elles ne sont pas dans les matériaux de base. C'est l'organisation qui crée les fonctions émergentes. La voiture est plus que la somme de ses matériaux. Mais la clef de l'émergence de la voiture c'est l'être humain. Lorsqu'on comprend, il n'y a plus vraiment émergence. Dans d'autres cas plus complexes, on ne comprend pas ce qui fait que l'ensemble présente des fonctions nouvelles, d'où la notion d'émergence.

On cite parfois la molécule d'eau, « composée » de deux atomes d'hydrogène et d'un d'oxygène (H_2O), comme exemple d'émergence. Il y aurait émergence de propriétés par rapport à celles des atomes séparés. Qu'on utilise la théorie de la mésomérie (dite aussi théorie de la résonance[18]), qui maintient des atomes dans la molécule, ou celle des orbitales moléculaires (OM) qui *stricto sensu* ne les maintient pas, toutes deux fondées sur les mêmes lois quantiques de base, on peut prévoir les propriétés de la molécule, de même celles des atomes avec ces mêmes lois quantiques de base. Il s'agit dans les deux cas du même niveau de complexité. Il n'y a pas émergence.

Selon une approche par émergence, la conscience ne se déduirait pas en termes de causalité de la seule organisation de la matière du cerveau. Il faut accepter une procédure occulte où la matière, que l'on ne comprend pas bien, produirait quelque chose que l'on ne comprend pas plus : l'esprit, dont la conscience.

L'« émergence » présente un déficit d'explication. Ce n'est d'ailleurs pas un concept défini avec précision. On se trouve devant une boîte noire, dans laquelle il faut supposer, par ignorance, des mécanismes complexes, où a été enfermé ce que l'on ne comprend pas. L'émergentisme est un peu comme autrefois la génération spontanée des souris dans les silos à grains, disons : la présence de souris dans les silos serait une propriété émergente des silos. On douterait des capacités heuristiques de l'émergence si ce n'était l'enthousiasme de chercheurs concernant ladite intelligence artificielle. En fait, l'émergence est une notion qui penche plus vers la philosophie que vers la science.

En définitive, l'émergentisme n'est d'aucun secours, en particulier ici pour éclairer la formation de l'esprit par la matière et les relations entre les deux.

L'émergentisme se place au niveau de la sensibilité, de la concrétude et fait intervenir le temps et le lieu de la matière. Or, pour le dualisme dans ce qui est partie de l'ontologie, il y a ni temps ni lieu d'interaction entre les hypostases, parce qu'il y a ni temps ni lieu, ni espace en ce qui concerne l'ontologie : les deux hypostases sont en imprégnation de fait, sans lieu ni espace, sans temps. Le temps, l'espace relèvent du *Réel en nous* parce que c'est ainsi qu'en son sein l'esprit participe à produire les « formes » du réel. En d'autres termes, l'esprit produit la forme temps, la forme espace, les formes amour, haine, bouteille... tout comme il participe à donner, hors de toute causalité, les formes visage, arbre… aux taches aléatoires, informes, indéterminées, sans signification, sur la feuille de papier dans le test de Rorschach. Et c'est l'esprit qui participe à produire à notre sensibilité l'évolution, avec le rôle réciproque de la matière dans sa formation. Nous reviendrons sur ces points, et sur le rôle du temps.

L'union-imprégnation des hypostases

Les deux hypostases de Vidal ont des potentiels distincts mais ne sont pas séparées puisqu'elles sont, ensemble, l'Amorphe premier. Les hypostases de la Trinité chrétienne ne sont pas séparées non plus parce que, si elles l'étaient, cela ruinerait le monothéisme, mais elles sont de plus consubstantielles.

Le terme de matière est souvent trop exclusif de l'esprit dans notre culture. Pour le matérialisme[1], la « matière » a participé à produire l'esprit — conceptualisation des facultés mentales, dont la conscience, la faculté d'abstraction etc. — selon le schéma historique de l'évolution (voir P. Tort[19] pour une étude générale du matérialisme dans le cadre de l'évolution). Si la matière a contribué à produire l'esprit, ni l'un ni l'autre ne peuvent être considérés comme sans relation entre eux. Certes, il n'y a pas à chercher de contact ; on peut penser qu'il subsiste une sorte de trace, de présence, une « solution » en partie de l'un dans l'autre. Dans le dualisme de Vidal, réciproquement, l'esprit pense, conçoit la matière, la nature, en produit l'image à lui, image qui est le réel.

Apportons quelques précisions, en guise de résumé, sur les hypostases. L'imprégnation de celles-ci produit le *Réel en nous*, d'abord esprit et amorphe. Au terme de la mise en forme de l'amorphe par l'esprit, sont produits : nature empirique, matière empirique et esprit empirique. Matière et esprit, que certains opposent, relèvent tous les deux, par l'imprégnation des hypostases, du Un. Aucune hypostase, on le redit, n'est exclusive ni indépendante de l'autre, du fait qu'elles *sont* la même origine, qu'elles *sont* le Un.

Leurs potentiels sont distincts mais ils s'imprègnent car elles s'imprègnent. Si les deux hypostases étaient impénétrables l'une à l'autre, cela signifierait que dans l'Être premier elles seraient des entités indépendantes et qu'il y aurait en cet être une dualité contraire à son unité et au fait qu'il soit l'Indéterminé — puisqu'il y aurait une détermination en deux entités. A deux elles sont Un, l'Indéterminé. Elles sont l'Être et n'anéantissent pas son unité, pas plus que l'unité de Dieu, dans le monothéisme chrétien, n'est anéantie du fait de sa trinité. Nous avons, ci-dessus, utilisé le terme origine par métaphore. Il ne doit pas laisser supposer un avant et un après, un mouvement de quelque sorte, alors que le temps et l'espace ne sont pas ontologiques. Temps et espace ne sont pas *en soi* non plus, mais sont dans le *Réel en nous*, présents dans la mise en forme de celui-ci par l'esprit.

En chaque infinitésimal de la nature semi-empirique, il y a de l'esprit parce que ce dernier la pense, la modèle, et en chaque infinitésimal de l'esprit il y a de la nature, de la matière, du monde, parce que la nature, la matière, supportent l'esprit, participent à le produire. Il n'y a pas de l'esprit pur et du non-esprit pur. L'esprit a une dimension de matière et la matière une dimension d'esprit. De façon raccourcie, pour se rapprocher d'une vision matérialiste qui est commune, la matière, à l'image de ce que suggère l'évolution, façonne, produit l'esprit ; mais l'esprit façonne le *Réel en nous*, produisant la nature empirique, la matière telle que celle-ci apparaît dans nos perceptions, telle qu'elle est « image », c'est-à-dire telle qu'elle est. Il n'y a rien de caché au-delà des perceptions.

Ce que l'on appelle le Réel n'est donc pas, pour Vidal, on le rappelle, un *en soi* dissimulé derrière les apparences. Il dépend, d'une part, de l'imprégnation des hypostases, d'autre part de la mise en forme du *Réel en nous* par l'esprit. Il est tout entier dans nos sensations, nos perceptions, qui mettent en jeu l'esprit et la matière.

Vidal qui nomme *être-monde* l'une des hypostases, affecte, une fois, cette hypostase dans *Les visages de la science*, de la dénomination de « proto-nature », de « proto-matière », une nature, une matière en puissance, et non pas réalisée, une nature non actualisée. Il affecte de même une fois l'*être-esprit* de la dénomination de proto-esprit, comme s'il s'agissait d'un esprit en puissance, un esprit non réalisé, non actualisé. Vidal a ensuite pensé que ce terme était ambigu. Il est inutile d'utiliser « proto » parce que cela peut donner un aspect trop matérialisé aux hypostases et laisser penser à une sorte d'évolution, à la mise en œuvre du temps qui n'existe pas au niveau ontologique, d'autant que l'esprit dans le *Réel en nous* ne provient pas uniquement de l'*être-esprit*, mais de l'imprégnation des deux hypostases, de même pour la matière qui ne provient pas que de l'*être-monde*. Bernard Vidal rappelle alors dans une volonté pédagogique, en raccourci, ce que sont matérialisme et spiritualisme, pour que soit bien faite la distinction avec son dualisme :

« *Matérialisme*,
la matière est Première et produit l'esprit :
Matière ⟶ esprit
Spiritualisme,
l'esprit est Premier et produit la matière :
Esprit ⟶ matière »[20a]

Ces deux conceptions peuvent être unifiées parce que chacune bien qu'insatisfaisante doit être prise en compte. La citation ci-après permettra de résumer sa pensée :

« Envisageons une coproduction réciproque de l'esprit et de la matière :

Esprit ⇄ Matière

Ceci ne tient pas bien compte de la compénétration de la dimension noétique et de celle des phénomènes, chacune étant chargée de l'autre, [...] dissoute en elle. On écrira [*que*] l'unicité de l'Amorphe s'actualise [...] en deux hypostases *[figure V-1]*.

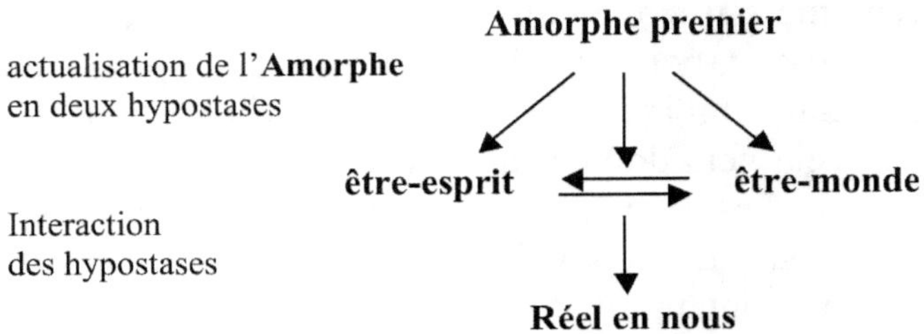

Figure V-1. Illustration de l'actualisation de l'Amorphe premier en deux hypostases.

L'Amorphe premier, Être premier, termes sans connotation de transcendance, bien qu'amorphe — dénué d'*en soi* —, par négation de toute caractéristique, de toute forme, n'en « est » pas moins : amorphe il est [...] seulement être. [...] Être-esprit et être-monde sont différents et semblables, différents mais participant au Un de l'Amorphe. On les appelle hypostases [...] et elles ne sont pas consubstantielles au sens où elles le sont dans le Dieu chrétien, car ce serait les enfouir dans l'unicité [...] ; ce serait nier leur dualité. [...] L'Être est Un, et il est ses deux hypostases. Dieu est Un dans La Trinité, bien qu'il soit ses trois hypostases. Dans le cas de Dieu, chaque hypostase est Dieu à elle seule, ce qui n'est pas le cas des hypostases du dualisme ontologique. Chaque hypostase du dualisme, bien qu'imprégnant l'autre, ne détruit pas cet autre dans sa spécificité [...]

[...] Il ne peut y avoir un monde de l'esprit et un monde de la matière, séparés l'un de l'autre. Esprit et matière, esprit et nature, ne peuvent s'ignorer puisqu'ils participent chacun de l'autre. […] L'hypostase être-esprit ne peut être sans […] l'être-monde. Ces deux hypostases se recouvrent et c'est de ce fait qui est […] une imprégnation, qu'est le Réel en nous, l'étant. » [20a]

J. Piaget[21] (voir aussi D. Parrochia[22]) a montré que le réel est construit peu à peu dans l'esprit de l'enfant. Il ne lui est pas imposé de l'extérieur, mais ce dernier participe à le définir. Il construit son réel. Chacun a son réel, mais on peut penser que celui-ci serait semblable pour tous, du fait des structures cérébrales, qui sont un support de l'esprit, et des structures mentales qui sont semblables pour tous les humains. L'ensemble des réels ainsi constitué — le *Réel en nous* — est une sorte de spectre distribué sous la forme d'une courbe en cloche autour d'un réel plus probable. Vidal précise :

« J'ai l'impression d'être une unité pensante, semblable à d'autres unités pensantes. Ces autres Réels font partie de mon « Réel personnel », parce que j'ai conscience d'eux, et qu'il y a donc une dimension d'eux en moi et une dimension de moi en eux. De ce fait, il y a imprégnation des Réels individuels, mais aussi parce qu'ils sont tous issus des deux hypostases et partagent ainsi […] une homogénéité entre eux. » [20b]

Le dualisme de Vidal ne prête pas le flanc aux arguments anti-dualisme, notamment en ce qui concerne l'interaction causale entre deux entités, considérée l'une comme purement matérielle, l'autre comme purement immatérielle dans les termes du dualisme cartésien. Il n'est pas besoin d'interaction causale chez Vidal — ce qu'il appelle parfois interaction est une imprégnation — car pour lui rien n'est purement matière et rien purement esprit. Lorsqu'on évoque le problème des interactions causales entre les éléments d'un dualisme classique, on veut se ramener à une conception mécanique, ramener au matériel ce qui est dit immatériel, en fixant comme fonctionnement au second celui qu'on attribue au premier, alors même que ces éléments, dans ce système, sont si ontologiquement différents qu'ils ne peuvent interagir. Faut-il supposer des engrenages, des crochets ? La causalité serait-elle la conceptualisation de ces engrenages ?

Chez Vidal, l'esprit participe à donner les formes du divers dans le *Réel en nous*, les formes de la matière, celles de nos sensations, les images dans l'esprit. Aussi la question que l'on se pose concernant les dualismes : « Comment matériel et immatériel peuvent-ils interagir l'un sur l'autre ? » est sans objet dans le dualisme de Vidal. Chez lui, le « mécanisme » d'interaction n'a pas à être évoqué : il n'y en a pas. Les deux hypostases sont le Un. Du fait de leur imprégnation, il n'y a pas de cause à mettre en jeu entre elles, ni de « mécanique » d'aucune sorte. Si l'on ose utiliser une métaphore, on dira qu'elles sont toujours co-présentes l'une à l'autre, ou qu'elles sont en immersion permanente l'une dans l'autre, sans avoir à échanger quoi que ce soit entre elles.

Lors de conversations, des physiciens ont envisagé que l'interaction esprit/matière, pourtant éléments conçus par eux dans le rapport immatériel/matériel, mettrait en jeu une énergie. Comment poser une énergie d'interaction entre immatériel et matériel, entre ontologie et concrétude, en thermodynamique !? Comment concilier les axiomes, principes fondamentaux, de cette dernière science avec une « substance » esprit, conceptualisation d'un ensemble de facultés mentales, de la conscience ? Pourrait-il y avoir une thermodynamique de l'immatériel, de l'ontologique, voire une thermodynamique des feux de l'Enfer ! On ne considère pas ici, bien sûr, l'énergie mise en jeu par le corps qui supporte le fonctionnement de l'esprit. En fait, une énergie est une manifestation de la nature si l'on se place du point de vue d'un réalisme matérialiste ou de la nature empirique de Vidal. Mais, pour ce dernier, l'énergie n'a pas d'*en soi*. C'est une entité mathématique de dimensions ML^2T^{-2}, un concept de modélisation, c'est-à-dire qu'elle est une abstraction non ontologique.

En résumé, la notion de causalité, dont la physique contemporaine a minimisé l'importance, suppose un lien entre phénomènes ; de ce fait elle ne s'applique pas au niveau ontologique parce qu'à ce niveau il n'y a pas de phénomène ; il y a ni temps ni espace pour être le réceptacle des phénomènes. Reliant des phénomènes, elle relie des éléments de perception. Les hypostases ne s'influencent donc pas causalement l'une l'autre. Elles sont en état d'imprégnation hors temps puisque celui-ci ne relève pas de l'ontologie. Ce sont deux immatériels, si l'on utilise le vocabulaire du dualisme classique. Ce n'est pas un matériel et un immatériel qui s'engrèneraient l'un dans l'autre. Chez Vidal, causalité et déterminisme sont reliés à la sensibilité, aux perceptions, à la façon dont l'esprit pense le monde et le modélise. Ce sont des éléments contingents de modélisation.

On reproche parfois aux dualismes de ne pas obéir au principe de simplicité d'Ockham (chap. I). Il vaudrait mieux un monisme, pense-t-on ; ce serait plus simple. Or, le dualisme de Vidal obéit bien au principe d'Ockham, puisqu'il se réfère à un être unique. Mais le monisme est un échec : il faut qu'apparaisse le multiple. Vidal met en œuvre deux hypostases qui, tout en étant elles, sont l'Être premier. Il s'agit bien de simplicité, d'économie d'entités.

Par l'Amorphe premier, et parce que celui-ci est ses deux hypostases qui produisent l'esprit dans le *Réel en nous*, Vidal met en évidence la profonde unité de l'Être. L'esprit, en effet, parce qu'il donne la forme nature et qu'il est co-présent, avec la matière, dans la nature, assure une trame d'universel dans le *Réel en nous*.

L'unité de l'Être est l'objet d'une quête de la civilisation occidentale, en passant par l'imposition du monothéisme et la recherche de la théorie unique chez certains scientifiques. Étienne Klein et Marc Lachièze-Rey dans *La quête de l'unité* traitent de cet effort vers l'unité de la physique[23]. On devrait aussi se pencher sur la pensée orientale, sur l'Islam avec son monothéisme plus dur que celui du christianisme. Il fige le Tout dans l'unité et l'unicité de la parole de Dieu, pour toujours prononcée. Tout est figé dans le Un, comme l'étaient les monismes de l'Antiquité. La parole de Dieu contient de ce fait tout savoir, toute science. Dans sa parole on trouverait certes la science, mais entendue comme celle élaborée par la civilisation occidentale dans son état de la fin du XXe siècle considérée comme absolue, définitive. Les enthousiastes soutiennent en effet que la relativité, la théorie quantique, les trous noirs etc. sont dans le livre sacré. Or, toute science, en tant que modèle fluctuant, sans relation avec un *en soi* que le scientifique aurait à trouver au bout de sa quête, est contingente et ne conduit à aucune certitude. Les états de la science sont valides et non pas vrais. Le livre sacré serait-il une caverne d'Ali Baba, contenant toute la connaissance ? Suffit-il d'y piocher pour y trouver le savoir d'aujourd'hui, mais aussi les lois qui seront découvertes ou inventées demain ?

Possibilité d'un trinalisme

On fit remarquer à Bernard Vidal qu'il passait sous silence le vivant. Ce dernier, dans le réel empirique, a ses spécificités par rapport à l'esprit et à la matière. Il répondit que le dualisme des hypostases *être-esprit* et *être-monde* pouvait très bien se compléter en trinalisme — pour éviter les mots trinitarisme, triolisme, trialisme indisponibles — avec trois hypostases *être-esprit*, *être-vie*, *être-monde* et qu'il était facile de passer de son dualisme à un trinalisme, voire à plus d'éléments. Mais le vivant n'apparaît souvent qu'en tant qu'organisation spécifique de la matière. Vidal ne voulait pas ressusciter la Trinité et sa transcendance. Tout se restructure en se fondant sur trois hypostases, mais ce serait là une adaptation formelle, parce qu'il pensait qu'il n'y a que deux acceptions fortes, même si elles s'interpénètrent : esprit et matière, esprit empirique et le reste de la nature empirique. La nature empirique apparaît avec sa charge d'êtres vivants, et Vidal cherche à construire un système pour appréhender cette nature comme un tout. Certes, on pourrait dire : *être-esprit, être-vie, être-monde*. Le vivant est dans le *Réel en nous*, dans la matière, conçu comme tel par l'esprit empirique. Pourquoi pas quatre hypostases ou une infinité ? Ockham veille.

Le pur esprit

Les deux hypostases ne sont concevables que dans leur imprégnation réciproque. Il n'y a donc pas d'*être-esprit* pur, donc pas de production d'esprit pur à l'état de *Réel en nous* issu de l'ontologie, pas de pur esprit. Développons ceci d'un point de vue classique.

Le psychisme de l'homme a une action sur la matière de son corps et vice-versa. Il y a lien entre les deux. Même si la matière du corps était un simple réceptacle du psychisme et si celui-ci pouvait quitter, esprit seul, cette matière, le lien, l'interaction qu'il aurait eue avec elle ne le laisserait pas inaffecté. Il ne pourrait se définir par lui seul. Cet esprit, différent d'un esprit qui n'aurait pas eu l'expérience du corps, ne pourrait être pur.

Soit, néanmoins, le cas d'école du « pur esprit ». Pour être pur, un esprit devrait être sans relation avec ce qui ne serait pas lui : il devrait n'avoir conscience de rien en dehors de lui, être seul, isolé, car toute interaction, toute connaissance autre que celle de lui, serait un changement, ce qui altérerait sa pureté. Connaître une chose, c'est imprégner celle-ci dans l'esprit. Il faut une pénétration réciproque pour qu'il y ait conscience et connaissance de l'autre. L'esprit en est changé. Ceci interdit la pureté. Si celui-ci est parfait, la connaissance d'autre que lui le rendra imparfait. En d'autres termes, en posant un pur esprit qui serait parfait, si en lui ajoutant quelque chose — une connaissance d'autre que lui — il est parfait, c'est que cela lui manquait pour être parfait avant. Le pur esprit ne pourrait donc que se promener en lui-même, sa pensée n'ayant rien à penser d'autre qu'elle-même, c'est-à-dire rien à quoi penser. Or, de même qu'une conscience est conscience de quelque chose, une pensée est pensée de quelque chose. N'avoir rien à penser, c'est ne pas penser. Le pur esprit sans activité de pensée ne serait pas esprit.

Au mieux, si le pur esprit s'abîmait dans l'auto-contemplation, il se noierait dans les contradictions du Un parménidien. Il serait clos, impénétrable. Pour penser, il faut le multiple. De même, le changement ne peut exister pour le pur esprit, car cela implique la multiplicité. Et pour un esprit pur il n'y a que lui, Un. Tout changement, de plus, implique le temps au sens classique ; et le pur esprit, parfait, ne peut être soumis à autre chose qu'à lui, donc il ne peut être soumis au temps, même s'il le veut — d'où une limite à sa perfection. En d'autres termes, le temps qui introduit un avant et un après scinderait l'unité du pur esprit. De même, l'espace étant par lui-même multiple ne peut être associé en quoi que ce soit au pur esprit.

Nous nous sommes parfois placé pour notre raisonnement ci-dessus dans un cadre temporel de fait. Il faudrait un raisonnement dans un cadre a-temporel.

Revenons au dualisme logique de Vidal. Est-ce que l'*être-esprit* est un pur esprit ? Les termes « pur esprit » ne s'appliquent pas à lui. Il est autre. Il est ce qui par imprégnation avec l'*être-monde* participe à donner l'esprit dans le *Réel en nous*, esprit qui connote une dimension matière, parce qu'il donne forme à la matière et réciproquement. On ne peut définir plus avant l'hypostase *être-esprit* au-delà de ce qu'elle est potentiel d'esprit dans le *Réel en nous*. L'esprit est une notion propre au *Réel en nous*. De plus, on le rappelle, l'imprégnation de l'*être-esprit* avec l'*être-monde* fait que l'*être-esprit* n'est pas seul et qu'il n'est pas sans lien avec autre que lui.

Comme il n'y a pas de pur esprit, il ne peut y avoir de concept, de loi, de théorie, purement rationnels, puisque le rationnel est un mode de fonctionnement de l'esprit empirique dans le *Réel en nous* et que l'empirisme n'est pas un absolu. Le rationnel pur ne peut être relié qu'a un esprit pur. Rien ne peut donc être uniquement rationnel. Aucune activité de l'esprit ne peut se référer à de l'esprit pur seulement. Donc, aucune démonstration, aucun déterminisme, aucune causalité ne sont sans faille. C'est, dans ce dernier cas, ce que l'on retrouvera dans la mécanique quantique : son déterminisme mou, sa causalité stochastique molle. Même dans les processus de modélisation de la physique classique, rien ne permet d'utiliser une causalité parfaite. Disons que, *a priori*, rien ne permet d'affirmer une causalité parfaite. La charge de la preuve incombe à ceux qui avancent cette conjecture.

Nous appliquons en notes les notions ci-dessus sur le pur esprit au Dieu judéo-chrétien.[24] Notons aussi l'inanité de vouloir souligner la « perfection » de Dieu par extrapolation à l'infini des qualités de l'homme,[25] comme si l'on voulait donner l'idée d'une senteur parfaitement agréable en partant de l'odeur d'un excrément.

Multiplicité des réels, multiplicité des « moi »

Certains animaux présentent des formes d'empathie, de sympathie, d'altruisme, d'intelligence. Les singes, les chiens, les dauphins... auraient une forme de conscience, voire une conscience.[26-28] Ils pourraient donc concevoir un réel pour eux différent de celui de l'homme, comme les trolls et les Tchoufiniens (chap. III, p. 127). Il n'y a rien, là, qui aille contre le dualisme de Vidal. Cependant, ces animaux font partie de la nature formée par l'esprit de l'homme et sont le produit de celui-ci, donc leur réel s'il y en a un est aussi le produit de cet esprit. Ils sont dans le *Réel* de l'homme comme l'homme les pense.

Le réel en moi est un peu différent de tout autre puisque les hommes n'ont pas des esprits identiques, les mêmes esprits-sensations. Soit Henri Poincaré :

> « La sensation que j'appelle rouge est-elle la même que celle que mon voisin appelle rouge, nous n'avons aucun moyen de le vérifier. »[29]

Les *Réels* en chacun de nous diffèrent cependant peu. Les mesures, les observations, les expérimentations donnent des résultats semblables, autour d'une moyenne, qui que ce soit de compétent qui les réalise. On peut penser que les esprits, qui ont tous une même histoire avec la matière, ont leurs caractéristiques qui se répartissent, de façon gaussienne par exemple, autour d'une moyenne où l'on peut rencontrer le plus grand nombre d'esprits, donc le plus grand nombre de réels. S'il y avait identité de ces réels, cela voudrait dire que tous les esprits seraient identiques. Il n'y en aurait qu'un seul. Tout le monde penserait la même chose. La répartition des réels autour d'une moyenne paraît donc vraisemblable.

Nous pensons ainsi que chaque humain est doté d'un esprit individuel. Schrödinger, l'un des plus grands maîtres de la théorie quantique (chap. IV), influencé par l'hindouisme, avait une position différente. Il était réaliste, mais à la frange de l'idéalisme. Pour lui, l'univers existe certes dans ce que chacun de nous en a comme conscience — ce qui n'est pas *a priori* opposé à la pensée de Vidal — mais il pense que l'esprit n'est pas éclaté en unités. Il écrivait en 1925, avant ses publications de théorie quantique :

> « Donc aucun Moi n'est isolé. Une immense chaîne d'événements physiques et […] intellectuels s'étend derrière ce Moi ; Il en fait partie en tant que membre interdépendant et il la prolonge. Par […] l'éducation et la tradition, […] le Moi n'est pas tant lié à ce qui est arrivé à ses ancêtres, il n'est pas tant le produit […] de tout cela, que plutôt, au sens le plus strict, *la même chose* […]. »[30]

Il y aurait ainsi une trame qui relie les esprits, les unifie dans l'espace et le temps. Schrödinger reviendra plusieurs fois sur le lien entre conscience et *moi*.[31]

La théorie quantique, suite à sa diffusion, a été sollicitée pour étayer des conjectures sur la conscience. Les sagesses orientales, en particulier indiennes, ont été parfois mobilisées pour montrer qu'il n'y a rien de plus dans la théorie quantique, si l'on exclut ses réalisations techniques, que ce qu'il y a dans ces sagesses. On observe de nombreuses dérives spiritualistes vers ce que l'on appelle pudiquement les « parasciences ». On lira quelques classiques de ce genre[32-36] ou une série d'articles de Miriam Gablier[37] d'une vulgarisation agréable et documentée pour la partie technique, mais dont nous ne suivons pas les implications non physiques.

L'universel et le dualisme de Vidal

L'Occident a mis en exergue l'universel, au point de l'utiliser en lieu commun éthique. En quoi le dualisme de Vidal se situe-t-il hors de ce mouvement ou s'y intègre-t-il ?

Les tenants d'un universalisme philosophique supposent qu'il existe une vérité universelle qui recouvre tout, comme un tissu s'étendant à chacun des aspects du monde. La raison assurerait la trame de ce tissu et relierait ainsi les hommes entre eux. Nul n'est donc isolé, comme le soutient Schrödinger ci-dessus disant qu'il n'y a aucun moi isolé[30]. L'individu ne serait qu'un élément du tout, un moyen par lequel le tout se constitue. L'universel ainsi s'opposerait à l'individuel où c'est l'individu qui est mis en exergue et pas l'ensemble des individus. Dans un cas il s'agirait de chaque individu dans sa personnalité propre, dans l'autre, parfois, d'une sorte de fusion holiste de tous.

Le christianisme, en particulier dans le catholicisme, proclame son universalité. Le mot *catholicos* (καθολικός) signifie : universel, en grec. L'universel ne prend tout son sens que si l'on suppose une unité, derrière la diversité, dans laquelle sont intégrés toutes les choses, tous les individus. Ce qui est valide ici est valide partout.

Parménide déjà (chap. I) estimait que l'esprit doit aller au-delà des apparences pour trouver ce qui est permanent, trouver la réalité. Les alchimistes et les gnostiques voulaient accéder à l'unité cachée du monde en arrachant le voile des apparences. Cela suppose, pour le christianisme, derrière ce voile, un Dieu unique créateur, assurant l'unité de la création. Le divin tisse l'universel. Chez Vidal, l'esprit assure l'unité du monde, donc l'universalité en son sein, puisque, agissant sur l'indéterminé, pour lui donner des déterminations, il forme le monde. L'universel est dans la nature empirique elle-même, parce qu'elle est tout.

La science a hérité de l'universel, cherchant dans les monismes des substituts, des analogues au monothéisme, cherchant le principe premier par lequel serait produite l'unité du monde. D'aucuns veulent une « théorie du Tout » qui ne serait autre que la théorie du Un, puisque s'il y a un Tout, ce Tout est Un. La science a posé un principe selon lequel les lois scientifiques sont valables partout dans l'univers, sont d'une application universelle. Ceci ne contredit pas Vidal parce que, même s'il y a multiplicité des modèles, chacun d'eux forme une unité logique, valable dans tout l'univers, d'autant que l'esprit, du fait de son acte producteur, est présent partout dans la nature, imprègne celle-ci et assure l'universel, la trame du monde.

Dans ses excès, l'universalisme supprime les différences pour ramener chaque personne à son substrat d'universel. Ainsi, les marxistes supprimeront la personne pour remplacer l'ensemble des personnes par la masse humaine, la Masse, matière informe que la volonté et la force du dominant pétrissent pour servir ses buts.

L'universel assure la similitude de tout. C'est là une continuité de la pensée alchimique, pour laquelle toutes les choses sont une parce que le même substrat présent partout est susceptible de recevoir une forme. Les idéologues de l'universel, du fait de cette similitude, pensent produire un amour de chacun pour tous, et vice-versa, dans la chaleur d'une fusion holiste. Mais cette fusion est source de haine. Elle impose que l'accidentel, la personne par exemple, qui est ancré dans sa spécificité comme dans une concrétion rigide, figée, est moins que le tout de la Masse universelle. L'universel est doté d'une dimension totalitaire. Il n'y a pas plus pertinente autorité que la sienne. Pour exister, la Masse devra écraser les personnes individuelles, parce que la personne en se distinguant de la Masse, en essayant de se hisser hors de celle-ci, pour acquérir, conserver une identité, détruit l'uniformité de ladite Masse et s'oppose donc à l'universel. On prônera un intérêt de tous contre celui de la personne, par le principe qu'il ne doit rester que le tout indifférencié de l'humanité. Lorsqu'on aura éradiqué les pulsions d'identité, que chacun sera enkysté dans son rôle de pion, constituant indifférencié de la Masse, du Un, qu'il sera fondu en elle, les conflits cesseront car il n'y aura plus de sources de conflits. Tout sera figé. Exiger une identité, ce serait pécher contre l'universel. De même que les individus, les nations devraient se fondre dans un creuset unique, noyer leurs différences, disparaître.

Bérénice Levet illustre ce besoin d'effacer les différences à propos de la « théorie » du genre :

« Le Genre, qui postule une indifférenciation originelle [...] entend hâter l'avènement de ce monde où il n'y aurait plus ni homme, ni femme, seulement des individus rendus à une neutralité première, antérieure à cette chute dans la civilisation qu'est la naissance, libres de s'inventer des identités multiples, vagabondant à travers les genres et les sexualités. »[38a]

Elle rappelle la densité paulinienne qu'a le Genre dans sa pulsion à faire disparaître les différences, à lisser. En effet, il y a une épître de saint Paul aux Galates, que cite B. Levet[34b], où le fondateur du christianisme écrit :

En Christ « Il n'y a plus ni Juif, ni Grec ; il n'y a plus ni esclave ni libre ; il n'y a plus ni homme ni femme... » (Ga, 3, 27-28).[39]

Paul est déjà *καθολικός*. La sexualité est personnelle ; elle relie les personnes ; imposer la rigueur sexuelle efface les expressions personnelles. Le puritanisme est là. Un féminisme veut lisser les différences entre homme et femme. La sexualité de l'homme doit être identique à celle de la femme qui est dite archétypale. Comment y parvenir sans contrainte ? Les différences entre sexes sont un obstacle sur la route de l'être humain parfait que rien ne distinguera de son voisin, car la perfection ne se décline pas, ne se partage pas, ne s'émiette pas. Elle est Une.

L'universel a été adopté en héritage du christianisme par la philosophie des Lumières au XVIIIe siècle qui nous l'a légué. Suivant les Lumières, il a permis d'ignorer la personne, de regarder loin par-dessus elle, pour ne voir que les moutonnements de la foule, et se faire sourd aux cris de douleur de la personne réduite à l'individu, au pion. Les Lumières ont mythifié le Peuple, cette masse de citoyens indifférenciés, donné les excès de la Révolution se poursuivant dans les boucheries militaires de l'Empire, le national-socialisme et ses camps d'extermination en inventant une masse raciale, mythifiant la nation, le marxisme dans toutes ses déclinaisons, que ce soient le socialisme soviétique et son goulag, le socialisme chinois et son *laogaï*, le *djoutché* socialiste coréen, le polpotisme socialiste cambodgien, qui furent applaudis par ceux qui se réclamaient des Lumières et de la perfection de la Masse. Les personnes qui criaient leurs douleurs étaient coupables du crime d'identité et donc de vouloir disloquer la Masse, briser le Un, portant ainsi atteinte à l'uniformité, au Bonheur, à la douceur de l'Universel. Ce dernier, par les différences qui sont abolies et se fondent dans le Un qui recèlerait le Tout, séduit les esprits qui s'en rapprochent pour se fondre en lui. Le *moi* unique prôné par Schrödinger recèle tous les dangers de l'universel.

L'universel des Lumières, niant les différences, peut faire retomber dans le cul-de-sac du monisme.

Dans le dualisme de Vidal, il ne s'agit pas d'effacer les différences pour contraindre le divers à l'unité. Vidal, au contraire, part du Un qui s'éclate et se diversifie en multiple. Le Un n'est pas un objectif. C'est un point de départ qu'il faut dépasser car il est indétermination.

Le monisme classique est un cul-de-sac, mais pas l'« étape » moniste de Vidal parce qu'elle infère le dualisme. L'Être premier, étant indéterminé, ne peut rien assumer, rien relier, mais il peut être la trame de l'universel par son acception d'hypostases. On peut en effet invoquer l'universel par l'imprégnation des deux hypostases qui conduit au *Réel en nous*, à tout ce qui sera nature, *i.e.* esprit et matière empiriques. Ainsi est assumée, par l'esprit de l'homme qui produit les formes de la matière, la trame de l'universel. L'universel *est* ; il est *pour* l'homme, par l'effet de l'homme lui-même, de sa raison. C'est l'esprit qui, produisant un lien entre les choses, les phénomènes, produit on l'a dit l'universel. L'indéterminé dans le *Réel en nous*, que l'esprit met en les formes matière, ne peut rien assumer parce qu'il est indéterminé, susceptible seulement de recevoir des déterminations.

Le dualisme et la dialectique

Dans le dualisme de Vidal, pas plus qu'il n'y a de transcendance divine, il n'y a de son substitut la dialectique, celle du matérialisme. On a reproché à Vidal, parce qu'il supprime la transcendance divine, d'ignorer dans son dualisme athée la dialectique. Dialectique et dualisme ont certes des racines linguistiques communes. Mais la dialectique n'a rien à faire là.

Le marxisme[40] met en exergue le schéma : thèse-antithèse-synthèse. Engels l'appelle : la négation de la négation. La dialectique est le principe du mouvement, du changement. La matière *est* dialectique. Le changement est une loi de la nature. Pour Vidal, il n'y a pas de loi de la nature. Marx prônait la Révolution, la violence comme élément du changement, car la violence est partout ; c'est elle, suprême outil du changement, la Loi de la nature. Il existe un présent (thèse) ; il faut le changer, le détruire par une force contraire (antithèse) pour que, le combat fini, la violence enfin réalisée, émerge un autre présent (synthèse) qui à son tour sera remis en cause par des forces contraires etc. C'est la Révolution permanente. La violence du combat se justifie par elle-même.[40] Il n'y a pas d'« être », parce que pour qu'il y ait un être il faut une permanence au moins celle d'un infinitésimal instant. Tout change à chaque instant. Vidal, lui, fonde son système sur l'être.

La violence pour imposer la dictature du prolétariat a été prônée par le marxisme. Il ne s'agit pas d'améliorer le sort du prolétariat. Marx se moquait de Proudhon qui voulait améliorer le sort de l'ouvrier. Il voulait que la loi de la violence soit portée en exergue, pour que la nature se réalise. La victoire du prolétariat était dans le « sens de l'histoire » parce que sa violence était efficace alors pour changer la société. Le prolétariat a disparu, mais il n'était qu'un moyen de violence à une époque. Il y a eu les immigrés en substitut, l'islamisme violent...

Vidal est loin de l'aspiration marxiste à la violence. Sa pensée n'est pas sociologique, contrairement au marxisme, mais de niveau ontologique. Il n'y a pas de dialectique entre les hypostases de Vidal, pas de lutte, mais union, imprégnation réciproque, harmonie, le contraire de la violence dialectique. Si la violence est présente dans le *Réel en nous*, dans la nature, il appartient à l'homme de penser cette dernière autrement.

De même, le « sens de l'histoire » qui eut ses heures de gloire chez les marxistes, en tant que loi de la nature, n'existe pas chez Vidal, parce que ce concept est inutile. Il emprisonnerait le temps dans un déterminisme étroit, absolu. Rien ne prédétermine le *Réel en nous*. On n'a jamais pu démontrer que l'histoire a un sens. Si c'était le cas, on devrait pouvoir prévoir le futur. Se plaçant au début du XXe siècle, Vidal s'interroge comment, tous les quinze ans, on peut essayer de prévoir ce qui se passera dans les quinze années suivantes et l'état des choses qui en résultera dans quinze ans.[40] C'est impossible, avec l'aléatoire des découvertes, du simple hasard... Vidal constate la possibilité de modéliser la nature empirique, ce qui est voie de compréhension pour l'esprit empirique. Il ne préconise rien, contrairement au marxisme qui dit détenir la clé de tout... Vidal constate seulement qu'il y a quelque chose et non pas rien. Il essaie de comprendre par une ontologie axiomatique pourquoi ce quelque chose apparaît comme divers empirique.

Dans le matérialisme dialectique, c'est la matière qui, dotée d'un temps *en soi* avec des lois *en soi*, a produit l'esprit. Mais qu'est-ce que la violence sans une vie, animale, végétale, sans esprit... pour la ressentir, sauf à projeter sur l'inanimé, le minéral, antérieurs à la conscience, une conception anthropocentrique ? Pour Vidal, le temps est propre à l'esprit. Prôner un sens de l'histoire supposerait que l'esprit est déterminé, bloqué dans une seule voie. Mais en vertu de quoi ? On soulignera donc que, bien que la racine des mots dialectique et dualisme, pour ce qui est de dial- et de dual-, soit la même, les sens des deux mots sont très différents.

La dialectique marxiste est dénuée de toute heuristique alors qu'elle se prétend la loi suprême de l'univers, c'est-à-dire qu'elle se situe elle-même dans un cadre de modélisation. Personne n'a pu utiliser la dialectique pour faire avancer cette modélisation. Elle n'a pas plus d'heuristique qu'une religion dont le panthéon serait peuplé uniquement de bacchantes, ivres et droguées, agitées de violences folles.

Critiques du dualisme antiréaliste et semi-empirique

Le classique *La Science, un bricolage qui a réussi*,[41] a fait l'objet d'analyses dont beaucoup, sur internet et à la scientificité peu sûre, étaient sans valeur du fait de leur caractère dithyrambique. On signalera celle, très équilibrée, de B. Schmitt[42]. Il en est de même pour celles concernant *Les visages de la science*[20]. Vidal a eu souvent de la peine à y retrouver sa pensée. Cependant certaines de ces analyses étaient positives dans leurs interrogations, intellectuellement honnêtes, pertinentes, même si elles n'adoptaient pas les conceptions du dualisme antiréaliste et traduisaient parfois l'étonnement de leur auteur face à l'originalité de ce système vis-à-vis du paradigme actuel des scientifiques de terrain (G. Gohau [43]). On doit signaler aussi une étude en particulier, se voulant dévastatrice. Elle était rédigée par un noble théologien qui relevait de la mouvance jésuite de Namur.[44] Celui-ci utilisait, porté par une vibrante et sainte colère, qui peut-être affadissait son acuité rationnelle, le rouleau compresseur des méthodes de la dialectique matérialiste, inspirées de la méthode dialectique scolastique chrétienne qui prévalait dans la *disputatio*. Cette critique virulente se focalisait sur une dizaine de pages des *Visages de la science*. Le critique jouait le généreux de principe, écrivant que tout n'est pas à jeter, sans préciser ce qui est bon. Les deux hypostases ont sans doute choqué les croyances trinitaires de cette personne. Le fait que Vidal adopte un système hypostasique pouvait être ressenti comme blasphématoire. Et la dimension athée de l'Être premier, amorphe, l'Indéterminé, n'arrangeait sans doute rien. Peut-être que dans le refus de doter cet être premier de transcendance absolue il y a comme une métaphore de l'affaire Galilée, toutes proportions gardées, où ce dernier refusait la transsubstantiation, affaire dans laquelle les jésuites ne tinrent pas le plus beau rôle.[45] Mais Vidal, sans vouloir l'offenser, présente pour le catholicisme un danger bien moindre que celui que présentait Galilée !

Références et notes

1)J. DUBESSY, G. LECOINTRE (sous la dir. de), *Intrusion spiritualiste et imposture intellectuelle en science,* Paris, Éditions Syllepse, 2001. Voir, entre autres, Yvon Quiniou : *Le matérialisme et la science*, p. 141, et Jean Bricmont : *Qu'est-ce que le matérialisme scientifique ?* p. 155. Voir aussi :
G. LECOINTRE, *Le matérialisme méthodologique en quelques minutes*, www.cortecs.org, au 18/01/2016.
2)W. RAMSAY, *J. Chem. Soc.*, **43**,774 (1908) ; traduit de l'anglais par Bernard Vidal.
Les « gaz rares » que trouva Ramsay n'ont plus rien de rare. On les a aussi appelés « gaz nobles » en raison de leur très faible réactivité, par comparaison avec l'or, métal dit « noble » parce qu'il est très peu altérable. Pour situer l'importance de ce scientifique, on rappellera que sa découverte imposa d'ajouter, vers la fin du XIXe siècle une colonne à la classification périodique des éléments, dite de Mendeleiev.
3) Y. LACOSTE (sous la dir. de.), *Dictionnaire critique de théologie*, Paris, PUF, 1998.
Catéchisme de l'Église catholique, Paris, Mame/Plon, 1992
4)M.-J. NICOLAS, *Court traité de théologie*, Paris, Desclée de Brouwer, 1990.
5)R. PANIKKAR, *La Trinité : Une expérience humaine primordiale*, « Parole présente », Paris, Cerf, 2003.
6)R.E. RUBENSTEIN, *Le jour où Jésus devint Dieu*, Paris, La Découverte, 2004. On consultera dans un premier mouvement : http://fr.wikipedia.org/wiki/Trinité_(christianisme), qui bien qu'incomplet s'efforce à la clarté et y parvient très souvent.
7)B. VIDAL, *Histoire de la chimie*, Paris, PUF, 1998, pp. 25-
8)S. HUTIN, *L'alchimie*, Paris, PUF, 1951, pp. 56-75 par ex.

9) R. ALLENDY, *Paracelse le médecin maudit*, Paris, Dervy-livres, 1987.
10) G. LEGRAND, *Pour connaître la pensée des présocratiques*, Paris, Bordas, 1970, pp. 139-141.
11) R. DESCARTES, *Méditations métaphysiques (1641)*, Paris, PUF, 2004.
12) Nous utilisons ici le terme de causalité pour nous conformer à l'habitude qu'avaient les philosophes de rechercher les causes des phénomènes dans la nature, ou de penser que les scientifiques cherchaient des causes. En fait les scientifiques cherchent à élaborer des lois au terme de la conceptualisation qu'ils réalisent de la nature dans leur modélisation, plus qu'ils ne cherchent des causes. De plus, les scientifiques, au XXe siècle, avec la théorie quantique, ont évolué vers une causalité et un déterminisme mous, de type stochastique. Avant même cette théorie quantique qui a globalement émergé dans les années vingt-trente du XXe siècle, Bertrand Russell[46] avait longuement souligné les difficultés de la causalité — et du déterminisme —, en particulier dans sa définition. Mais la causalité garde néanmoins un rôle de fil conducteur dans l'analyse des chaînes de phénomènes.
13) H. BERSINI, *Qu'est-ce que l'émergence ?* Paris Ellipse, 2007.
14) M. BITBOL, « La nature est-elle un puits sans fond ? » in : *La Recherche*, n°405, février 2007, p. 31.
15) R. LAUGHLIN, « Les lois physiques ressemblent à un tableau impressionniste », in : *La Recherche*, n°405, février 2007, p. 38.
16) C. MICHAUT, « À la recherche des lois universelles », in : *La Recherche*, n°405, février 2007, p. 41.
17) D. BERGANDI, « Une histoire de l'émergence », in : *La Recherche*, n°405, février 2007, p. 44.
18)B. VIDAL, *La liaison chimique : le concept et son histoire,* Paris, J. Vrin, 1989, pp. 129-152.
19) P. TORT, *Qu'est-ce que le matérialisme ?* Paris, Belin, 2016.
20) B. VIDAL, *Les visages de la science*, Louvain-La-Neuve, Academia/L'Harmattan, 2014, a) p. 194, b) p. 196-197, c) p. 196.

21) J. PIAGET, *La construction du réel chez l'enfant*, Neuchâtel, Delachaux et Niestlé, 1967.
22) D. PARROCHIA, *Le Réel*, Paris, Bordas, 1991, p. 137-152.
23) É. KLEIN, M. LACHIÈZE-REY, *La quête de l'unité. L'aventure de la physique,* Paris, Albin Michel, 1996.
24) Continuons à nous exprimer en termes classiques. Si le Dieu Un, pur esprit des spiritualistes, avait produit le temps, il serait dans le temps et ce dernier qui est multiplicité scinderait son unité. Dieu n'a donc pas créé le temps.
Plus généralement, un Dieu créateur, par sa création, tisse un lien, s'attache à celle-ci. Il est en elle, sa création est en lui. Il n'est pas pur esprit. Le monde doit être pensé par le créateur pour être créé. Il faut que l'entité monde et l'entité Dieu ne s'excluent pas, qu'il y ait adéquation entre la matière et Dieu, un lien, une imprégnation, pour que Dieu pense la matière dans son acte créateur. Si avant la création (oubliant l'objection du temps) Dieu est pur esprit, cela veut dire que la matière est déjà dans le créateur, part elle-même du « pur esprit ». Dieu polarise son unité en dualité : la matière et l'esprit. Mais la matière et l'esprit-Dieu sont en corrélation, puisqu'ils ont été une même entité, une même substance. Dieu n'est donc pas pur esprit si l'on suppose que la matière n'est pas qu'esprit, sauf à poser un solipsisme.
25) L'extension de concepts anthropomorphes à une entité supposée divine est pour le moins saugrenue. La Liberté est un concept qui se rapporte à l'homme, la Beauté, la Bonté, etc. aussi. Attribuer la Liberté, la Bonté, la Beauté, la Puissance, l'Omniscience, etc. à l'entité Dieu est incohérent. Définir l'entité Dieu à partir de concepts finis, en les amplifiant à l'infini, c'est les détourner de leur champ d'application. Nous plaçant d'un point de vue classique, on peut dire que si Dieu est : il est. C'est tout ce que l'on peut en dire. Et on n'en saura jamais rien. On ne peut même pas y penser. Il ne peut même pas penser à nous. Il est hors de nos facultés mentales. De plus : s'il est, on ne peut pas le connaître, car ce serait entrer en interaction avec lui, et il ne peut pas nous connaître non plus, car cette interaction le modifierait. Il ne serait plus pur esprit. Et un Dieu pur esprit serait clos sur lui-même, impénétrable, sans activité, inexistant.

26) T. CAVAILLE-FOL, A. PIHEN, R. IKONICOFF, « À quoi pensent les bêtes », in : *Science et Vie*, n°1192, janv. 2017, p.41-58.
27) K.L. MATIGNON (ss la dir. de), *Révolutions animales. Comment les animaux sont devenus intelligents*, Arte éditions/Les Liens qui libèrent, 2016.
28) *Les animaux ont du génie !* Hors série de *Science et Vie Junior*, n°121, janvier 2017. Nombreux articles de vulgarisation dont plusieurs très intéressants.
29) H. POINCARE, *La valeur de la science*, Flammarion, Paris, 1906, p. 262.
30) E. SCHRÖDINGER, *Ma conception du monde (1925)*, Paris, Mercure de France-Le Mail, 1982, p. 53.
31) E.SCHRÖDINGER, *L'esprit et la matière*, (*Mind and Matter*, Cambridge University Press, 1958), Paris, Seuil, 1990, M. Bitbol pour la préface, 2011. Dépôt légal : Janvier 2016.
32)F. CAPRA, *Le Tao de la physique*, Paris, Sand, 2000.
33) O. COSTA DE BEAUREGARD, *La Physique moderne et les pouvoirs de l'esprit,* Paris, Le Hameau, 1991.
34) L. Mc TAGGART, *Le Lien quantique*, Cesena (FC) It., Macro éditions, 2013.
35)P. GUILLEMANT, *La Route du temps*, éd. Le temps présent, 2014.
36) L. SCHÄFER, *Le Potentiel infini de l'univers quantique*, Paris, Guy Trédaniel, 2014.
37) M. GABLIER, *Inexploré*, le magazine de l'INREES, n°30, avril-mai-juin 2016, pp. 54-83. Il y a huit articles.
38) B. LEVET, *La théorie du genre ou le monde rêvé des anges*, Paris, Grasset, 2014, a) p. 106, b) p.107.
39) Saint Paul, *Epîtres aux Galates*, Ga, 3, 27-28. In *Le Nouveau Testament*, [Nouvelle Edition de Genève (1975)] Editions AES, 59164-Marpent, 1995, p. 303.
40) B. VIDAL, *Matière dialectique et violence*, Paris, Mare et Martin, 2007. Pour la démonstration qu'il n'est pas possible de prévoir la survenue d'événements à quinze ans de distance, voir les pages 335 à 339.
41) B.VIDAL, *La science, un bricolage qui a réussi*, Paris, Technedit, 2010.

42) B. SCHMITT, « À lire », in : *Pour la science*, septembre 2010, n°395, p. 94.
43) G. GOHAU, « Notes de lecture », in *Science et pseudo-sciences*, 5 avril 2015, www.pseudo-sciences.org/spip.php?article2424.
44) B. HESPEL, *Revue des Questions Scientifiques* n°186-1, 2015, p. 159.
45)P. REDONDI, *Galilée hérétique*, Paris, Gallimard, 1985.
46) B. RUSSELL, « Sur la notion de cause » (article paru en 1912-1913), in *Mysticisme et logique*, Paris. J. Vrin, 2007, pp. 167-187.

Chapitre III

Lois de la nature ou bien lois de la science dans la vérité-*adæquatio* ?

Les lois de la nature au sens classique

Nous relierons ici quelques éléments de la pensée de Vidal à ce que certains appellent « les lois de la nature » ou « lois naturelles »[1-2]. Ceci demande auparavant de préciser ce que l'on entend par de telles lois. Seuls quelques points seront évoqués, nous en tenant dans cette première partie à une conception classique, à laquelle ni Vidal ni nous-même n'adhérons en tout, notamment en ce qui concerne le concept de loi de la nature, comme cela apparaîtra dans la suite.

Les lois de la nature sont en général présentées comme la formulation des relations entre les phénomènes, relations qui sont considérées d'une part comme « nécessaires » au sens philosophique du terme, d'autre part comme fixes, si l'on préfère : permanentes, universelles, encore que le fait qu'une loi soit nécessaire la rende fixe : c'est elle et pas une autre, pas autre chose ; elle ne peut changer. Sans entrer dans les détails que l'on pourra trouver dans de nombreux exposés grand public, on ajoute souvent qu'une loi — la théorie qui l'encadre — s'obtient par induction, par passage au général à partir de l'observation du particulier. Ce général est d'ordre conceptuel. La loi s'obtient par l'organisation entre eux des concepts ainsi obtenus. Elle se vérifie par la prévision, à partir d'elle, d'observations ou de résultats expérimentaux. En cas de succès des prévisions, la loi peut être déclarée valide. On baptise parfois ce processus méthode hypothético-déductive, suite à une induction. Karl Popper y ajoute qu'il faut s'acharner à prouver l'invalidité de ses propres conjectures, de ses hypothèses. Pour cela, il faut que la conjecture, la loi ou la théorie recèle en elle-même la possibilité que l'on puisse établir qu'elle est fausse [Popper, référ. 16-17, chap. I]. Sinon, la conjecture n'est pas scientifique. A la limite, on pourrait émettre des conjectures au hasard, sans l'étape d'induction et de conceptualisation, et en vérifier la validité. Ce serait loin d'être efficace ! On pourrait discuter de l'étape de vérification qui n'est pas un critère absolu car la loi peut être « vérifiée » pour de mauvaises raisons — mais il faudrait discuter de ce qu'est une bonne raison. La loi, au terme de la vérification, est donc considérée comme valide, jamais comme vraie — ce que nous développerons ci-dessous. Elle peut être modifiée ou disparaître remplacée par une autre loi, ou bien la théorie qui l'encadre peut être remplacée par une autre théorie dans laquelle cette loi n'a pas sa place. Les relations entre des phénomènes peuvent aussi être conçues différemment de ce qui a conduit à la loi. Celle-ci, qui est la formulation de cette nécessité, perd de sa nécessité.

La contrainte de vérification, de falsification si on se réfère à Popper, ne s'appliquerait pas à tous les secteurs scientifiques. Ainsi, Aurélien Barreau fait remarquer :

« [...] que dire des mathématiques, archétype de la démarche scientifique, qui demeurent indépendantes de toute forme d'expérience ? […] même en s'en tenant, par exemple, à la physique expérimentale, le statut de l'expérience est loin d'être clair. »[3]

On peut penser, en effet, que les mathématiques n'ont besoin que d'elles-mêmes. Elles seraient auto-suffisantes, auto-référentes. Il n'y a pas de phénomènes en mathématiques, pas de comportement de la nature à modéliser. Elles sont pure métaphysique. En fait, une part des mathématiques dans leurs origines provient d'une maîtrise non abstraite de problèmes du quotidien. Il n'y a eu conceptualisation qu'ensuite ; les concepts ont été inventés pour reprendre toute cette expérience en une structure. Aujourd'hui, les recherches portant sur l'ordinateur quantique montrent que, comme le soulignent D. Deutsch et A. Ekert :

« […] la physique quantique permettra aux mathématiciens de franchir des barrières que l'on supposait exister dans le monde des abstractions pures. En d'autres termes, la physique quantique permettrait aux mathématiques de repousser leurs limites. »[4]

Malgré ces réserves, Barreau a raison en ce sens que, lorsque l'édifice mathématique est constitué, il forme un tout autonome.

Barreau, lorsqu'il dit que le statut de l'expérience est loin d'être clair, fait sans doute référence au fait que l'expérience s'inscrit dans un cadre théorique, qu'elle est déjà chargée de théorie avant de servir à vérifier le bien-fondé d'une théorie, et même la personnalité du chercheur entre en ligne de compte dans l'expérience. Les appareils aussi sont chargés de théorie, puisqu'ils ont été construits en fonction des connaissances théoriques de leur époque. Vidal s'est exprimé sur ces points dans plusieurs de ses ouvrages.

Notons que, lorsqu'on évoque les relations entre les phénomènes, on a l'impression que ces relations vont de soi, qu'elles sont propres aux phénomènes, ancrées en eux, et le terme de « nécessaire » vient sceller l'assertion comme un ukase. En fait, il pourrait ne s'agir que de régularités empiriques d'observations, de conjonctions constantes d'observations, car rien de constatable dans les phénomènes n'impose quoi que ce soit. Tout ce que l'on peut dire c'est : « les choses se passent de cette façon ! » — encore que « cette façon » impose une description qui elle-même impose un cadre conceptuel. Il y a donc de l'empirisme à la base même de la notion de loi de la nature. De même, on parle de phénomènes dont on tirerait des lois, mais un phénomène, sans parler du fait qu'il est le produit d'une perception, ne peut être identifié, défini hors de tout contexte légal. Autant la loi peut être tirée des phénomènes, autant les phénomènes sont observés avec des présupposés en termes de lois, de théories, de culture. Un phénomène n'est pas pur. Les phénomènes ne sont pas directement « lisibles ». Ils induisent par notre perception de la nature des idées à travers lesquelles on les concevra, les verra. Phénomènes et idées de ces phénomènes s'amalgameront dans un phénomène nouveau où l'on ne distinguera plus la spécificité de l'idée.

Le terme de « loi » dans son affectation à « nature » s'est introduit en philosophie-sciences au cours du XVIIe siècle en Occident. Il est issu de ce que les hommes ont promulgué des lois juridiques pour organiser leurs sociétés. De même que ce qu'ont fait les hommes, avant eux Dieu créateur de la nature aurait mis dans celle-ci des lois pour l'organiser. On comprend l'intérêt de la légalisation de la nature pour réduire sa complexité et donc en construire aussi facilement que possible un modèle, dans la mesure où l'on cherche à imiter, mimer le comportement de celle-ci. On peut penser que la légalisation, outil de simplification, est postérieure à l'idée de mimer la nature. Mais il nous paraît étonnant, si l'on se replace au XVIIe siècle, que l'on ait pu penser que Dieu aurait suivi un schéma de construction dans lequel il aurait décidé de se poser à lui-même des barrières, des garde-fous dans sa création, et étiqueté ces barrières dans les termes de « loi de ceci » ou « loi de cela ».

La notion de loi est étrangère à la pensée chinoise et étrangère aussi à l'islam[5]. Dans ce dernier cas, Dieu qui est tout-puissant, et dont le monothéisme est plus ferme que celui du Dieu chrétien, ne peut avoir sa toute-puissance limitée par des lois. Il peut faire ce qu'il veut. Par ailleurs, la parole de Dieu, qui en elle-même contient tout — cela a été signalé au chapitre II, en fin de partie « L'union-imprégnation... » —, est entièrement présente dans un livre sacré. Ce livre contient donc tout savoir, toute science, conçue de façon étonnante comme celle de l'Occident dans son état du début du 21e siècle, comme s'il existait une Vérité Science atteinte à cette époque. Or, la science est contingente. Ceci introduit de la contingence dans l'absolu et détruit donc ce dernier.

Au XVIIIe siècle, la philosophie des Lumières et ses tendances à l'athéisme désacralisent la loi de la nature. Celle-ci perd son caractère religieux et sa connotation de transcendance. Voici l'analyse de Véronique Le Ru :

> « Tous les arguments en faveur d'un Dieu habile, bienveillant et économe ont fait long feu en France, à partir de 1740. Les savants considèrent que la théologie naturelle ou physique n'est qu'une téléologie physique erronée. S'il y a une finalité dans la physique elle se rapporte non à la nature mais à la science. »[6]

Nous pourrons tracer un parallèle entre ce que nous avons dit sur les lois de la nature et ce qui concerne le concept de causalité qui est à la base du déterminisme. La causalité consiste à considérer que tout phénomène, ou tout événement, a une cause. Rien n'arrive sans cause ; tout est l'effet d'une cause. La causalité ne se démontre pas, ce qui la rend fragile, aussi l'a-t-on qualifiée de « principe » pour en figer le concept dans l'airain des certitudes, des dogmes. Cependant, David Hume (1711-1776)[7] (voir : [1-8]), empiriste, avance que ce n'est pas un principe mais une habitude, la constatation d'une régularité dans les observations. Ainsi, je constate que deux événements se succèdent toujours dans le temps ; j'en déduis qu'ils doivent toujours se succéder ainsi ; je dis alors que le premier est la cause de l'autre et que le second est l'effet du premier. On objectera à David Hume, et pour adoucir notre remarque ci-dessus, qu'une habitude, une régularité dans l'observation, l'impossibilité d'aller plus avant dans l'analyse des phénomènes, peuvent légitimement se conceptualiser en principes scientifiques. C'est le cas des principes de la thermodynamique. Mais on verra que la causalité, une causalité stricte, en particulier en ce qui concerne le microphysique, est très fragile.

Pour Emmanuel Kant, la causalité est une catégorie de l'entendement, un *a priori*, une façon que l'homme a d'appréhender la nature, d'ordonner l'expérience qu'il a d'elle. Cela met en jeu sa sensibilité et son esprit. Elle n'est pas un élément composant le réel *en soi*.

Si l'on se place du point de vue réaliste matérialiste, la notion de causalité et celle de déterminisme ont pu se construire en tant que faculté mentale au cours de l'évolution — pour garder l'image de l'évolution. Ceci a pu se faire en fonction de l'expérience sensible, ce que les empiristes considèrent comme habitude, telle que causalité et déterminisme auraient pu en devenir innés ou, au moins, culturellement acquis et transmis pour son efficacité dans la maîtrise de la nature. Habitude, de Hume, et esprit-sensibilité, de Kant, seraient ainsi proches si on les situe dans l'évolution.

On argue donc souvent que rien de ces éléments conceptuels : causalité, déterminisme, ne peut s'extraire de l'observation directe de la nature, qu'ils sont une construction de l'esprit, et qu'en ces domaines rien, en fait, contrairement à ce que l'on a longtemps pensé, ne s'impose par « nécessité ». Précisément, on l'a souligné, la science en tant que modèle de la nature est pure construction de l'esprit.

Aujourd'hui, en science, la causalité est souvent conçue comme la façon d'appréhender le déterminisme que l'on postule dans le réel. Si l'on préfère, c'est la nécessité selon laquelle se succèdent certains phénomènes, certaines observations. Mais causalité et déterminisme ont été écornés par le problème des trois corps de Poincaré en 1889, qui initia la théorie du chaos au début du XXe siècle, puis par la théorie quantique. On le verra avec Werner Heisenberg et Max Born. Causalité et déterminisme s'ouvriront à l'indétermination et au stochastique. Bertrand Russell a critiqué la notion de causalité (référ. 46, chap. II). De nos jours, les scientifiques mettent l'accent sur les lois, plutôt que sur les causes. Mais il ne faut pas sacrifier la causalité car elle est un soutien parfois à la démarche de modélisation du scientifique. Ainsi, la chimie analytique des solutions peut mettre en œuvre une véritable enquête tenant compte des multiples entités chimiques en solution, chacune ayant un passé de causes et un futur d'effets.

La nature n'a pas de lois dans le dualisme de Vidal

Acceptons l'image pédagogique suivante, utilisant la métaphore de deux domaines séparés : d'une part un domaine de l'être « abstrait » — *i.e.* non concrétisé en étant —, un domaine de l'ontologique si on préfère, et d'autre part un domaine du *Réel en nous*, qui donnera les concrétudes de l'étant, de l'empirique. On pourra dire que l'imprégnation des hypostases produit, hors de l'ontologie, les « substances » du *Réel en nous*. Ce *Réel* contient esprit et non-esprit, chacun n'étant pas exclusif de l'autre, le dernier étant *a priori* non façonné en déterminations. Cet indéterminé, cet amorphe — mais susceptible de recevoir des déterminations, des formes — peut être vu comme une sorte de délégation dans le *Réel*, une sorte de trace, une inférence du potentiel du Un, donc des deux hypostases qui sont ce dernier. L'esprit est de même une sorte de délégation, de trace, une inférence en particulier de l'*être-esprit* dans le *Réel en nous*. L'esprit du *Réel en nous* donne des formes à l'amorphe, des déterminations à l'indéterminé, et produit la nature constituée de l'esprit empirique et de la matière empirique, dans une rétroaction esprit-matière. En d'autres termes, rien n'étant isolé, matière et esprit empiriques participent à se former l'un l'autre. Ce n'est pas une circularité mais une réciprocité. Il n'y a pas de nature *en soi*, puisque l'esprit intervient pour former celle-ci — parce qu'il la pense — et en fait partie, pas de matière *en soi*. Pas d'*en soi*, pas d'absolu donc pas de vérité cachée, de Vérité de référence à rechercher.

Dans la rétroaction esprit-matière, la mise en forme de l'esprit en esprit empirique peut s'exprimer en termes du « roman » de l'évolution. Son acte créateur fait que l'esprit s'adapte à ce qu'il met en forme, à ce qu'il « crée », qu'il en est donc influencé en retour, et ce qu'il crée est réciproquement son créateur. L'antériorité de l'un sur l'autre, on le verra plus loin, résulte d'un besoin de cohérence dans le roman parce que celui-ci se situe dans le temps, alors que l'ontologie est hors temps.

De ce fait, les lois que d'aucuns appellent les lois de la nature ne sont pas les lois d'un *en soi* qui préexisterait, d'un « donné » soumis à une étude de modélisation. La nature est pensée, formée par l'esprit, ce qui pourrait certes inclure en elle des comportements que l'esprit conceptualiserait en lois, des lois qui deviendraient les lois de la nature, mais elles n'en seraient pas moins des lois que l'esprit y aurait mises de façon contingente en donnant les formes de la nature. On constate qu'il n'y a pas *a priori* un ordre, des lois en propre à la nature, une sorte de corpus intangible, des lois qui seraient là, attendant qu'on les découvre comme dans une caverne d'Ali Baba (ci-dessous). L'expérience montre que les lois, les concepts, les modèles sont contingents.

La nature a un comportement empirique, global, holiste, comme un tout, un bloc, pensé par l'homme et ressenti par lui. La notion d'ordre ne s'applique pas à la nature hors l'esprit, mais à l'esprit, partie cependant de la nature, qui met en forme celle-ci, la modèle, la produit à sa sensibilité et s'immerge en elle. Les lois de la science sont ce que l'on appelle par abus les lois de la nature. Elles sont celles d'une métaphysique de modélisation pensée par l'homme conscient, pour une nature brute pensée par une part formalisatrice, créatrice, non consciente en son esprit — ce que nous appellerions l'inconscient si nous ne craignions pas d'encombrer des voies tracées par la psychanalyse ou la psychologie. Les lois de la science sont internes à un modèle, tentative de l'esprit pour atteindre sa propre part créatrice qui lui est dérobée. L'esprit n'a pas plus conscience de son acte modeleur, producteur de forme, créateur — si l'on ose ce mot — dans la mise en forme de la nature empirique, sensible, que le lecteur des cartes de Rorschach n'a conscience du processus qui lui fait créer un monde à partir des taches sur les cartes.

La science a des lois contingentes

Dans le dualisme de Vidal, la mise en formes créatrice par l'esprit du *Réel en nous* produit pour l'esprit des images qui sont la nature empirique. Si l'on préfère, elle produit un bloc d'être, sujet à la perception, susceptible potentiellement d'être soumis à modélisation, ce qui mettra un ordre, celui du modèle.

Vidal, disant que la nature n'a pas un ordre propre, pas d'ordre *en soi*, que l'ordre qu'y trouve l'homme, c'est l'homme qui l'y met par la modélisation, se rapproche d'autres scientifiques qui inscrivent cependant cela dans des systèmes de pensée souvent très différents du sien.

Véronique Le Ru, se rapportant à d'Alembert, explique :

« La science est à concevoir, non pas comme ce qui nous livrerait l'essence des choses [...] mais comme une assignation de rapports établie par l'esprit humain. Autrement dit, les lois scientifiques sont les lois de la science faite par les hommes et non des lois de la nature faite par Dieu. La science n'est plus une preuve de Dieu, mai une preuve de l'homme [...]. »[9]

Elle rappelle aussi que Poincaré[10] en 1902 développe une conception analogue de la science, cette dernière étant construite par l'homme : la science ne nous fait connaître ni les choses, ni les relations entre les choses, mais les relations entre ce qui nous apparaît à la place des choses. Bien sûr cela suppose dans la pensée de Poincaré un *en soi*, inaccessible. Citons Bachelard dans sa concision :

« Rien ne va de soi. Rien n'est donné. Tout est construit. »[11]

Ceci place bien, de la part de ce philosophe, l'esprit de l'homme au cœur de l'acte scientifique et donc de l'ordre que l'esprit construit, qu'il met dans la nature. Bachelard souligne encore, par ces mots, la contingence des lois scientifiques, et de ce fait que puissent exister différentes théories, éventuellement concurrentes.

On retrouve aussi en Vidal l'idée forte selon laquelle le temps, l'espace, en particulier, sont le produit de l'esprit de l'homme, de la sensibilité esprit-matière, de la perception. Il ne sépare pas en tout esprit et matière parce qu'il n'y a pas de sensibilité, donc pas de perception sans l'esprit, sans certaines facultés mentales appelées esprit. Descartes disait qu'il voyait avec son âme, ce que nous appelons esprit. Certes, ces deux concepts sont, il est vrai, non identiques puisque l'âme ne peut être définie sans relation avec une transcendance, ce qui n'est pas le cas de l'esprit tel que conçu par Vidal.

Si l'on suit Kant, cependant, l'homme, on le rappelle, verrait une sorte de brouillage de la nature *en soi*, comme à travers des petites lunettes, des fenêtres dont les imperfections empêcheraient de voir cet *en soi* derrière la perception qu'on en a. Vidal n'admet pas ce point de vue parce que, selon le principe de simplicité d'Ockham, il n'y a aucune nécessité du concept d'*en soi*. Il pense même que l'*en soi* est une notion idéologique, voire religieuse, la nature étant divinisée. Rien dans la nature empirique n'impose cet *en soi*. Celle-ci peut être modélisée de façon valide sans la conjecture de l'*en soi*. Il retient cependant de Kant, on l'a dit, que le temps et l'espace seraient la production de l'homme, de sa sensibilité, de ses fonctions mentales. Ceci lui est d'autant plus facile que, dans son dualisme, du fait de la part créatrice de l'esprit qui forme la nature, qui lui donne ses formes, l'esprit introduit l'espace et le temps dans les formes de la nature. On se reportera, de plus, à la conception du scientifique positiviste W. Ramsay que nous avons explicitée ci-dessus (référ. 2, chap. II) et qui ramène, lui aussi, temps et espace au produit de notre sensibilité, mais sur d'autres bases que celles philosophiques de Kant.

Les lois scientifiques ne constituent pas un système unique parce qu'il n'y a pas, en l'absence d'*en soi*, de référence absolue à atteindre. Si l'on préfère : il n'y a pas unicité du modèle scientifique, puisque comme l'écrit Bachelard tout est construit ; précisons quant à nous : tout dépend de celui qui construit, celui qui conçoit d'une part et modélise d'autre part. Vidal insiste sur ce point en soulignant, comme on l'a dit, le fait que plusieurs théories scientifiques différentes peuvent être formulées, chacune pleinement valide et conduisant, lorsqu'on les pousse dans leurs raffinements, aux mêmes résultats, à la même adéquation avec l'observation et de façons aussi crédibles dans leurs prévisions. Rappelons l'exemple signalé au chapitre II (réf.18) : théorie de la mésomérie (ou théorie de la résonance), théorie des orbitales moléculaires, théorie des loges… en ce qui concerne le concept de « liaison chimique », que Vidal connaît du fait qu'il a été spécialiste de mécanique quantique appliquée à la chimie. Ces théories permettent la construction de modèles différents et interchangeables, avec des lois internes différentes, mais cohérentes dans leur propre modèle. Ces lois deviennent incohérentes, absurdes, si on veut les faire passer d'un modèle à l'autre car se référant à des concepts qui ne sont pas présents dans les deux modèles à la fois. Ainsi, dans la mésomérie des lois limitent le nombre de formes mésomères en jeu,[12] ce qui, bien sûr, ne se retrouve pas dans la théorie des orbitales moléculaires, puisqu'il n'y a pas, dans cette théorie, de formes mésomères.

Utilisons une image linguistique. On pourra dire en chinois et en français : « va chercher la chaise noire » et l'écrire dans chacune des deux écritures. Le sinophone et le francophone comprendront. Les deux langues expriment la même chose et se traduisent l'une dans l'autre, mais il serait aberrant d'appliquer la grammaire française à la langue chinoise ; aberrant de chercher dans la phrase écrite en français les idéogrammes chinois. Des modèles divers pour mimer la nature peuvent être mis en œuvre, comme il y a des langues diverses qui expriment la même idée.

Pour souligner que les théories, les lois… ne sont pas dans la nature, Vidal utilise la caverne d'Ali Baba. Il caricature quelqu'un qui chercherait les lois de la nature :

« Si la science était dans la nature, le chercheur la trouverait comme dans une caverne d'Ali Baba. Aux termes d'une longue quête du Trésor, arrivé devant la caverne, [*il*] pénètrerait ; il trouverait des empilements [...] de jarres [...]. [*il*] percerait l'opercule d'une jarre, en tirerait un parchemin et s'écrierait : « C'est la théorie de la relativité générale que j'ai trouvée ! » [...] « Tiens, l'équation de Schrödinger ! » [...]. « Ah, la théorie électromagnétique. [...]».[...] Dans une autre, il trouverait la théorie du zgrobbbb, qui verra le jour dans deux cents ans [*ou*] celle de la g!lb qui sera élaborée dans trois millénaires. [...] Au XVIIIe siècle, il y aurait eu une jarre contenant la « théorie du phlogistique » et, à la fin du XIXe siècle, une avec la « théorie de l'éther ». Ces théories ont disparu. Elles étaient pourtant adoptées [...] comme [...] valides. »[13a]
[*Note de F.K. : où sont passées leurs jarres ?*]

Adoptée par des réalistes matérialistes et par des spiritualistes qui allèguent le caractère de la création par Dieu, la conception qui veut que les lois scientifiques seraient indépendantes de l'esprit de l'homme et propres à une nature indépendante côtoie la pensée alchimique (pour un exposé général et clair sur l'alchimie, voir Serge Hutin réf. 8 chap. II, voir aussi B. Vidal[14]). Selon celle-ci, la Connaissance toute constituée aurait été donnée aux hommes par le dieu Hermès Trismégiste. Ceux-ci l'auraient perdue et l'activité des alchimistes consisterait depuis à la retrouver. Ainsi la connaissance, la science, relèverait d'une transcendance, puisqu'elle a été donnée par un dieu ; elle existerait *en soi*, puisque ce dieu par sa transcendance est *en soi*, ce qui est la moindre des choses, et donc son cadeau participe de son *en soi*, serait imprégné de son *en soi*, transfèrerait donc une part de la qualité *en soi* du dieu. L'étude de la nature connoterait alors, que ce soient les tentatives de transmutation des alchimistes ou la recherche scientifique de nos jours, malgré l'introduction de la rationalité dans cette activité, une sorte d'office religieux. S'il y avait en effet quelque chose de plus réel que le *Réel en nous*, que le Réel en l'esprit, on dépasserait l'esprit de l'homme :

« Si la caverne d'Ali Baba représentait la science, [...] cela supposerait qu'il existe un Réel absolu, en soi, [...] Connaître ce réel, [*ce serait*] d'abord le pénétrer par l'esprit, puis s'en imprégner et l'imprégnation est réciproque. Du seul fait que nous aurions conscience de lui, ce serait le transformer par notre intrusion, autant que nous nous transformons par sa connaissance. Nous ne le connaîtrions pas en soi. Notre simple connaissance de lui le modifierait, puisqu'il serait lui, plus une part de nous, cette part qui l'imprègne. Il n'y a donc pas de réel en soi puisque celui-ci ne pourrait se définir que par rapport à nous [...] La conjecture d'un réel en soi nous conforte dans l'illusion que nous serions des observateurs séparés de ce que l'on observe. »[13b]

Citons encore Vidal à propos de la contingence des lois et théories. Il se place du point de vue du chercheur face à ce que celui-ci constate comme étant la nature, une nature dont il a précisé qu'elle était empirique, sans *en soi* :

« L'incidence de la personnalité du scientifique a longtemps été gommée par les marxistes au profit d'un milieu tout puissant qui secrèterait les lois de la nature. […] La science n'était pas faite à coups de génies, disait-on. Or, [...] comme elle ne relève pas d'un réel en soi qui l'imposerait, [*le*] chercheur compte, son ulcère aussi […] Le déterminisme est nécessaire, mais il n'est qu'un déterminisme « mou », sinon tout serait « figé » dans l'univers comme dans une horloge dont les rouages par leurs mouvements obligés entraînent des aiguilles dans une rotation immuable, sans qu'autre chose puisse se produire. [...] La mécanique quantique donne une image du déterminisme mou. Toute la physique relève aussi d'un déterminisme mou. C'est le déterminisme « dur » qui doit être prouvé, parce que c'est un construit conceptuel qui dépasse les données de l'observation. »[13c]

Notons à ce stade de notre réflexion : *l'esprit fabrique la science, comme il participe à fabriquer l'objet de la science. Il y a harmonie, adéquation, entre science et objet de la science du fait de l'implication de l'esprit qui participe aux deux.*

Le besoin d'une vérité opératoire : la vérité-*adæquatio*

Dans la pensée de Vidal, un concept mérite examen, celui de vérité. Le thème étant très vaste, Vidal ne s'intéresse à la vérité que dans le cadre de la science physique au sens large. Nous-même nous inscrirons, globalement, dans ces mêmes frontières. Construire un modèle avec des théories, des lois, implique en effet une technique de raisonnement qui a besoin de guides et ces guides le chercheur les trouve dans une forme opératoire de vérité.

La problématique de la vérité peut être évoquée à plusieurs niveaux, d'abord en ce qui concerne l'acte de modélisation. La vérité est pour Vidal un élément logique, relevant d'une technique de rationalité, permettant de mener à bien un raisonnement. Il fait souvent référence comme critère de vérité, ou de satisfaction dans l'acte de modélisation, à la phrase : *Veritas est adæquatio rei et intellectus* des penseurs scolastiques, popularisée par

Thomas d'Aquin (1225-1274). On écrit parfois un *e* à la place du *æ,* avec *a* dans l'*e*, parce que l'orthographe à l'époque était peu fixée, laissée à l'appréciation des moines copistes. Au Moyen Âge, période intellectuelle particulièrement féconde en Occident, les penseurs, dans la continuité d'Aristote, enrichirent la structure du raisonnement, ce qui servit de base à la méthode scientifique. Ces termes latins signifient que la vérité consiste en l'*adéquation entre les choses et la pensée.* On préfère dire souvent : *adéquation entre la chose et la pensée de la chose* (ou aussi : *entre la pensée de la chose et la chose*). Il n'y a pas identité bien sûr. Ceci distingue la définition scolastique de celle de Parménide : « L'acte de la pensée et l'objet de la pensée se confondent. » (réf. 19b, chap. I) qui, elle, prônait l'identité de la pensée et de la chose pensée. Si identité il y a, un seul des deux termes est utile et si l'on retient la chose pensée, la chose ne serait qu'une pensée de l'esprit. On tomberait dans le solipsisme.

Cette vérité scolastique, que l'on peut appeler vérité-*adæquatio*, est fondée sur une relation duale : intellect/chose ; on peut écrire : esprit/matière, mais le terme de chose a une signification plus impersonnelle et plus étendue. Cela nécessite, au-delà de l'esprit, de définir la chose, cette connotation de matière, mais extensible aussi aux abstractions.

Si l'on se situe dans le dualisme de Vidal, la chose relève de la nature empirique ; elle peut être de la matière empirique, mais ce peut être aussi un phénomène, voire sur un plan plus étendu une abstraction, on l'a dit. Elle relève aussi de l'esprit dans un rapport de réciprocité de formation. Dans le rapport *rei/intellectus* chacun des termes est donc imprégné de l'autre parce que chacun participe à former l'autre. C'est cette homogénéité qui peut se décrire en adéquation, qui justifie l'assertion scolastique ci-dessus et lui donne toute sa force. Si l'on se borne au terme connotant *rei*, par exemple se demander quelle est la vérité de ma voiture est sans signification parce que la vérité n'est pas interne à ma voiture, ce n'est pas une qualité de ma voiture. Ma voiture n'est pas vraie. Mais je peux dire : ma voiture est là. Cela suppose un rapport entre l'objet voiture et ma pensée de cette voiture, un rapport avec le fait que je pense que ma voiture est là. Mon assertion de départ est vraie si la voiture est là, ou bien fausse si elle n'est pas là. Il faut auparavant une relation entre les deux, entre la voiture et ma pensée.

Dans la définition scolastique, il ne doit pas y avoir contradiction ni même absence de relation entre la pensée de la chose et la chose. La vérité n'est donc pas figée, rigide, elle est adéquation, harmonie entre les deux termes. Il peut y avoir plus ou moins grande adéquation, la vérité est plus ou moins prégnante : il y a plus ou moins prégnance de la chose dans l'esprit ou, ce qui est identique : plus ou moins prégnance de l'esprit dans la chose. Ceci s'applique évidemment au *Réel en nous*, à la nature empirique, puisque c'est de cette nature qu'elle provient. Elle y est opérationnelle et le chercheur, par exemple dans son travail de modélisation, l'utilise tous les jours. Nous l'utilisons dans notre vie quotidienne, lorsque nous prêtons serment, etc. Le chercheur lui-même utilise souvent une pratique métaphorique du quotidien dans son travail de modélisation. Cette notion de vérité-adéquation-satisfaction étaye toute la démarche de modélisation scientifique.

Cependant, on l'a souligné, il n'y a pas de théories vraies, mais des théories valides. Certes, mais le raisonnement pour produire des théories valides est corseté d'« *adæquatio* ». Ainsi, si j'émets une conjecture, je dois faire des prévisions de résultats d'expériences ou d'observations. Si ces prévisions se réalisent, c'est-à-dire s'il y a adéquation entre elles et les résultats, la vérité opératoire sera cette adéquation et la conjecture, la théorie, sera considérée comme valide.

Il faut se méfier des conceptions de vérité obéissant à des jeux intellectualistes, et non opératoires. Qui voudrait être jugé dans un tribunal sur d'autres critères de vérité que celui de la scolastique, en particulier être jugé sur ceux de la dialectique marxiste qui font référence à un rapport de forces, à une violence : thèse-antithèse-synthèse ? D'ailleurs, la dialectique marxiste, outre son échec général, n'a pu faire la preuve de son utilité dans la modélisation scientifique, ce qui n'empêche pas des enthousiastes comme Eftichios Bitsakis[15-16] de vouloir appliquer le matérialisme dialectique à la science.

La vérité-*adæquatio* de la scolastique, bien qu'inspirée de la pensée d'Aristote, nous semble plus fine que celle du grand philosophe grec. On attribue à ce dernier l'aphorisme selon lequel la vérité consiste en l'accord de ce qui est dit avec ce qui est. Ceci est certes proche de la vérité scolastique mais *adæquatio* (adéquation) est préférable à accord ou correspondance : le terme est plus souple. De plus, il est difficile de définir « ce qui est ». Qu'est-ce qui est ? Le scientifique peut s'engluer très vite dans le « fait scientifique », le « fait d'observation », le fait qui serait constaté, comme un donné de la nature et auquel on ne saurait déroger. Or, rien n'est donné, si l'on s'exprime comme Bachelard. Nous aurions pu employer les termes « comme une vérité de la nature », alors qu'il n'y a pas d'*en soi*, de vérité de la nature, et nous serions tombé dans un mouvement circulaire de définition. Dire : « ce qui est », bloque toute avancée ; dira-t-on : la vérité est ce qui est, la vérité c'est le vrai ? Comment aller plus loin ? En substituant « la chose », ce qui est là devant moi, ce que je perçois, à « ce qui est », en substituant « *adæquatio* » à « accord », l' « esprit » au « dit », à la parole, la force de l'aphorisme atteint un sommet. Cet aphorisme est dû aux scolastiques. Ce qu'Aristote a écrit dans *Métaphysique*[17] est trop brutal pour être utilisable et l'on a, là aussi, une impression de circularité. Hacking[18a] propose deux traductions du passage concerné : « Dire que ce qui est est et que ce qui n'est pas n'est pas, est vrai » ou : « Dire de ce qui est que c'est, et de ce qui n'est pas que ce n'est pas, est vrai ». C'est là chez Aristote un bloc inamovible, figé. Sa pensée ici est comme un couperet : tchac ! Il tombe devant, derrière et sur les côtés. La vérité est prise dans un piège. La définition de la scolastique est plus souple, plus à même d'enrichir le raisonnement scientifique. En effet, l'*adæquatio*, conçue dans le dualisme de Vidal, fondée sur l'immersion de l'esprit dans la matière, et vice-versa, est un pont qui relie la chose à la pensée de la chose.

Au-delà de la vérité opératoire utilisée dans la modélisation du *Réel en nous*, une autre problématique se pose. Son ampleur dépasse l'aspect pratique ci-dessus. S'il n'y a pas d'*en soi* à rechercher comme but, pas d'absolu, pas de référence, il n'y a pas de Vérité à atteindre au terme de la réflexion, ou au terme de la recherche pour un chercheur scientifique. Il n'y a pas de but ultime qui fixerait la connaissance, comme la caverne d'Ali Baba, évoquée plus haut, fixerait la connaissance à atteindre puisqu'elle la contiendrait en entier. Ce serait la Vérité-Ali-Baba, la Vérité absolue ! S'il n'y a donc pas de vérité absolue, il n'y a pas de certitudes dans la connaissance que l'on acquiert. La science ne donne pas de certitudes. Elle est construction d'un modèle heuristique qui doit être aussi étroitement que possible en adéquation avec la nature empirique, induisant une satisfaction intellectuelle-et-physiologique. Il n'y a pas unicité du modèle, a-t-on dit, puisqu'il n'y a pas de Vérité. Au lieu de certitudes, l'individu, lorsqu'aboutissent sa quête, sa recherche de compréhension de la nature, sa modélisation, se trouve face à lui-même, face à son esprit.

Notons que si l'esprit était en tout dicté par une imprégnation déterminée — au sens déterministe — des hypostases, il n'y aurait pas de liberté pour lui. Il serait une simple extension « rigide » des hypostases, donc du Un. Le déterminisme dur « fige » tout dans un mouvement obligatoire, supprime tout degré de liberté, toute liberté, rend sans objet la vérité-*adæquatio*, la vérité opératoire, puisqu'il n'y a plus rien à évaluer, il n'y a ni vrai ni faux. Il n'y a que ce qui est imposé, déterminé. Pour qu'il y ait une vérité dans la pensée, il faut qu'il y ait un choix, une liberté. Rappelons l'impasse que constitue le monisme dur de Parménide (chap. I) : il n'y a aucune liberté dans son système, tout est figé. Il faut du divers, hors ontologie, dans ce *Réel en nous* et du divers en capacité de mouvement, parce que la liberté exige, pour s'exprimer, mouvement, changement. Il faut que ce divers soit en relation, en échange, d'un état de divers à un autre état. Les échanges ne doivent pas être enfermés dans un ordre préétabli. Le changement impose le temps ; il impose l'espace aussi peut-être, car il est difficile de concevoir le mouvement sans espace, mais ceci mériterait une étude, parce que le mouvement peut se ramener à du changement interne. Pour ce faire, notre esprit produit temps, et espace. Le changement est indispensable à la vérité-*adæquatio*. Sans divers à ordonner, la notion d'ordre est sans objet. Le Un est un bloc dans lequel il n'y a rien à distinguer. La notion d'ordre est sans signification pour lui. Il en est de même en ce qui concerne les hypostases, parce que d'une part elles sont le Un, mais on peut dire aussi que, par leur imprégnation-fusion, elles ne peuvent être dissociées et on ne peut les ordonner. Elles sont dans leur être, dans leur potentiel. Osons une métaphore tout particulièrement rustique : quel ordre spatial pourrait-on donner à deux billes seules, situées dans un espace euclidien infini, sans repère ? Imaginons de plus que ces deux billes soient intimement fusionnées en une seule. La notion d'ordre ne peut s'appliquer à l'unité qu'elles sont.

L'esprit créateur participe à produire l'objet de la sensibilité et la sensibilité elle-même en une nature empirique brute, qui apparaît telle à nos perceptions, qui est donc telle — mais les autres dimensions qui la caractérisent font qu'elle est en toute rigueur semi-empirique, parce que son empirisme n'est pas seul à la définir ; le niveau ontologique a une antériorité hors temps sur l'empirique. La sensibilité, donc l'esprit aussi, donne la nature catégorisée, modelée en arbres, eau, montagnes, pierres, animaux... Cette diversité peut être objet de savoir, lui aussi empirique, d'un savoir-faire manipulatoire, qui permet de gérer le quotidien. William Ramsay (chap. II réf. 2) soulignait que ces sensations préludent aux concepts que retiendra, dans une autre étape, la réflexion scientifique : masse, énergie etc. Pour l'instant, il s'agit d'images, d'un vécu, de perceptions, et pas d'un réfléchi, reconstruit, repensé par l'esprit conscient ; il ne s'agit pas encore de modélisation, de science. La science est une construction intellectuelle de l'homme, par laquelle celui-ci utilisant éventuellement les mathématiques met un ordre dans la nature empirique, nature de sensations, de perception. Il produit un modèle en émettant des concepts, qu'il structure en théories, en lois. Cet ordre issu de la modélisation est une vérité-*adæquatio* de modélisation. Les modèles sont possiblement multiples, donc les ordres que notre esprit construit dans la nature aussi. Ce ne serait pas le cas s'il y avait un ordre préétabli dans la nature ; il y aurait un *en soi*, un absolu à rechercher, une Vérité unique à atteindre. Ceci ne doit pas laisser supposer que la vérité-*adæquatio* serait relative. Elle est adéquation, et les différentes expressions d'adéquation sont valides, plus, ou moins, mais pas relatives. S'il n'y a pas *une* Vérité, chacun n'a pas *sa* vérité. Il y a différents modèles, mieux, ou moins bien, adaptés à l'*adæquatio* et c'est le mieux adapté qui, dans les circonstances, est le plus valide.

L'esprit en œuvre dans la mise en forme de la nature, et qui dans l'état mis en forme est l'esprit empirique, n'est pas identique à l'*être-esprit* puisqu'il est le produit, non ontologique, de l'imprégnation de l'*être-esprit* et de l'*être-monde*, par une sorte de perméabilité métaphorique. Mais si *être-esprit*, esprit, esprit empirique ne sont pas identiques, ils sont en adéquation, en relation de vérité-*adæquatio*.

L'esprit — pour utiliser encore des métaphores permettant de passer d'ontologique à non-ontologique — est une sorte de projection, de trace, d'inférence de l'*être-esprit* dans le *Réel en nous*. De même il est une trace, plus diaphane peut-être, de l'*être-monde*, du fait de l'imprégnation des hypostases, et du fait qu'elles sont le Un. En conséquence, on peut dire qu'il n'y a nulle opposition entre les hypostases. Surtout, il n'y a nulle opposition entre esprit et matière dans le *Réel en nous* puisque l'esprit modèle ce réel en esprit empirique et matière empirique et que la matière forme l'esprit et vice-versa. Tous deux se pénètrent, s'imprègnent l'un l'autre, sont en adéquation. Nous sommes loin des dialectiques des dualismes « matérialisés », dans le dualisme Soufre-Mercure, dans les dualismes de type sexuel, ou même dans la dialectique matérialiste.

On a souligné le rôle que peuvent jouer les mathématiques dans la construction abstraite dite science. En effet, on dit parfois que la science, au moins en ce qui concerne les sciences physiques, est une conceptualisation mathématique de la nature. Si l'on se situe dans le dualisme de Vidal, l'esprit, dans le *Réel en nous*, pensant le non-esprit et lui donnant forme, produit les mathématiques puisqu'il est impliqué dans la production de tout. Les mathématiques sont donc dans la nature empirique, modelées en elle et nature modelée selon elles. Si l'on préfère, elles sont un mode de fonctionnement de l'esprit pensant la nature, la mettant en forme, et aussi la conceptualisant et la modélisant.

La vérité-*adæquatio* appliquée à la modélisation

Au-delà des adéquations entre hypostases et *Réel en nous*, la vérité-*adæquatio* trouve sa place dans l'acte de modélisation. Elle la trouve dans l'accord qu'il y a entre le modèle que construit l'esprit (la pensée de la chose) et la chose, la nature que constate l'esprit, au-delà de ce qu'il participe par ailleurs à produire celle-ci. Elle se trouve dans le fait que le modèle mime plus ou moins bien la nature, dans l'abstraction, dans l'esprit donc. Répétons ce que nous avons déjà exprimé précédemment : *On dira aussi que l'esprit, par l'analyse et la modélisation du résultat de son acte créateur — ou acte de mise en forme du* Réel en nous *—, par sa recherche consciente d'un modèle pour la nature empirique, essaie de retourner vers cet acte créateur. Lorsqu'il met de l'ordre, son ordre, dans la nature empirique, il essaie de se trouver lui-même au bout de sa quête. Il essaye de trouver sa cohérence, son harmonie logique, en d'autres termes sa vérité-*adæquatio *entre sa dimension formatrice et sa dimension modélisatrice, son unité*[19]. L'esprit, en effet, bien qu'étant la conceptualisation de fonctions mentales diverses, de modes d'appréhension, d'expression, d'action divers sur la matière, est une unité ; il est un — sauf maladie —, même s'il est créateur et modélisateur. Il y a immersion de la vérité opératoire dans la vérité-*adæquatio*.

Nombreux sont les épistémologues et les scientifiques qui n'ont pas de recul à l'égard de la notion de vérité. C'est un mot qu'il faut si possible éviter, ne serait-ce que parce qu'il est trop lourd, riche de significations diverses, sauf à s'entourer de précautions. Les réalistes durs croient en une Vérité absolue qui correspond à l'*en soi* qu'ils cherchent à atteindre dans la modélisation. En fait, le meilleur des modèles apparaîtra comme particulièrement valide ; il sera adéquat et déclenchera en nous des sentiments de satisfaction, de plaisir, mais jamais il ne sera vrai. Le concept de vérité ne peut s'appliquer à lui.

Lorsque Vidal soutient que le concept scientifique — la loi, le modèle… — ne se réfère pas à un *en soi* mais relève d'une commodité, de façon à atteindre une adéquation entre la pensée et l'objet de la pensée, entre le modèle et les phénomènes, cela choque des scientifiques. Un réalisme dur est répandu chez les scientifiques. Or, Vidal ne fait pas œuvre iconoclaste, mais il regroupe des tendances diverses chez certains scientifiques, parfois mal formalisées, en une sorte de bouquet dont les fleurs se mettent l'une l'autre en valeur. Il suit, ici, les pas de certains épistémologues. Ainsi, Nancy Cartwright écrit à propos des concepts scientifiques que :

> « Aucun de nos concepts est donné. Nous créons les concepts, et leur création est une entreprise sociale humaine qui implique un grand nombre d'influences de diverses sortes. »[20]

Ces mots sont typiquement bachelardiens[11] eu égard à la citation de lui que nous avons faite ci-dessus. Cartwright précise sa pensée dans *How the Laws of Physics lie*[21]. Les concepts sortent bien de notre esprit. Elle met aussi en doute l'universalité de la modélisation :

« Mais nous n'avons aucune garantie que tout puisse être modélisé d'une manière rigoureuse au moyen des concepts de nos meilleures théories. »[22]

Elle va même plus loin en pensant qu'il n'y a pas d'ordre sous-jacent aux phénomènes. Vidal exprime différemment ce point en disant, comme on l'a vu ci-dessus, que l'ordre de la nature c'est le scientifique qui l'y met dans son action de conceptualisation et de modélisation, ce qui suppose qu'il n'y a pas d'ordre sous-jacent aux phénomènes. La nature empirique est un ensemble, une holistique, que l'esprit forme à partir du *Réel en nous*, et se donne à lui-même. C'est en observant ce Tout, parce qu'il a besoin de divers pour comprendre, c'est en articulant, mécanisant le Tout, que l'homme constitue des phénomènes, en tenant compte de sa personnalité, des théories qu'il connaît, des outils intellectuels qu'il a en main. Ce sont ces phénomènes qu'il met en ordre. Nous disons : outils intellectuels, mais nous devrions dire aussi outils concrets. Ainsi, dans les années cinquante, la théorie des orbitales moléculaires a peu à peu pris le pas sur la mésomérie parce qu'il était plus facile et moins cher de traiter la première par le calcul au moyen des ordinateurs qui commençaient à se développer.

Les concepts scientifiques, on l'a dit, sont contingents, ils ne sont pas « vrais » : ils sont de simples commodités comme outils efficaces de modélisation. Aussi, il ne faut pas les appeler « objets » ni « objets conceptuels » pour éviter des confusions pensant leur donner plus de force dans une identité d'*en soi*, et réserver le mot d'objet à ceux rencontrés dans ce que nous ressentons comme la concrétude de la nature empirique, domaine de leur définition. Les concepts sont des abstractions, qui sont « au-delà » du physique, « à côté de », et qui forment ainsi une *méta*physique. Vidal utilise l'image du concept Cercle : le concept Cercle n'est aucun des cercles que nous pouvons tracer, parce que ces cercles sont imparfaits : trait non uniforme, rayon de longueur fluctuante, non planéité absolue d'un cercle tracé sur un support etc. Le concept Cercle est une production des facultés mentales, une abstraction définie avec des qualités parfaites, auquel pourront se référer toutes les courbes fermées qui se ressemblent entre elles et lui ressemblent, sans être identiques à lui parce qu'elles ne sont pas parfaites. Il n'y a pas de Vérité « concept Cercle ». C'est un mot, une étiquette que l'on plaque sur des figures géométriques que l'on a tracées ; c'est une commodité.

Citons encore à titre d'exemple de contingence dans le modèle scientifique le concept « force ». Il n'y a pas de Vérité « Force ». Une force n'existe pas *en soi*. Elle n'est pas donnée. C'est une construction, si l'on emploie le mot utilisé par Bachelard ci-dessus. On la sort de dessous notre chapeau. C'est une expression mathématique, à laquelle on a donné le nom de force — le nom malheureux de force —, parce que celui-ci existait et que cela rappelait un phénomène physiologique de fatigue, d'efficacité etc. Ce concept permet, dans le cadre du modèle de la physique classique, d'offrir une dimension explicative par exemple au fait que, dans le cadre de la théorie de la gravitation newtonienne (1687), deux masses mises en présence s'« attirent », dit-on — en termes de Relativité Générale la formalisation du phénomène est différente : les masses glissent l'une vers l'autre dans la trame de l'espace-temps déformée par leur présence. Dans la conception newtonienne, deux masses s'« attirent » selon une force proportionnelle au produit de leurs masses divisé par le carré de la distance qui les sépare ($f = Gmm'/d^2$). L'école a fini par nous persuader avec grande autorité que cette attraction était une « vérité », la Vérité même, en nous répétant depuis notre enfance scientifique que les masses s'attirent. Comment sait-on qu'elles s'attirent ? Qu'est-ce que l'attirance, l'attraction ? Sont-elles folles d'amour l'une pour l'autre ? Faut-il faire appel au dieu-moteur-immobile d'Aristote qui attire toutes choses à lui, parce qu'il est parfait, et parce que les choses veulent partager sa perfection ? Comment chacune des masses est-elle informée qu'il existe une autre masse qu'elle doit « attirer » à elle ? Comment se transmet l'information à travers l'espace qui les sépare pour que puisse avoir lieu l'attirance ? Les cartésiens dirent que l'on ne pouvait se satisfaire d'influences occultes pour justifier la gravitation. Certes, la confrontation de la loi de Newton à l'expérience s'avéra satisfaisante. L'expression mathématique de la loi était valide. Il n'en restait pas moins que l'objection des cartésiens était fondée. Pourquoi, si l'on extrapole leurs objections, n'inventerait-on pas un démon invisible, occulte, qui pousserait toutes les masses les unes vers les autres ou qui mangerait l'espace entre les masses — remplaçant l'attraction par l'appétit — ou qui ferait passer de l'espace d'entre les masses derrière celles-ci ? Ce serait en fait une atteinte au principe d'Ockham qui limite le nombre d'entités qui interviennent dans un modèle. De plus, on remplacerait quelque chose que l'on ne comprend pas par quelque chose de plus difficile à expliquer : un démon. Il n'y a pas plus de Vérité démon qu'il n'y a de Vérité force, de Vérité attraction.

Le phénomène observé, en fait, est le suivant : lorsque deux masses sont mises en présence, la distance qui les sépare décroît avec le temps suivant une règle mathématique définie par l'observation. C'est la distance entre les masses qui décroît. Aucune « attraction » entre elles n'a à être invoquée.

Se sent-on mieux lorsqu'on introduit le champ de gravitation dans un cadre newtonien ? Pas vraiment. Dans ce cadre on suppose que, lorsqu'il y a présence d'une masse, l'espace est affecté de la répartition en chacun de ses points, de façon continue, d'une grandeur (entité) mathématique (vectorielle) dont l'expression est dirigée vers la masse. La valeur de la grandeur de cette entité mathématique diminue lorsqu'on s'éloigne de la masse jusqu'à s'annuler à l'infini. Vidal a traité de ce point dans *Les visages de la science*[13d]. On appelle champ cette distribution de valeurs dans l'espace (c'est aussi beau qu'une prairie verte engazonnée bien plane, comme un gazon anglais pour jeu de boules, s'étendant à perte de vue, ou qu'un beau champ de neige plat et sans aspérité). Si l'on positionne une deuxième masse, celle-ci, comme la première, est supposée être entourée de son propre champ mathématique. Les deux expressions mathématiques, les deux champs donc, se superposent en chaque point de l'espace. Ils y sont co-présents et s'additionnent vectoriellement en chacun de ces points, pour composer une résultante d'où l'on tire une « force » dont on dit qu'elle s'exerce entre les deux masses. On donne au concept champ une forme mathématique *ad hoc* telle que l'on retrouve, après traitement, l'expression de la force supposée mise en jeu dans l'« attraction ». On pense être sorti d'affaire parce que chacun des deux champs a une valeur mathématique propre en chaque point de l'espace et que, du fait de leurs co-présences, ils interagissent en chaque point. L'un a l'information sur l'autre en chaque point et vice-versa, comme par contact mathématique, virtuel, métaphysique. Cette interaction des valeurs des champs est postulée pour obtenir le bon résultat. Il n'y a de ce fait aucune influence à distance à supposer, aucune influence occulte, même si l'on pourrait se demander quelle influence occulte répand, déroule le champ, déroule les valeurs du champ dans l'espace comme une sorte de tapis à trois dimensions. Un champ est défini comme s'étendant dans l'espace du seul fait qu'existe une masse, un peu comme si, par métaphore pour remplacer celle, un peu trop rustique, du tapis, il était une sorte de fluide subtil qui exsuderait très vite de la masse. Mais il n'y a pas de fluide, seulement de l'abstrait. Le champ est un concept mathématique, partie d'un modèle abstrait dont la mise en œuvre mathématique est efficace pour mimer certains phénomènes. Un champ n'existe pas *en soi*. Ce concept n'est pas « vrai » mais adéquat, valide. C'est une base d'intelligibilité du fait de l'observation que la distance entre deux masses mises en présence diminue avec le temps. On retrouve l'expression de la « force d'attraction » de Newton, mais elle n'est plus que la conséquence d'interactions entre les champs des masses, en chaque point de l'espace. Le champ gravitationnel dans le cadre classique est un « truc », comme le précisent parfois les physiciens. Mais toute la science est un truc.

Carlo Rovelli précise :

« Et le champ gravitationnel n'est pas répandu *dans* l'espace : le champ gravitationnel *est* l'espace. Telle est l'idée de la Relativité générale.
L'espace de Newton, dans lequel les corps se déplacent, et le champ gravitationnel qui portent la force de gravité sont une seule et même chose.»[23]

On relèvera dans cette citation l'identification du concept mathématique « champ gravitationnel » à l'espace. Il faut ici prendre garde de tomber dans un solipsisme de type mathématique. Pour Vidal, l'espace fait partie des formes a priori de l'entendement, comme nous l'avons déjà souligné, comme pour le temps. Il est propre à l'esprit dans son acte de mise en forme du *Réel en nous*. Le champ gravitationnel est un concept mathématique qui fait partie d'un modèle, celui de la Relativité, et Rovelli considère que ce concept est ce qu'il appellerait lui le réel *en soi*. Rovelli substitue de façon idéaliste, par les mathématiques, l'abstrait à ce qui a statut de réel pour lui ;

il identifie la pensée de l'entité (le modèle) et l'entité, supposée réelle. Si l'on se situait dans un cadre macroscopique, phénoménal, on pourrait dire qu'il donne au modèle un statut de concrétude. Pour Vidal, on insiste sur ce fait, le concept champ n'est pas la matière empirique — seule matière qui soit — mais un élément de modélisation, un élément abstrait, commode, pour mimer le comportement de la matière. Ne serait-ce pas, dans la démarche de Rovelli, une fétichisation des mathématiques, faisant se noyer le réel empirique dans la métaphysique ? Que les équations de la Relativité générale « marchent » bien, qu'elles constituent un excellent modèle, valide, tant mieux, c'est ce qu'on leur demande. On étudiera plus loin (chap. V) cette tendance à fétichiser les mathématiques pour remplacer la concrétude.

De même que l'on a fait pour le champ gravitationnel dans une conception newtonienne, on pourrait aussi traiter du champ magnétique, au grand dam des réalistes durs. Ce n'est pas l'organisation dans l'espace d'une limaille de fer, mise en présence d'un objet appelé aimant, qui est le produit d'un champ magnétique. C'est l'inverse. Pour se donner une base d'intelligibilité face à l'organisation de la limaille de fer dans certaines conditions — ainsi qu'à bien d'autres phénomènes —, on a inventé un concept, une entité mathématique appelée « champ magnétique » dont le traitement mathématique permet de mimer dans l'abstrait le comportement de la limaille de fer. Un champ, répétons-le, cela n'existe pas *en soi*, pas même les champs quantiques que l'on considère comme de la matière, mais ils ne sont pas plus matière que les autres concepts utilisés dans les modèles scientifiques. Le champ est un concept mathématique élément d'un modèle. C'est beau et c'est heuristique. Mais pourquoi le concept champ « marche »-t-il si bien ? Il « marche » parce que c'est un concept — construit donc par l'esprit — qui permet de faire le lien entre des phénomènes qui sont en tant que partie de la nature aussi le produit de la mise en forme de la nature par l'esprit, le produit de la parcellisation de la nature en phénomènes par l'esprit. Si l'on préfère, ce concept, produit de l'esprit, permet de relier entre eux les « morceaux », produits de l'esprit, en lesquels l'esprit a façonné le brut de la nature. C'est un concept *ad hoc*, qui sauve les phénomènes. Il n'a aucun lien avec une Vérité.

Notons que le concept de force, que nous avons évoqué ci-dessus, a beaucoup intrigué les scientifiques. L'épistémologue Emile Meyerson dans *Identité et réalité*[24] se fait en 1908 l'écho de cette interrogation chez de nombreux scientifiques, et parmi les plus grands, comme Maxwell, même après l'invention du concept de champ (1861). Certains s'insurgent en particulier contre l'action à distance et Meyerson développe ce point (son chapitre II : Le mécanisme). On peut dire que les scientifiques utilisent ce concept de force mais *ne le comprennent pas*. Il n'y a pas plus de raison aujourd'hui qu'ils le comprennent. Citons :

« Beaucoup de théoriciens de la science, ont cru [...] à la possibilité de réduire tous les phénomènes aux seuls termes de masse et de mouvement. [...] Les tentatives assez récentes de grands physiciens, Lord Kelvin et Hertz, montrent à quel point les savants tiennent à se débarrasser de ce concept de force, qui paraît à certains d'entre eux un scandale. »[24]

Ces interrogations sont devenues moins vives depuis les années 1920-1930 avec l'émergence de la mécanique quantique, parce que des concepts encore plus étranges ont été invoqués, qui ont alimenté les échanges et animé les colloques. Les interrogations sur la nature de la « force » sont passées au deuxième plan et tout le monde désormais croit comprendre ou affecte de comprendre. La familiarité de l'utilisation d'un concept le rend « naturel » et l'on ne s'interroge plus à son sujet. L'utiliser devient un automatisme de l'esprit. C'est un peu ce qui se passe pour un concept religieux ou un phénomène de civilisation.

Force, champ gravitationnel, champ magnétique, champ électrique, champ électromagnétique, potentiel, énergie, enthalpie, entropie, accélération, vitesse, pression, etc. pour en rester à la physique classique, sont des entités mathématiques, des concepts, des abstractions si l'on préfère, c'est-à-dire des produits de l'esprit, tout comme les phénomènes que ces concepts, dans la modélisation, participent à intelligibiliser sont les produits de l'esprit du fait de sa mise en forme du *Réel en nous*. C'est pour cela que, dimensions tous deux de l'esprit, on l'a signalé, homogènes l'un à l'autre, l'abstrait peut mimer le concret. Il en sera de même pour les concepts et entités de ce que nous appelons « le monde microphysique » ou en raccourci « le microphysique ». Ce sont en effet des abstractions mimant le comportement des phénomènes, c'est-à dire le comportement de notre macroscopique. Le microphysique, on le répète, n'est pas un monde de phénomènes. C'est, dans la pensée antiréaliste de Vidal, une construction métaphysique de concepts. Il n'est pas *en soi*. Il n'est pas « vrai ».

De même, a-t-on dit, les lois sont celles du scientifique. Elles ne sont pas « vraies ». Il les construit — voir Bachelard[11] ci-dessus pour qui tout est construit en science, de même Cartwright[20-22]. Dans *Les visages de la science*,[13e] Vidal dessine des schémas pour souligner le caractère contingent des lois, la contingence de la science. Cette contingence est fonction de ce que le scientifique considère comme « faits » d'observation (ou comme phénomènes) et fonction de la façon dont il assemble entre eux ces « faits » (ces phénomènes). Selon les arrangements, les lois peuvent être différentes, valides mais pas vraies. Vidal prend aussi l'exemple du troll des forêts de Norvège pour lequel la nature empirique, c'est-à-dire telle que lui troll la conçoit, la met en forme, n'est pas comme celle de l'homme, et le troll en tire donc des lois différentes. De même, les Tchoufiniens des espaces interstellaires de la galaxie Andromède, qui n'ont pas le même genre d'esprit que nous — si esprit il y a — et qui ont des lois physiques — si tant est que le concept de lois ait un sens pour eux —, si même il est nécessaire qu'il y ait du sens, conçoivent des lois différentes des nôtres. Ce qui est *adæquatio* pour les hommes, ne l'est ni pour les Tchoufiniens, ni pour les trolls.

On ajoutera une historiette au fait que la théorie de la mésomérie et celle des orbitales moléculaires illustrent qu'il n'y a pas de loi absolue, de modèle absolu, vrai. L'historiette illustre la difficulté à admettre ce point, et Vidal aime la raconter. Il explique que, lorsqu'il traitait un problème selon la théorie de la mésomérie, obtenant un résultat au terme des calculs, résultat mathématique en adéquation avec les mesures de l'expérience, les observations physiques, et qu'il traitait ensuite le même problème par la théorie des orbitales moléculaires, obtenant le même résultat au terme des calculs, les étudiants choqués se récriaient, ouvrant de grands yeux et lui demandant : « Mais quelle est la *vraie* théorie ? ». Il expliquait qu'il n'y a pas unicité du modèle et qu'il n'y a pas de « vraie » théorie. Le nombre de théories possibles est peut-être infini dans la mesure où elles respectent la démarche scientifique. Dans cette démarche on utilise, de fait, une causalité molle, un déterminisme mou — dont la meilleure illustration est très précisément la mécanique quantique —, d'une cohérence globale en termes de logique. N'oublions pas les tests ou vérifications de prévisions à partir des théories, dans le cadre d'une approche telle celle de Karl Popper (falsifiabilité), encore qu'il ne faille pas suivre les yeux fermés ce dernier. Il pensait qu'existe une Vérité, but de la recherche du scientifique. Il y a ambiguïté chez lui avec cette croyance d'une part en une Vérité, atteignable par la recherche[25], et d'autre part sa paternité du fait qu'il n'y a pas de théorie « vraie » mais des théories « valides », en attente d'invalidation, ceci, pour lui, certainement jusqu'à ce que soit atteinte la Vérité, puisque, s'il y a une Vérité comme il le pense, la théorie qui la décrit ne peut être seulement valide mais vraie.

Ian Hacking, qui se définit comme réaliste, dans son livre de référence *Concevoir et expérimenter* [26], étudie la pensée de grands noms de la philosophie des sciences du XXe siècle. Sans que cela soit chez lui un parti pris de travail, il fait référence à leurs conceptions de la vérité. Il donne l'impression que cette problématique est centrale chez eux, même si elle est inconsciente chez Hacking. On rencontre en effet le mot « vérité » sinon à chaque pas, mais vraiment très souvent dans son livre. C'est au moins une problématique pour lui. Or, un réalisme affirmé ne peut que supposer un réel *en soi* c'est-à-dire la Vérité, but de toute recherche. En d'autres termes, le réalisme a besoin de la Vérité. Sans faire porter cette remarque sur Hacking, notons qu'il y a une dimension d'absolu transcendental chez certains réalistes, une sorte de dimension religieuse, une dimension idéaliste au sens platonicien.

Hacking confirme l'importance pour lui, « énorme » écrit-il, de la vérité, du vrai, dans un article de l'ouvrage collectif : *« Vrai », les valeurs et les sciences*[18], mais il s'élève contre la conception *new age* de la vérité, celle de Candice Pert, qui pense que la vérité serait comme une voix intérieure, venant en quelque sorte de nos molécules, voix dont il faudrait suivre l'inspiration ! Voilà désormais que la vérité serait un transcendant absolu présent dans nos molécules ! À la vérité-*adæquatio* se substituerait une vérité sans structure, informe, floue par principe, se mouvant au gré des émotions, de nos flux internes. La vérité peut donc sombrer dans un marais physiologique au sein duquel elle se dissout. Ce serait tout sauf une vérité. Il faut s'en méfier ; on ne voit pas, dans cette déliquescence, ce qu'elle apporterait en science. Rappelons, d'ailleurs, que dans la dialectique marxiste (thèse-antithèse-synthèse) la vérité est le résultat (synthèse) d'un rapport de forces (antithèse contre thèse), c'est-à-dire d'une violence — voir la violence de la lutte des classes — et elle n'est elle-même rien. Elle change au gré du rapport de forces et des besoins de celui qui est vainqueur au terme de la lutte, du combat, de la violence réalisée. C'est une vérité qui ment. Vidal s'en tient à l'*adæquatio* scolastique et coiffe toute autre vérité d'un bonnet d'âne ; il la met au piquet et l'on peut respirer.

Il a fait remarquer que la problématique de la vérité glisse souvent vers la problématique de la réalité. Ainsi, dans l'ouvrage collectif (sous la dir. de Jean-Pierre Changeux) *La vérité dans les sciences*[27], c'est bien souvent ce deuxième thème, la réalité, qui est traité comme s'il allait de soi qu'il puisse se substituer tout naturellement au premier. Il n'y a cependant pas identité entre les deux. Nous aborderons la réalité, le réalisme plus loin. Nous nous bornerons, dans le chapitre suivant, à mener une réflexion concernant l'incidence du concept du « microphysique » sur la notion de réel. Nous soulignerons simplement que la vérité-*adæquatio*, en termes de vérité opératoire, est bien présente dans le système de Vidal, au moins comme outil dans la partie correspondant à la construction d'un modèle, mais pas la Vérité. La réalité y est aussi, en tant que nature empirique qui reçoit sa forme de la part de l'esprit et qui elle-même forme l'esprit — donnant l'esprit empirique —, relation de réciprocité et non de circularité. Mais Vidal ne confond pas vérité et réalité.

Références et notes

1)R. BLANCHÉ, *L'induction scientifique et les lois naturelles*, Paris, PUF, 1975. Ouvrage très complet sur le problème de l'induction, des lois naturelles, de la causalité et du déterminisme.
2) É. BOUTROUX, *De l'idée de loi naturelle* (cours de 1892 et 1893), Paris, J. Vrin, 2e éd. 1950.
3) A. BARREAU, *De la vérité dans les sciences*, Paris, Dunod, 2016.
4) D. DEUTSCH, A. EKERT, « S'affranchir des limites du quantique », in : *Les promesses du monde quantique*, Dossier Pour la Science, n° 93, octobre-décembre 2016, p. 26 (citation p. 27).
5) FAOUZIA FARIDA CHARFI, « Les sciences et le fait religieux : témoignage d'un professeur de physique à l'université tunisienne », in : L. Maurines, *Sciences et religions. Quelles vérités ? Quel dialogue ?* (conférence en 2004 et 2005) Paris, Vuibert, 2010, pp. 319-323.
6)V. LE RU, propos recueillis par P. Descamps, « Descartes par qui tout commence... », in : « La nature et le principe de moindre action. Les vrais enjeux d'un débat scientifique », in : *Les cahiers de Science et Vie*, n° 68, avril 2002, pp. 5-12
7) D. HUME, *Enquête sur l'entendement humain*, Paris, Flammarion, 1983, p. 104 et p. 105 (entre autres).
8) L. VIENNOT, C. DEBRU, *Enquête sur le concept de causalité*, Paris, PUF, 2003. Pour des domaines pédagogiques.
9) V. LE RU, *La science et Dieu. Entre croire et savoir*, Paris, Vuibert ADAPT-SNES, 2010, pp. 75-76.
10) H. POINCARÉ, *La science et l'hypothèse*, Paris, Flammarion, 1968.
11) G. BACHELARD, *La formation de l'esprit scientifique (1934)*, Paris, Librairie Philosophique J. Vrin, 8e éd., 1972, p. 14.

12) B. VIDAL, *La liaison chimique : le concept et son histoire*, Paris, J. Vrin, 1989, pp. 129-152.

13)B.VIDAL, *Les visages de la science*, Louvain-La-Neuve, Academia/L'Harmattan, 2014, a) p. 15-16, b) p. 16-17, c) p. 17-19, d) p. 157-180, e) p. 180-184. Les références a, b et c, qui sont des citations, correspondent à des textes reformulés par Vidal à partir de son livre *La Science, un bricolage qui a réussi*, Paris, Technedit, 2010, reprises autorisées par lui-même et par Technedit pour *Les visages...* et autorisées aussi présentement.

14) B. VIDAL, *Histoire de la chimie*, Paris, PUF, 2008, pp. 19-32.

15) E. BITSAKIS, *Physique contemporaine et matérialisme dialectique*, Paris, Éditions Sociales, 1973.

16) E. BITSAKIS, *Le nouveau réalisme scientifique. Recherches philosophiques en microphysique*, Paris, L'Harmattan, 1997.

17) ARISTOTE, *Métaphysique*, Paris, Vrin, 1974, p. 235 (trad. J. Tricot).

18) I. HACKING, « « Vrai », les valeurs et les sciences », in : *La vérité dans les sciences*, sous la dir. de Jean-Pierre Changeux, Paris, Odile Jacob, 2003, a) p. 202.

19) Nous formalisons ici un point qui n'est traité dans le texte que de façon cursive. On peut dire que l'esprit finit par se rejoindre lui-même par deux voies séparées. Il y a l'*être-esprit* dans son rôle de créateur du *Réel en nous* qui laisse sa trace dans celui-ci jusqu'à l'esprit empirique. Pour une part l'esprit participe à modeler le *Réel en nous*, à lui donner les formes de la nature empirique, de l'esprit empirique et de la matière empirique. Il est aussi, pour une autre part de pleine conscience, esprit empirique, en recherche d'une connaissance. Il fouille le *Réel en nous*, pour y mettre de l'ordre, son ordre, le modéliser pour en construire une compréhension. Il y a donc, par l'activité de modélisation de la nature empirique, recherche d'une adéquation entre l'esprit modélisateur et l'esprit créateur. L'esprit modélisateur recherche l'esprit créateur. L'esprit essaie de se retrouver lui-même dans sa plénitude.

20) N. CARTWRIGHT, « Comments and Replies », in : Paul Matthias (sous la dir. de), *Laws, Capacities and Science.*

Vortrag und Kolloquium in Münster 1998. Münster: LIT-Verlag 1998. S. 88-109, p. 91.

21) N. CARTWRIGHT, *How the Laws of Physics Lie*, Oxford University Press, 1983.

22) N. CARTWRIGHT, Interview : « Les lois de la physique sont fictives », in : *Les fictions de la science*, Hors-série *Sciences et Avenir*, n°147, juillet août 2006, p. 10, citation p.15.

23)C. ROVELLI, *Sept leçons brèves de physique*, Paris, Odile Jacob, 2015, p. 16.

24) E. MEYERSON, *Identité et réalité (1908)*, Paris, J. Vrin, 5e édition, 1951, citation p. 62-63.

25) K. POPPER, *Un univers de propension, deux études sur la causalité et l'évolution*, 30250-Combas, 1992. Le texte de ce court ouvrage expose deux conférences que Popper a prononcées en 1988 et en 1989, sur la fin de sa vie. On lira p. 22 : « C'est de Tarski que j'appris la force de vérité absolue et objective [...]. Il s'agit d'une théorie de la vérité *objective* [...] et *absolue* [...] elle permet de concevoir la science comme une recherche de la vérité. » Certes on lira aussi que la vérité est entendue « comme la correspondance d'un énoncé avec les faits » ce qui est très aristotélicien et en quelque sorte classique. Cela pourrait paraître aussi classiquement poppérien, sauf que cette correspondance ne peut être la vérité pure et absolue, *en soi*. Ce ne peut donc être la recherche de la vérité, mais d'une vérité. On trouve aussi p. 56 : « La vérité est de nature objective : c'est la correspondance avec les faits ». Cette constante référence aux faits est dérangeante, parce que cela met à la fois en exergue le caractère objectif de la vérité et, de façon plus classiquement poppérienne, et le fait qu'elle n'est que la correspondance avec les faits, ce qui donne l'impression que les faits sont fétichisés, qu'ils sont un absolu puisqu'ils détiennent la vérité. Or, il n'y a pas de fait pur. On ajoutera les quelques phrases suivantes de la p. 57, dont bien des phrases sont étonnantes et la dernière en particulier : « Je tiens en effet que la science doit s'efforcer de découvrir la vérité objective, une vérité qui ne dépend que des faits, qui est au-dessus de l'autorité et de l'arbitrage des hommes, et en tout état de cause au-dessus des modes intellectuelles. Certains sociologues ne parviennent pas à comprendre que cette objectivité constitue un

idéal possible, vers lequel doit tendre la science (et donc les scientifiques). Or, c'est pourtant un fait que la science vise la vérité depuis au moins deux mille cinq cents ans. » On constate là encore la référence au « fait » comme si le fait était une parole de la Nature divinisée, comme s'il était le Saint Graal. Les faits, les théories ne sont pas *en soi*. Les théories relèvent d'un modèle que construit le chercheur et il n'y a pas unicité du modèle. Les faits, les théories sont donc influencés par les hommes, les modes intellectuelles, parce que la façon d'observer, de voir, de repérer, parce que ce que l'on cherche comme explication, ce que l'on considère comme étant une explication change avec les époques. Ceci dépend donc aussi de la personnalité du chercheur par ses présupposés intellectuels et culturels, nos propos restant ici dans une approche réaliste classique. Le modèle que construira le chercheur s'adaptera à ses observations empiriques, et si l'emprise culturelle est différente un siècle plus tard, les faits, les observations seront structurés différemment. Ils seront différents. De plus ce qui était une explication au XVIIe siècle ne l'est plus pour nous. La vision était une émanation qui partant de l'œil allait vers les objets et en revenait, comme pour un aveugle la sensation que véhicule son bâton du corps vers l'objet tâté par la canne et qui revient vers le corps à travers la canne. Cette explication était alors satisfaisante. Les chercheurs certes ont cherché la vérité depuis 2500 ans, mais ils cherchaient non pas une vérité adéquation, mais une vérité *en soi*, absolue : la Vérité. Le fait que l'on vise la vérité ne prouve pas que celle-ci existe *en soi*. Méfions-nous de la vérité.
26) I. HACKING, *Concevoir et expérimenter*, Paris, Christian Bourgois Éditeur, 1989.
27) J.-P. CHANGEUX (sous la dir. de), *La vérité dans les sciences*, Paris, Odile Jacob, 2003.

Chapitre IV

Au-delà du réel empirique,

le concept microphysique

Invention du microphysique

Le dualisme antiréaliste de Vidal prône que ce que nous trouvons au terme de nos recherches est nous-mêmes. Que la nature soit le miroir de notre esprit, que ce que nous y trouvons soit notre reflet, le résultat de nos activités mentales, peut être illustré pense-t-il par la théorie dite « mécanique quantique ». Non pas que l'on puisse faire référence à celle-ci en tant que théorie « vraie », relative à un *en soi* ontologique, ce qui n'existe pas, mais en tant que théorie valide orientant vers des voies de réflexion qui peuvent être mises à profit dans la recherche d'un dualisme. Cette théorie traite du microphysique et des rapports de celui-ci avec les phénomènes qui constituent notre monde de perceptions, le phénoménal. Les rapports concernés sont de stricts rapports de modélisation pour Vidal. On verra l'importance de cette restriction. Il aborde ce point de vue dans *Réel concret, métaphysique quantique ou baguette magique ?* [1]

Les bases de la mécanique quantique ou théorie quantique ont été inventées entre 1900 et 1930, en particulier de 1923 à 1927. Cette nouvelle théorie devait servir à modéliser certains phénomènes. Un phénomène, on l'a dit, relève de notre sensibilité — à laquelle participe l'esprit —, de nos perceptions, du monde macroscopique. Il s'agissait de phénomènes que les concepts et les lois utilisés jusque-là dans la physique ne permettaient pas de modéliser. Il fallait des concepts nouveaux, et adapter, modeler, distordre, « bricoler » en quelque sorte, autant que de besoin, ceux de l'ancienne physique, dite parfois physique classique, pour en faire un nouvel ensemble théorique, changer ainsi de paradigme, terme popularisé par Thomas Kuhn[2]. Les scientifiques ont ainsi développé une métaphysique scientifique plus large que celle des seuls concepts auxquels l'évolution classique de la science avait habitué.

Pour comprendre des phénomènes qu'ils ne parvenaient pas à structurer en un modèle avec les concepts classiques, les scientifiques ont postulé, ont adopté l'idée qu'il existe un monde microphysique, dit quantique, appelé parfois infiniment petit, mais aussi grand dans ses dimensions spatiales que ce que l'on a besoin d'imaginer. Ce monde microphysique — *le* microphysique — est sous-jacent à la nature empirique, sensible, sous-jacent au monde des phénomènes. Ce monde microphysique serait peuplé d'entités qui auraient des effets sur le sensible, sur les phénomènes. Le microphysique est souvent conçu par les chercheurs, du moins dans ses origines au XXe siècle, début de la théorie quantique, comme ayant une matérialité analogue à celle du monde des phénomènes, analogue à celle d'une concrétude. Les entités dont on le peuplait étaient censées avoir une « existence », un *en soi*, comme on pensait qu'avaient un *en soi* les objets physiques macroscopiques familiers. Ces entités pouvaient engendrer des phénomènes observables dans le monde macroscopique qui est pourtant d'un ordre de grandeur très différent de celui du microphysique supposé. Les deux mondes étaient matière, étaient concrétude, pensaient les chercheurs. Puis, l'aspect matériel du microphysique, l'aspect *en soi*, s'est trouvé gommé pour faire place à une conception plus métaphysique. Des entités abstraites ont ainsi été inventées pour construire un modèle — une abstraction donc — qui donne de bons résultats permettant de prévoir le comportement des phénomènes, d'imiter le comportement de la nature empirique. Le microphysique est un postulat qui est efficace, heuristique. On a inventé, sur ce postulat de base, de façon empirique, d'autres postulats internes au modèle, postulats justifiés par la nécessité de trouver une cause aux observations, aux résultats d'expériences que menaient les scientifiques ; on a donc inventé des entités abstraites avec des comportements bizarres, de telle façon qu'elles puissent être considérées comme la cause des phénomènes du sensible. Ainsi, Bernard Vidal écrit :

« On a inventé des particules qui sont des ondes, des particules qui sont virtuelles, des particules qui vont vers le passé, un vide qui est plein... Bizarreries efficaces : on n'a pas à les comprendre, mais à les utiliser comme une recette. S'il fallait que les électrons aient des oreilles de lapin ils en auraient. »[3]

Il disait parfois : « N'a-t-on pas déjà inventé la Trinité, le mystère de la Création, celui de l'Incarnation, de la Rédemption, du Péché originel, du Jugement dernier etc. ? » Il ne citait pas ces « mystères » par dérision. C'est loin, aussi, d'être notre propos, parce que ces mystères sont d'une grande richesse dans l'histoire de la pensée. Ils marquent une étape dans la constitution d'un système intellectuel pour comprendre le monde. Nous les citons pour attirer l'attention sur le fait que les mêmes recettes intellectuelles, certaines démarches vers l'abstraction, sont parfois à l'œuvre en science comme elles l'ont été dans certaines religions. Vidal, d'ailleurs, voyait dans ces mystères religieux comme une préfiguration d'une démarche axiomatique en science. Ainsi, prenons un exemple : les principes de la thermodynamique (chap. VI, réf. 3 et 4), qui sont des axiomes parce qu'ils s'imposent à nous de la part de la nature — si l'on peut dire —, sont constatés de façon empirique. Il n'y a pas à les comprendre. Ce sont certes des axiomes mais aussi, osons le dire, des « mystères » de la nature. Et que penser des mystères dits des « relations de Heisenberg » ou de l'axiome de la Rédemption ? La civilisation catholique a ainsi participé à produire, fondée sur la richesse intellectuelle du Moyen Âge, la science d'aujourd'hui en ce qui concerne bien des dimensions de celle-ci. Il y a plus continuité de la science par rapport à la pensée religieuse du Moyen Âge, que rupture. Les changements de paradigmes pourraient n'être que des vaguelettes sur une grande lame de fond qui a porté la pensée occidentale de l'Antiquité grecque jusqu'à nos jours.

L'image concernant les électrons avec des oreilles de lapin a le mérite, par son aspect provocateur, de bien insister sur le caractère inventé, construit, fabriqué de ces entités microphysiques. On n'a pas à comprendre la nature de celles-ci ni leur évolution, dit Vidal, parce qu'elles ont été posées de façon empirique, ou du moins semi-empirique, pour que les phénomènes apparaissent comme leurs conséquences, pour que l'on puisse considérer qu'elles sont la cause de ces derniers si l'on préfère, pour qu'elles soient de fait la cause de ces derniers. Soulignons qu'il y a là de l'empirisme — on vient de le dire — du positivisme dans la démarche globale, même si les entités que postule ce positivisme revêtent des aspects idéalistes, ou simplement antiréalistes. Ces entités, que l'on ne peut pas qualifier d'occultes, parce qu'elles ne sont pas cachées, mais qu'elles sont des concepts, des produits de nos fonctions mentales, n'en ont pas moins — ou ne semblent pas moins avoir — des effets dans le monde des phénomènes. On le répète, elles ont été inventées pour cela : donner une base causale à des phénomènes — qui seraient donc les effets de ces causes — pour lesquels on était en panne d'explication, tout comme les concepts de force, de champ gravitationnel, de champ magnétique etc. ont été inventés pour être érigés en « cause » de phénomènes tels que la diminution avec le temps de la distance entre deux masses, l'organisation de la limaille de fer dans l'espace pour en rester à du familier… Ces phénomènes dits gravitationnels ou magnétiques sont donc vécus comme la conséquence des concepts champs. Le principe de causalité qui participe à l'histoire de la physique classique est sauf, même si la science met en fait désormais l'accent plus sur les lois que sur les causes, encore que la loi, considérée comme loi de la nature, puisse être vue comme la cause de phénomènes. Il s'agit moins de refuser ce principe de causalité, malgré son atténuation par la théorie quantique, que d'en adoucir les prétentions. En effet, les liens de causalité entre microphysique postulé et phénomènes devront parfois passer par une formulation stochastique.

Ajoutons que le concept champ est aussi utilisé dans le modèle microphysique. Dans la théorie quantique des champs, les quanta de champ sont des particules. Celles-ci sont des médiatrices d'interaction, substituts à l'interaction de contact de la physique classique. La causalité par contact d'engrenages, si l'on admet cette métaphore, dans la physique classique des phénomènes, est remplacée dans le microphysique par la causalité de pseudo contacts par échanges de particules. L'esprit aime employer l'image de contacts pour comprendre que s'exercent des interactions. Ceci s'inclut dans le paradigme général que la science est un modèle mécanique de la nature. La mécanique de notre quotidien, qui a participé à former nos facultés mentales, si l'on utilise pour suivre Vidal le « roman de l'évolution » comme métaphore, met en œuvre des contacts. Nous avons besoin de contacts pour comprendre. Ainsi, le concept champ en microphysique véhicule aussi le concept d'échange de particules pour donner des images de contact, alors qu'on ne peut parler de contact à ce niveau microphysique que de façon métaphorique. La science, comme l'exprime Vidal dans le titre d'un de ses livres *La science, un bricolage qui a réussi*[4], est bien un bricolage intellectuel, dont l'expression s'est peu à peu mise en place en termes d'empirisme, de recettes, entre autres de principes, axiomes et postulats... — qui ont permis de construire des éléments qui s'engrènent les uns aux autres, se modifient, se changent au fil des temps, pour que fonctionne mieux la maquette de la nature. L'histoire de la mécanique quantique dans son cadre néopositiviste et sa dimension empirique illustre très bien le terme de bricolage, du très beau bricolage d'artistes talentueux.

Le microphysique est donc pour Vidal un concept, qui relève d'une métaphysique, destiné dans le déploiement de sa logique à mimer le comportement de la nature empirique, c'est-à-dire des phénomènes du monde macroscopique. Constatons que les entités métaphysiques microphysiques et leurs comportements codifiés en lois et théories, inventés pour rendre compte des phénomènes, sont efficaces. Ils sont donc valides. Ceci souligne l'adéquation entre le conceptuel, abstrait donc, et le phénoménal que nous qualifions de concret. Cette adéquation vient de ce que physique du concret et métaphysique de modélisation remontent jusqu'au *Réel en nous*, jusqu'à la mise en forme réciproque, à partir de ce *Réel en nous*, de la nature par l'esprit et vice-versa. Les deux domaines, concret et métaphysique de modélisation, ne sont absolument pas séparés dans leur génération. Le microphysique est destiné à accoucher de certains phénomènes, d'effets sensibles. Il est là pour leur trouver une justification. En d'autres termes, il est conçu, comme on l'a annoncé, pour servir de cause à ces phénomènes. On le voit, le concept de causalité ne peut être facilement évacué de la modélisation scientifique, même si dans le cas de l'invention du microphysique il y a inversion de la cause et de l'effet : on observe un phénomène et on invente, on postule un microphysique pour trouver à ce phénomène une cause dans le microphysique. Il est vrai que, contrairement à ce qu'avance une conception réaliste dure, chez Vidal le microphysique est un concept que l'on manipule dans sa logique propre de concept, et non pas une matière.

On pourrait être choqué de ce que nous écrivions l'« inversion de la cause et de l'effet », mais la modélisation de la nature utilise souvent ce genre de procédure. Ainsi, nous observons un ensemble de phénomènes A, B, C, D… Nous inventons ensuite le concept de « champ magnétique » pour intégrer ces phénomènes dans un modèle et expliquer les phénomènes A, B, C, D… En d'autres termes, nous inventons un concept champ magnétique destiné à être la cause des phénomènes observés. Nous lui supposons une certaine concrétude comme celle des phénomènes qu'il doit justifier, des phénomènes qui seront sa conséquence. Ce concept en fait est métaphysique ; il relève d'un modèle abstrait, métaphysique. Il obéit à une logique de modèle destiné à mimer le comportement de la nature empirique dans un certain domaine. Mais il plaît au scientifique face aux difficultés de terrain de le concevoir comme une concrétude ; sinon dans son cadre réaliste il serait obligé de se poser une question, pour lui désagréable, à savoir : qu'est-ce qui fait que l'abstrait agit sur le concret ? Dans le dualisme de Vidal, nature empirique et modélisation relèvent d'une même cohérence, celle d'une construction de l'esprit, de même, d'ailleurs, que nature et esprit, par le *Réel en nous* inférence d'une imprégnation des hypostases, se rattachent tous deux à l'ontologie. Notons que la formulation Trinité de la divinité est une avancée par rapport à une formulation brute de la divinité. En effet, dans cette dernière l'ontologie est en relation directe et assez rustique avec la concrétude, alors que la Trinité a, si l'on peut dire, un pied dans l'ontologie avec l'hypostase Dieu le père et un pied dans la concrétude avec l'hypostase Dieu le fils, Jésus-Christ, puisque celui-ci s'est incarné dans la matière.

Certes, l'invention du postulat qu'est le concept microphysique, pour comprendre les phénomènes non expliqués par ce que l'on appelle la physique classique, est intellectuellement du « lourd ». En effet, le microphysique apparaît, quand on essaie de le concevoir en termes métaphoriques, comme un « monde » immense, autant sinon plus que le monde macroscopique, avec des règles internes très différentes de celles du macroscopique. Mais rien ne nous permet d'aller au-delà d'une métaphysique, d'en démontrer l'*en soi*, de le concevoir en terme de concrétude.

Les physiciens auraient pu inventer, non pas un monde microphysique mais un monde mégaphysique avec des concepts mégaphysiques pour alimenter la causalité des phénomènes. Cependant, l'homme semble se méfier du très grand, peut-être parce qu'il a l'impression qu'il est écrasé ; il préfère le très petit avec l'impression de dominer. Le très petit présente l'avantage qu'on ne peut le voir, qu'il n'est pas accessible aux sens et donc qu'on peut le rêver comme on veut.

Des propos de vulgarisation avancent parfois que certains concepts de la mécanique quantique, comme ce que l'on appelle le « principe d'indétermination » (voir ci-après) de Werner Heisenberg (1901-1976), seraient une limite à notre capacité de savoir, notre capacité de connaître le réel. Ce serait le cas si on postulait un réel *en soi* et si l'on postulait aussi qu'il est totalement connaissable à partir des concepts mis en jeu pour modéliser la nature empirique, y compris notre esprit empirique. Or, il n'y a pas de Réel *en soi* correspondant au « monde microphysique », parce que ce monde est une abstraction. Il n'est, en effet, pas utile, si l'on veut suivre Ockham, de le penser comme « matériel », « concret », de le penser comme on pense la matière du monde des phénomènes. Les lois mises en jeu dans ce modèle sont internes au modèle, valides dans le cadre de celui-ci, de façon cohérente et de façon à prévoir certains phénomènes, manifestations sensibles de la nature. On ne doit pas y supposer des entités ayant des comportements analogues à ceux qu'auraient des objets de notre quotidien phénoménal. Ainsi, certaines entités du modèle, que l'on a inventées par imitation des entités du monde des phénomènes, ne peuvent avoir leur comportement déterminé en temps, en position, donc en espace, qu'en des termes probabilistes, d'autant que le temps et l'espace ne sont pas des absolus et dépendent de notre sensibilité — à laquelle participe l'esprit, mais aussi qu'il produit par la mise en forme de la nature empirique. On ne peut pas considérer par exemple que l'entité électron dans le modèle se comporte comme une bille de très petite taille. On détermine la probabilité de « trouver » l'électron, si l'on fait des mesures phénoménales en tel point, à tel moment, en utilisant un appareil du monde des phénomènes. Cet appareil mettra en évidence un phénomène (par exemple éclair, apparition d'une énergie en tel point…) que l'on considère comme conséquence de la présence de l'électron. Si au lieu de faire la mesure à ce moment-là, on la fait un temps donné après, aussi court soit-il, l'électron peut se « trouver » à dix mille kilomètres de l'endroit précédent pour lequel on a fait un calcul. On pourrait dire : sans qu'il ait eu le temps d'y aller, sans qu'il y soit donc allé, sans qu'il ait emprunté un chemin quelconque ou déterminé. Si sa probabilité de le trouver en un point A est de p_a et celle de le trouver en un point B de p_b avec $p_b = p_a/10$, la probabilité de le trouver en A est dix fois plus grande que de le trouver en B. Dans une longue série de mesures, il apparaîtra parfois en B, dix fois moins souvent qu'en A. Si A et B sont distants de 1 m, 23 m ou 11 000 km, cela ne change rien à l'affaire. L'électron ne traverse pas l'espace de A en B. Il est mesuré soit présent en A soit présent en B, soit ailleurs selon la probabilité de se trouver en chaque point de l'espace au moment de la mesure. Ainsi, une entité de la métaphysique quantique, dans l'image de particule, n'a pas *a priori* de trajectoire.[1a] En effet, pour dire qu'il y a une trajectoire, il faudrait pouvoir déterminer à chaque instant à la fois la vitesse et la position de l'entité quantique conçue comme une particule, avec une précision seulement limitée par les possibilités techniques dont on dispose. Or, on verra lorsqu'on traitera de la relation d'indétermination de Heisenberg que ce n'est pas possible. Cependant, la mesure du parcours spatial de la supposée particule, succession continue, déterminée, de positions, pourra être réalisée avec une détermination d'autant meilleure que l'on sacrifiera notre connaissance de sa vitesse. La mesure de chaque position possible se fera dans un cadre aléatoire. Ce n'est pas parce qu'une particule est en tel point avec telle vitesse qu'elle sera en tel autre point avec telle autre vitesse, tel instant plus tard. Ceci illustre la fragilité de la causalité en ce domaine. Mais cela ne l'exclut pas en tout.

Les notions de temps, d'espace, de position, de vitesse… nous sont familières dans le monde des phénomènes, celui de notre sensibilité, celui de la nature empirique. Pour être utilisées telles quelles dans le modèle microphysique, il faudrait que ces notions recouvrent parfaitement dans ce microphysique ce qu'elles recouvrent dans la nature empirique, ce qui n'est pas le cas. La mécanique quantique a besoin d'entités microphysiques *ad hoc*, d'entités qui sauvent les phénomènes, de même dans l'Antiquité le modèle géocentrique de Ptolémée sauvait les phénomènes, compte tenu de la précision avec laquelle les observations des planètes pouvaient être effectuées.

L'esprit fabrique le modèle science selon ses besoins. Il utilise de vieux concepts qui lui sont familiers, par économie, par tendance à réduire le nombre d'entités comme le principe d'Ockham le prône. Il adapte ces vieux concepts à sa problématique, mais il aurait pu en inventer de différents qui auraient échappé à la lourdeur d'une difficile transposition. Pourquoi ne pas utiliser les termes blouic, grrt, dlof… pour des concepts avec les définitions adéquates ? On pourra certes dire que le temps c'est du temps et qu'il a toujours la même dimension (au sens d'équation aux dimensions) ; mais en fait il y a temps et temps, puisque celui-ci dépend de l'observateur, de son accélération... Il n'y a pas de temps absolu, donc pas d'utilisation « absolue » du temps, d'un temps *en soi*.

Le probabilisme de la mécanique quantique, son aspect stochastique, ont choqué dans les années vingt-cinq/trente du XXe siècle. Il semblait limiter les possibilités de connaissance du microphysique que l'on considérait comme un monde *en soi*. Comment un modèle probabiliste pourrait-il nous dépeindre la réalité « vraie », pensait-on, en totalité ? Mais ce probabilisme est structuré de lois et n'efface pas toute causalité. Le microphysique étant un modèle, si un probabilisme est cohérent au sein de ce modèle, s'il remplit toute la place que l'on a besoin de remplir pour que le modèle soit cohérent, efficace, c'est qu'il sera inutile, voire invalide, de postuler plus, ou

« mieux », ou autre, que ce concept probabiliste. En d'autres termes, il est inutile de postuler une causalité plus étroite que celle que l'on rencontre dans le probabilisme quantique, pour mettre en adéquation le modèle avec ce que l'on observe dans les phénomènes, puisque l'adéquation du modèle avec les phénomènes est excellente. Il n'a pas été pris en défaut. Il faut en rester à ce qui est strictement nécessaire selon le principe d'Ockham. Le probabilisme obéit au principe de simplicité. Il n'y a rien derrière lui dans le microphysique qui nous soit caché. Il est en adéquation avec nos besoins de compréhension de la nature. C'est de l'empirisme, voire du pragmatisme : « ça marche ? Tant mieux ! »

Dans *Réel concret, métaphysique quantique ou baguette magique ?*[1], Vidal étudie des concepts de théorie quantique pour souligner leur caractère relevant d'un positivisme empirique et paradoxalement d'un idéalisme. Nous ne pouvons ici reprendre toutes ces notions et nous renvoyons à son travail. Cependant, il est un problème en mécanique quantique que nous examinerons, après avoir parcouru les principaux concepts fondant ce modèle, c'est celui de la mesure parce qu'il est en étroite synergie avec le dualisme de Vidal. On peut d'ailleurs penser que, chimiste quanticien, les concepts quantiques l'ont sensibilisé à la problématique esprit-matière qui est très prégnante dans la mesure en mécanique quantique.

Avant d'aborder ces points, il est indispensable de faire un retour rapide sur certains aspects de la théorie du microphysique. En quoi faisait-elle si peur ?

Quelques rappels de théorie quantique et le soi-disant « flou » du microphysique

Rappelons qu'en 1924 Louis de Broglie proposa d'associer une onde à ce que l'on considérait alors comme des particules. C'est le postulat du « dualisme onde-corpuscule »[5]. Cette hypothèse évolua rapidement mais le principe du dualisme resta. Selon la façon dont on l'« observe », une entité microphysique, dite aussi quantique, peut apparaître avec les appareils du monde des phénomènes soit comme ayant le comportement d'une particule, soit comme ayant le comportement d'une onde, c'est-à-dire apparaître soit comme une particule soit comme une onde. Cela signifie, de fait, qu'une entité quantique n'est ni une onde comme celles du monde des phénomènes, ni un corpuscule comme ceux de ce même monde — que l'on considère ceci d'un point de vue réaliste strict ou d'un point de vue purement conceptuel en tant que modèle abstrait. Elle est autre chose. Mais, nous n'avons dans notre expérience des phénomènes que ces images à utiliser pour notre compréhension. Vidal disait : « Nous n'avons dans notre esprit, pour comprendre, construire un modèle cohérent, que les vagues de la mer et les boules de pétanque ». On n'est pas loin du mystère de l'Incarnation : le Christ est à la fois Dieu et homme. Depuis Max Born, en 1926,[6] a été adopté un postulat selon lequel l'aspect ondulatoire — pour simplifier — permet de calculer la probabilité de trouver, lorsqu'on fait une mesure, le signal que l'on baptise « particule » dans l'appareil de mesure en tel ou tel point de l'espace (par exemple apparition d'une énergie en tel ou tel point dans un récepteur, dans un collisionneur etc.). En 1926, Erwin Schrödinger regroupa les aspects ondulatoire (longueur d'onde) et corpusculaire (masse de l'électron) dans une même équation qui a été assimilée à un postulat : l'« équation de Schrödinger ».[7] L'aspect ondulatoire était mis en exergue. Werner Heisenberg avait émis en 1927[8] des postulats dits « principes d'incertitude », les très mal nommés parce qu'il ne s'agissait pas d'incertitudes de mesures. Les termes furent vite changés, du fait de leur ambiguïté, en « principes d'indétermination », parce qu'il s'agissait de ce qui n'est pas déterminé. On dit encore parfois « principe d'incertitude » ou « relations de Heisenberg ». L'une de ces relations met en jeu la vitesse et la position d'une particule. Or, en tant qu'entité microphysique, vitesse et position d'une particule n'ont aucun sens, puisque ce qui est nommé en raccourcis particule est autre chose qu'une particule, autre chose qu'une onde et/ou une particule, ce qui fait que lorsque nous utilisons le langage de la physique classique, auquel nous sommes attachés parce que c'est une physique du quotidien, familière, nous nous référons à des vitesses et des positions de petits mobiles — ou d'ondes —, ce que ne sont pas les entités quantiques.

Ces relations ne marquent pas une limite au-delà de laquelle l'intellect de l'homme ne peut pénétrer, une limite à nos possibilités de connaissance, parce qu'il s'agit d'une indétermination : ce que l'on croit accessible à la connaissance est indéterminé, *c'est-à-dire n'est pas déterminé*. Au-delà de ce que l'on prend pour une barrière à notre connaissance, il n'y a rien à connaître, parce qu'il n'y a rien. Il n'y a pas de barrière. C'est la mesure qui, donnant une valeur, convertit — si l'on peut dire — une abstraction, c'est-à-dire l'entité conceptuelle du monde microphysique, lui-même conceptuel, abstrait, en ce que l'esprit conçoit comme étant phénomène et fait « exister » cette entité pour l'appareil. Si l'on préfère, c'est la mesure qui transposerait le métaphysique en phénomène, en concret, sans oublier que, pour Vidal, le phénomène, le concret, sont eux-mêmes produits de l'esprit. La mesure serait un acte producteur de réel empirique, produirait ce qu'elle mesure.

Ainsi, l'une des relations de Heisenberg[8] met en jeu la quantité de mouvement p_x et la « position » (clin d'œil) d'une « particule » (clin d'œil) sur un axe x : $p_x = mv_x$, où

m est la masse de la particule, v_x sa vitesse (clin d'œil…) selon l'axe des x. Δp_x est la largeur du spectre des quantités de mouvement possibles pour l'entité, Δx est la largeur de son spectre de positions possibles. Une mesure donne un résultat dont la valeur est incluse dans le spectre qui s'étend autour d'une valeur moyenne statistique. On dit que ce processus est de nature stochastique, probabiliste. Le produit $\Delta p_x \times \Delta x$ est (**x** est le signe de la multiplication) : $\Delta p_x \times \Delta x \geq h/2\pi$ où h est une constante (constante de Planck). En d'autres termes, si l'on se place d'un point de vue de physique classique, ce que la mesure quantique n'est pas — ce sera réexaminé plus loin —, on dira que l'on ne peut pas obtenir lors des mesures des valeurs aussi précises que l'on voudrait pour les deux grandeurs, sauf qu'il n'y a pas de valeurs précises ou imprécises à connaître d'un état préexistant à la mesure, parce qu'il n'y a rien de *déterminé* avant la mesure. Il n'y a rien à connaître avant celle-ci. Le système examiné n'a pas de valeur d'état, donc pas d'état. Mais qu'est-ce qu'un système sans état ? Un amorphe, en lui supposant un être ? Rien ? C'est l'acte de mesure qui donne une valeur d'un état. Si, par exemple, x nous apparaît avec un Δx très étroit, c'est-à-dire avec des mesures répétitives sur un ensemble d'entités de même type, qui s'écartent peu d'une moyenne, l'autre, p_x, apparaîtra avec un grand panel de valeurs possibles, soit un Δp_x grand. Une mesure se placera aléatoirement dans le spectre des valeurs possibles Δp_x. De même pour les y et les z. Ajoutons que si on se restreint à l'application classique des notions de temps, d'espace, de position, de vitesse donc — même si ces notions classiques comme on l'a souligné sont ambiguës et souvent peu appropriées —, les relations de Heisenberg ne limitent pas, *a priori*, la précision avec laquelle on peut connaître une « observable » — on dit aussi « un » — dans la mesure où l'on ne s'intéresse pas aux autres, où l'on sacrifie les autres. Ainsi la trajectoire d'une « particule » dont nous avons signalé le problème ci-dessus prend-elle une autre dimension si l'on sacrifie la vitesse pour travailler sur la position et vice-versa. Des positions successives peuvent être obtenues si l'on se désintéresse de la vitesse.

Les relations de Heisenberg, qui ont été placées au rang de l'un des postulats fondateurs de la mécanique quantique, peuvent être retrouvées en se référant à la non-commutativité des opérateurs, entités mathématiques, associés aux éléments microphysiques p_x et x etc. et, au-delà, à la méthode-recette de construction des opérateurs. Mais alors c'est cette recette qui sera un postulat. On change simplement la formulation d'un postulat de base. Les relations de Heisenberg, telles que formulées ci-dessus, ont l'avantage, et l'inconvénient, de mettre en évidence des contraintes entre entités que l'on peut relier par métaphore, mais seulement par métaphore, aux entités de même nom de la mécanique classique[9-10], ce qui embrouille tout, délicieusement.

Ainsi, p_x et x ne sont pas des grandeurs isolées l'une de l'autre et la mesure que l'on fait sur l'une n'est pas sans lien avec la mesure que l'on aurait pu faire sur l'autre. Les résultats peuvent dépendre de l'ordre dans lequel sont faites les mesures.

Rappelons que Bernard Vidal considère que le microphysique est une métaphysique, un concept qui recouvre un ensemble de concepts constituants inventés, par métaphore avec des entités phénoménales, parce que celles-ci nous sont familières, et que cet ensemble de concepts, ou modèle, est construit de façon à être invoqué, on l'a dit, comme cause de phénomènes. Des postulats ont été énoncés, pour que ces concepts soient cohérents entre eux et cohérents avec la nature empirique, avec les phénomènes. En d'autres termes, ces postulats indiquent comment manipuler les concepts pour obtenir des résultats de calculs prévoyant le comportement du monde des phénomènes et en bon accord avec ceux-ci.

Beaucoup de scientifiques se sont demandé si le microphysique, pourtant conçu par eux de façon réaliste, existerait néanmoins seulement quand on le mesure, c'est-à-dire quand l'homme entre en relation mentale avec celui-ci, se préoccupe de lui pour décider d'agir sur lui. En effet, plus se développait la mise en place des concepts de la mécanique quantique, plus il apparaissait que le monde microphysique se dissolvait dans le Nombre et l'abstrait, loin du réel classique auquel le scientifique était habitué. L'hypothèse de l'existence *en soi* des entités microphysiques n'apparaissait plus comme indispensable. La belle adéquation que l'on observait entre le modèle et les phénomènes, qui avait incité au début à penser qu'il existerait un réel *en soi* — car comment obtenir une adéquation aussi étroite, si belle, obtenir tant de succès, si ce n'est parce que le modèle pensait-on est « vrai », qu'il décrit bien la « réalité » —, ne résista pas au temps. Il fallut déchanter — pour le « vrai » voir chap. III.

On ne connaissait du monde microphysique conjecturé, et inaccessible aux sens, que les signaux des appareils du monde des phénomènes, le monde de nos sens : les « mesures ». L'appareil semblait traduire la « réalité » du microphysique en la « réalité » du monde sensible par ses chaînes de phénomènes physiques et en bout ses aiguilles, ses cadrans, ses écrans. Mais se posait alors une question cruciale : jusqu'à quel point ces appareils de « traduction », fabriquent-ils à leur façon l'image qu'ils donnent du microphysique ? *Traduttore traditore*. L'inventent-ils ? La mécanique quantique est-elle autre chose qu'une théorie de la mesure, voire une théorie du comportement des appareils scientifiques — ce qui n'enlève rien à son efficacité — ? De même, si l'appareil pose question, celui qui le conçoit et le construit en lui donnant des caractéristiques et ses capacités de « traduction », une méthodologie, des processus à suivre, joue-t-il un rôle dans ce qu'énonce l'appareil ? La mécanique quantique serait-elle de ce fait autre chose qu'une théorie du comportement du scientifique, de l'homme, dans son esprit et sa sensibilité ?

Quelle concrétude pour le microphysique ?

Les relations de Heisenberg furent difficiles à concilier avec un réel *en soi*, position philosophique alors répandue chez nombre de physiciens. Ceci provenait de ce que l'entité quantique n'est ni une particule ni une onde, mais qu'elle peut avoir — en nous plaçant d'un point de vue réaliste —, selon ce que l'expérimentateur fait d'elle, on l'a dit, le comportement apparent d'une particule ou bien celui d'une onde, mais sous la réserve de ce que formalisent les relations de Heisenberg. Ce faisant, développant la mécanique quantique, dans laquelle les notions de physique classique semblaient de moins en moins utilisables dans leur densité originelle, les physiciens furent désarçonnés. Que restait-il de certain ? Seulement la rigueur des calculs qui conduit à des résultats conformes à ceux de l'observation des phénomènes.[11]

Heisenberg participe alors à faire de la mécanique quantique un modèle mathématique dans lequel le physicien se dégage de ses présupposés sur le « réel », en particulier sur ce qu'il croyait être le réel microphysique qui perdra peu à peu, pour certains, tout *en soi*. Le microphysique tend à devenir une immense fresque mathématique. D'ailleurs, Heisenberg avait proposé une « mécanique des matrices » dans laquelle il mettait en relation mathématique, de façon empirique, des données physiques, quantités directement observables en tant que phénomènes elles-mêmes, pour obtenir des valeurs d'autres phénomènes[12]. Sa mécanique donnait de bons résultats par une procédure compliquée. C'était là une démarche positiviste, et il ne s'interrogeait pas sur ce qui se « passait » dans le microphysique. Avait-on besoin du microphysique ? Il ne subsistait plus de la matière qu'un fantôme mathématique. Où était-elle allée ? Avait-on encore besoin d'elle ? Avait-on besoin du concept de matière ? Le réalisme classique prenait un rude coup et s'infiltrait en lui une tendance idéaliste.

Le microphysique ne serait-il qu'une abstraction mathématique ? se demandait-on. Désormais la question de son *en soi* ne se poserait plus. Le quanticien garde souvent à l'esprit des similitudes entre les entités microphysiques et celles du monde des phénomènes. Il fait appel à des métaphores, mais, pense Werner Heisenberg, il faut ne considérer que la formulation mathématique : il n'y a rien en dehors d'elle. Il faut se laisser emporter par son fleuve de logique. Il déclarait, en platonicien :

> « Les plus petites parties de la matière ne sont pas les Entités fondamentales, comme dans la philosophie de Démocrite, mais sont les formules. »[13]

Se cantonner aux mathématiques ne doit pas laisser supposer, comme le fait Heisenberg, et comme le feront aussi d'autres après lui, que le microphysique se confondrait avec la mathématique. En effet, la mathématique est une conceptualisation ; c'est un élément ou un produit de l'esprit, de notre esprit qui forme le *Réel en nous* en nature empirique. La mathématique n'est pas *en soi* [en introduction à cette problématique on lira la belle vulgarisation de J.D. Barrow[14]]. Le microphysique n'est pas doté d'une réalité *en soi* qui serait mathématique ; il n'est doté d'aucune réalité *en soi*. C'est une construction de l'esprit qui, comme tout le reste du modèle de la nature, on le rappelle, est destinée à mimer le comportement des phénomènes, de nos perceptions ; cette construction est produite dans un cadre mathématique. On a dit qu'il n'y a pas unicité du modèle puisqu'il n'y a pas d'absolu qui fixerait la « Vérité ». Ontologiser la mathématique est aussi inutile que de supposer quelque *en soi* à tout élément du *Réel en nous*. Nous examinerons plus loin (chap. V) cette tentation visant à ontologiser les mathématiques.

Schrödinger, réaliste, évoluera, sans aller jusqu'à proférer d'ukase mathématique :

« [...] nous avons été obligés de renoncer à l'idée qui fait d'une [...] particule une entité individuelle dont l'« identité » subsiste en principe éternellement. [...] nous sommes [...] obligés d'affirmer que les constituants ultimes de la matière n'ont aucune « identité ». »[15a]
« [...] il vaut mieux ne pas regarder une particule comme une entité permanente, mais comme un événement instantané. »[15b] (*NDLR : écrit en 1951*)

De même :

« Une variable *n'a*, en général, pas de valeur déterminée avant que je ne la mesure. La mesure ne signifie donc *pas* trouver la valeur qu'elle *a*. [...] si ce n'est pas la réalité qui détermine le résultat de la mesure, c'est donc au moins le résultat de la mesure qui détermine la réalité ; le résultat doit exister réellement *après* la mesure [...] »[15c] (*NDLR : écrit en 1935*)

Il n'y a donc pas de valeur avant la mesure, ce qui amène à s'interroger sur la mesure en théorie quantique.

La mesure en mécanique quantique. Son rôle créateur

Reprenons : s'il n'y a pas de valeur d'un état, existe-t-il un état ? S'il n'y a pas d'état, y a-t-il du préexistant à la mesure ? [Rappelons que, pour Vidal, le microphysique n'existe en concrétude ni quand on ne le mesure pas, ni quand on le mesure. C'est un concept, une métaphysique.]

La mesure ne donne pas la valeur que le système aurait à un instant infiniment rapproché avant le moment de la mesure. C'est la mesure qui fait que le système prend une valeur, comme s'il y avait un système susceptible de nous énoncer une valeur, l'une des valeurs du spectre des valeurs possibles. Mais rien ne permet d'affirmer qu'il y a un système préexistant. Ne serait-ce pas plutôt l'appareil de mesure qui donnerait tout seul une valeur sans avoir besoin d'un système ? Il « inventerait » une valeur, et pourquoi n'inventerait-il pas le système aussi ? On peut alors rappeler la parabole bien connue du chat de Schrödinger pour éclairer, ou obscurcir, ce paradoxe.

En 1935, Schrödinger imagina une expérience devenue très populaire dans la vulgarisation de la théorie quantique. Il imagina un chat obéissant à la mécanique quantique[16-17]. Soit une boîte contenant une fiole de poison. Nous y introduisons un chat. Si la fiole se casse, les vapeurs toxiques tuent le chat. Un marteau peut détruire la fiole. Un dispositif le couple à une particule radioactive. Celle-ci peut se désintégrer ou non. Si désintégration il y a, le marteau casse la fiole, le chat meurt, sinon il reste vivant. Supposons que la particule a une probabilité ½ d'être trouvée désintégrée lorsqu'on fait une mesure au bout d'une heure. Elle a donc la même probabilité d'être trouvée dans son état stable que dans son état désintégré. La théorie quantique considère que, pendant qu'on ne l'observe pas, elle est une combinaison des deux états possibles : non désintégrée et désintégrée mais en tant que possibilités dont on observera l'une ou l'autre lors de la mesure. Le chat est alors présenté, *par projection du traitement quantique dans le monde des phénomènes* dont il fait partie, comme combinaison, superposition, des deux états : mort et vivant. Schrödinger voulait souligner son opposition à une interprétation de la mécanique quantique en termes d'états qui seraient la superposition d'états contradictoires et de surcroît qui attendraient un observateur pour se trouver en l'un ou en l'autre de ces états contradictoires.

S'il y avait donc un état avant l'observation, ce serait un état chat mort-vivant. Or, on ne peut concevoir un état mort-vivant pour un chat macroscopique. Schrödinger mélange sciemment deux logiques différentes pour faire caricatural. Mais dans la logique quantique le chat, effectivement, n'a pas d'état *déterminé* avant l'intervention de l'observateur. Si l'on préfère, il n'y a pas d'état du tout avant qu'ait été faite l'observation, la mesure, de l'état du chat. Un système quantique n'a pas d'état avant que l'observation fasse qu'il en a un.

Notons que la notion d'état est une notion transposée de notre monde familier, macroscopique, phénoménal, comme l'on voudra, au microphysique, si l'on se place bien sûr dans le cadre d'un réalisme microphysique, comme le concevait Schrödinger. On ne devrait donc pas parler de combinaison de deux états, puisqu'on ne devrait pas parler d'états. La fonction mathématique, dont on dit qu'elle « décrit » le système avant la mesure, ne décrit en rien un état de ce système, ni ce système. Elle donne comme la liste des informations dont on pourra obtenir l'une ou l'autre lors de la mesure — mais pas des informations sur quelque chose qui existerait avant la mesure. Si l'on préfère, elle donne l'information : « si vous faites une mesure, le résultat sera ceci ou cela, ou encore cette autre chose, ou celle-là… vous trouverez que la particule sera désintégrée ou qu'elle ne sera pas désintégrée, vous trouverez que le chat sera mort ou sera vivant ». Il n'est pas légitime, dans le cadre de la théorie, de se poser des questions sur l'état du système quand on ne le mesure pas. Pendant une heure, le système constitué par le chat, la boîte et la particule, est sans définition. Il est *indéterminé*, c'est-à-dire qu'il est *non*-déterminé. L'acte de mesure du scientifique donne une détermination à ce qui n'est pas déterminé ; il donne une « forme » à de l'amorphe, à de l'être sans forme avant la mesure, avant l'observation. C'est la mesure, l'intervention d'un expérimentateur, d'une conscience, d'un esprit, qui donne une forme appelée état d'un système. Or, cet acte de mesure étant produit par l'esprit, c'est l'esprit qui dans la mesure donne une détermination à l'indéterminé. Ce dernier a un potentiel : le potentiel de donner un « état », celui de donner un « état » résultat d'une mesure, sans que cet état préexiste à la mesure. Nous sommes proches du dualisme de Vidal.

Précisons. La mesure porte de toutes parts la marque de l'esprit. Elle la porte d'abord, par le fait que l'esprit fait le choix du phénomène à mettre en jeu dans la mesure, ensuite, par le fait que l'esprit conçoit la mesure dans un cadre théorique, un cadre qu'il produit et qui définit le phénomène. Ce cadre dépend ici à la fois de la théorie du microphysique et des théories modélisant le monde des phénomènes, *i.e.* le macroscopique. En effet, l'appareil relève du monde des phénomènes. Cette marque de l'esprit, la mesure la porte encore par la mise en scène, au moyen d'un protocole, du phénomène choisi pour la mesure et par la conception technique de l'appareil, fondée sur des théories, appareil lui-même matière empirique. Cependant, au-delà de ces facteurs, si l'on considère le dualisme de Vidal, l'esprit qui donne forme intervient aussi dans la mesure du « microphysique » en tant que concepteur du résultat. Il est lui-même dans le *Réel en nous* et il participe à modeler en tant qu'esprit créateur ce qu'il mesure. Ainsi, quand il fait une mesure, l'esprit la fait dans le cadre d'un modèle qu'il a inventé, mais aussi il mesure quelque chose qu'il a créé : il mesure une forme qu'il a donnée à la nature.

Il n'est pas question de contrôler l'état du chat avant d'ouvrir la boîte, de regarder par une petite fenêtre percée dans la paroi. Ce serait recueillir une information, donc faire une mesure et dans le microphysique l'expérience serait terminée. Le résultat en serait, si l'on entend quelque chose dans la boîte, que le chat est vivant donc que la particule ne s'est pas désintégrée. Le système chat-particule se trouve recevoir une détermination d'état, au moment précis de l'ouverture de la boîte lorsque l'expérimentateur prend conscience de ce qu'il y a dedans, c'est-à-dire lors de la mesure. Insistons bien : un état déterminé n'est pas effectif avant la mesure. Un état n'est effectif qu'au moment de la mesure — il n'y a rien avant — lorsque l'esprit prend conscience du résultat de la mesure. Cette dernière, dans le cadre microphysique, est une interaction avec le système chat-particule dont le quanticien suppose qu'il n'a que potentiellement des états, et qu'il peut prendre une valeur d'état possible lors d'une mesure. *Le fait de ne rien savoir avant la mesure n'est pas un manque de connaissance. Simplement, il n'y a pas d'état défini, d'état déterminé à connaître. En d'autres termes il n'y a rien à connaître*. La fonction qui décrit le système porte une information sur ce qui a une probabilité de se passer lorsqu'on fera la mesure, mais elle ne nous dit pas que le chat, mort ou vivant, existe avant la mesure.

Le chat relève du burlesque. Dès que l'on ne sourit plus à son propos, on se fourvoie, comme avec les oreilles de lapin qui affublent les électrons de Vidal. Schrödinger tente d'illustrer le concept de superposition d'états. Avant la mesure, dans sa boîte, le chat serait, on l'a dit, la combinaison, la superposition d'un état vivant et d'un état mort. C'est la mesure (l'ouverture de la boîte) qui fait qu'apparaît soit un état « vivant » soit un état « mort ». On ne doit pas se poser de question avant la mesure car avant celle-ci tout est indéterminé, aucun état n'existe. Il n'y a qu'un potentiel, comme une liste de possibilités. Or, classique en théorie quantique, la notion de superposition d'états est ambiguë parce que la notion d'état l'est. Elle est une transposition d'une notion définie dans le monde des phénomènes, peut-être peu adaptée au microphysique.

On ne peut affirmer d'état que lors de la mesure. Il n'y a rien qui se superpose avant si ce n'est en tant que concept relevant de la méthodologie d'un modèle.

Pour gérer ce qui apparaît comme paradoxes et la problématique de l'« état » quantique, Alexia Auffèves — avec Philippe Grangier et Nayla Farouki —[18-20] a prôné la notion de dépendance du contexte expérimental (« contexte ») et la notion de « modalité », soulignant que dans cette nouvelle démarche le caractère aléatoire découle de la quantification.

« [...] le premier postulat [...] nous [*le*] nommons Contexte, Système, Modalité (CSM). [...] il signifie qu'en mécanique quantique, l'état d'un système ne dépend pas que du système lui-même, mais aussi du contexte. Pour bien distinguer ces états qui caractérisent système et contexte des états classiques qui ne dépendent que du système, nous les avons baptisés « modalités » »[18]

Il serait intéressant de reconcevoir la notion de mesure dans les termes du CSM.

Cette approche a, entre autres, le mérite de ne pas essayer de restaurer un déterminisme classique en répudiant l'aléatoire du microphysique, comme d'autres ont voulu à tout prix y parvenir. L'appel à des « variables cachées » n'a jamais permis d'obtenir mieux que ce que la mécanique quantique obtient sans ce concept[21]. Les travaux de J.S. Bell ont conduit à leur réfutation.[22]

On a pensé que l'« ignorance » sur le système avant la mesure serait comblée par un affinement de la théorie. Ceci permettrait de connaître l'« état » avant la mesure, ce qui réconcilierait quantique et classique. Or, rien ne peut répondre à cette interrogation. Il ne s'agit pas d'une ignorance, on l'a dit, parce que cet état n'existe pas. *Ne rien connaître sur du rien n'est pas une ignorance.* Dans ce cadre, la prévision des phénomènes sensibles se fait avec une excellente adéquation entre théorie et résultat de l'observation. On n'a pas pu « démolir » la théorie lors de falsifications, malgré tous les efforts déployés. La théorie est valide ; ça marche !

L'électron, comme la particule dans la parabole du chat, n'a pas des caractéristiques définies avant la mesure. Il n'a pas les caractéristiques d'un objet phénoménal. Ce n'est pas un objet. C'est une entité métaphysique. L'« identité » de l'électron — comme celle de toute entité microphysique, comme le microphysique entier — est, pour en revenir à Heisenberg et Schrödinger, une « formule », une expression mathématique. Cela ne veut pas dire qu'il n'aura pas d'effet sur les phénomènes parce que, on l'a souligné, cette entité métaphysique a été construite par l'esprit de façon *ad hoc* pour qu'elle puisse être alléguée dans sa métaphysique comme cause de certains phénomènes. De ce fait, des appareils de mesure, dans le monde des phénomènes, construits pour mettre en évidence ces phénomènes que l'on appellera effets de l'électron, mettront en évidence l'électron puisqu'on a postulé que ces phénomènes étaient dus à l'électron, étaient des effets de l'électron. Celui-ci sera là chaque fois qu'un appareil, construit de façon *ad hoc*, « dira » qu'il y est soit en tant qu'onde, soit en tant que particule, c'est-à-dire chaque fois que l'observateur le « verra » avec un appareil ou qu'il en « verra » les « conséquences » dans un phénomène. Par exemple, j'observe un petit éclair lumineux en un point sur une surface de platinocyanure de baryum — utilisée autrefois — dans certaines conditions sur les écrans des tubes cathodiques. Je pourrai dire qu'il s'agit de l'« impact » d'un électron sur la surface. Cet impact a libéré de l'énergie apparaissant sous forme de lumière parce qu'un atome — ou plusieurs — de la substance chimique a reçu l'énergie de l'électron. Il a de ce fait été porté dans l'un de ses états d'énergie supérieurs. La substance perd ensuite son énergie excédentaire sous forme d'une lumière dont la fréquence est telle qu'elle correspond à la différence entre l'état d'énergie auquel l'atome a été porté et son état de repos (état fondamental). C'est cela une mesure. Elle est enveloppée de théorie — et c'est là un raccourci dans les méandres du processus intellectuel qui passe de l'éclair, phénomène sensible macroscopique, à l'électron. L'observateur a vu un éclair et il a inventé un corpuscule, dans un microphysique postulé, et toute une longue chaîne compliquée de causes et de conséquences susceptible de produire cet éclair.

La notion d'appareil de mesure peut être étendue à tout ce qui entre en interaction avec l'entité postulée. À ce titre, la nature entière, l'univers entier si l'on préfère, monde des phénomènes, est un appareil de mesure, puisque toutes les particules de l'univers peuvent *a priori* interagir avec toutes les autres, dont l'entité considérée. Ah ! Les signaux supposés être les images de corpuscules que l'on peut « voir » avec des microscopes à effet tunnel, ces signaux représentations d'atomes, que l'on peut glisser d'un endroit à un autre sur la représentation d'une surface, sont plus complexes que l'éclair ci-dessus, mais ne sont pas différents en nature de cet éclair. Ces signaux atomes, on les glisse mais dans un réel conçu par notre esprit dans sa mise en forme du *Réel en nous*. Ces répartitions d'électrons, sur un écran, autour de noyaux d'atomes, ne tissent-elles pas un beau monde enchanté ? On peut même, avancent certains, voir l'aspect corpusculaire et l'aspect ondulatoire en même temps, sur le même écran d'ordinateur[23] terminal d'un appareil fabriqué pour « voir » cela. Ceci est étonnant et le bricolage doit être *ad hoc* pour que le moyen de transport soit à la fois carrosse et citrouille. Selon le dualisme de Vidal, on peut dire que l'esprit dans sa fonction observation et modélisation rejoint l'esprit dans sa fonction création.

Serge Haroche[24-26] expose un point de vue différent, très réaliste. Il a travaillé sur les atomes de Rydberg. Un atome de Rydberg est un atome qui a été porté dans un état d'énergie très élevé. Il a en quelque sorte été « gonflé » — j'ai honte de ce raccourci ! — ce qui l'a rendu instable mais il atteint une très grande taille, ce qui le rapproche, de très loin certes, d'une dimension macroscopique. Le comportement quantique de cet atome semble moins marqué. Il serait intermédiaire entre le microphysique et le macroscopique. On peut donc examiner des atomes en leur supposant une réalité, au sens réaliste, sur le chemin du macroscopique. Haroche est aussi parvenu à observer un photon sans le détruire. Il en conclut :

> « [...] quel que soit le point de vue raisonnable que l'on adopte, les atomes sont aussi vrais que n'importe quel objet macroscopique. »[27]

A ceci près que les objets macroscopiques ne sont pas « vrais ». Il a dû vouloir dire « réels ». Ma voiture n'est pas vraie ; on peut dire qu'elle est réelle (partie du *Réel en nous*, partie du réel de la nature empirique). Le fait que l'on puisse « voir », avec un appareil adéquat du monde des phénomènes, la diffusion de la lumière par un atome n'infère en rien que les atomes sont autres que des concepts. En effet, ils ont été pensés, répétons-le, pour que dans la logique du postulat du microphysique ils puissent être considérés comme la cause de phénomènes, qui eux aussi sont le produit d'un réel façonné par l'esprit. Or, voir est un phénomène macroscopique que l'on explique par des éléments conceptuels du microphysique. Les certitudes de Serge Haroche sont de l'ordre des certitudes que l'on a lorsqu'on attribue des éclairs, sur un écran, à de supposés impacts de corpuscules. Il cite comme preuves les microscopes à effet tunnel. Or, Michel Bitbol précise :

« [...] les phénomènes conçus [...] comme « preuves d'existence » d'objets de nature [...] corpusculaires n'en sont pas. [...] ces phénomènes peuvent être pris en compte *au moins aussi bien* en se servant d'un modèle [...] qui ne suppose *aucun* élément de type corpusculaire. [...] Ni les impacts sur les écrans, [...] ni [...] les images [...] fournies par le microscope à effet tunnel, ne prouvent ce qu'ils paraissent prouver. »[28]

La surface de platinocyanure de baryum sur laquelle se produit l'éclair est un appareil de mesure. « Voir » l'éclair, c'est « voir » avec un appareil de mesure. Ce que l'on voit avec cet appareil, on le voit en fonction de procédures et de théories, dont l'appareil porte la marque. La mesure, on le répète, n'est pas indépendante des théories qui la fondent et en vertu desquelles l'appareil a été construit. De même, dans le dualisme de Vidal, la nature n'est pas indépendante de l'esprit qui la pense. On l'a dit autrement : il y a cohérence entre l'esprit créateur, qui met en forme la nature en un brut de sensibilité, et le modèle que formule cet esprit en tant qu'esprit empirique. Exprimons ce dernier point de façon un peu différente.

On observe, bien sûr, tout ce qui vient d'être décrit. Ces observations sont des mesures que réalisent les appareils — voir la discussion ci-dessus sur la mesure. L'esprit, en effet, réalise la mise en forme du *Réel en nous* en une cohérence globale. Il ne peut que reconnaître dans les observations, les mesures — qui font intervenir la sensibilité esprit-matière — les conséquences de cette cohérence, de cette logique et les comprendre puisqu'elles viennent de lui. En raccourci : ce que l'esprit modélisateur observe en tant que nature, matière, est en harmonie, en cohérence avec le fait que, dans le dualisme de Vidal, l'esprit dans sa dimension de création « pense » la nature, la produit dans la pensée. Aussi les théories, les modèles ne miment pas une réalité extérieure à l'esprit. Il n'y a pas de réel extérieur à celui-ci.

Nous reviendrons sur quelques points concernant la mesure dans la partie ci-dessous (*Assassinat du réalisme*).

L'assassinat du réalisme

Au-delà de la mesure, au-delà des conceptions idéalistes qui rejoignaient des conceptions positivistes, voire empiriques, au-delà des interrogations sans réponses surtout qui s'accumulaient, le néo-positivisme de l'École de Copenhague émergea. Il fut formalisé par Niels Bohr (qui était danois, d'où le nom de Copenhague) et par Werner Heisenberg[29]. On parle de positivisme, parce que le positivisme rejette ce qui n'est pas dans l'observation directe, supposée brute, pure, et qui se veut être une défense contre les dérives spiritualistes. Les conceptions qui prennent en compte l'esprit dans le réel, on l'a dit plus haut (chap. I, p. 16), s'appellent *antiréalistes*, pour prendre ses distances avec Platon, ou avec un *en soi*, ou avec la réalité des théories, des lois.

Le néo-positivisme, revêtu d'un empirisme fort, amena à formuler la mécanique quantique en termes de postulats. Cela mettait de l'ordre. Mais qu'est-ce que ce réel, onde et/ou corpuscule, dont je ne peux prévoir qu'une probabilité de présence ici ou là, une probabilité de comportement, ce réel qui est différent surtout selon la question que je lui pose avec l'appareil adéquat ? Es-tu onde ? Oui. Es-tu corpuscule ? Oui. Se modifierait-il aussi selon la façon dont je le pense ? demandait le quanticien.

Beaucoup de quanticiens adeptes d'un réel *en soi*, considérant que le réel apparaît différent selon l'appareil qui est utilisé, qu'il se modifie aussi, on l'a dit, selon la façon dont il est pensé (par ex. corpuscule ou onde), se demandèrent, malgré leur réalisme, si les lois de la nature ne seraient pas marquées par notre structure mentale et même ne seraient pas le produit de nos facultés mentales. Nous rejoignons ici à nouveau le dualisme de Vidal. On voit que son réel ne relève pas d'un réalisme classique. L'esprit paraissait fondamental aux quanticiens nommés ci-dessus dans la production de la nature, tout comme il l'est dans la modélisation de celle-ci. Pour Vidal, le microphysique, on l'a vu, n'existe pas plus *en soi* que toute force, tout champ, tout concept mathématisé de la science. C'est un élément conceptuel dans la modélisation de la nature, du *Réel en nous*. Citons Bertrand Russell :

« Rien ne prouve en physique, que le monde physique diffère radicalement du monde mental. Pour ma part, je ne crois pas que les arguments philosophiques destinés à prouver le caractère spirituel de toute la réalité soient valables. Mais je pense également qu'aucun argument valable contre cette théorie philosophique ne peut provenir de la physique. »[30]

La première phrase de la citation est en parfaite adéquation avec le fait que dans le dualisme de Vidal l'esprit donne à la nature ses formes et qu'il y a influence réciproque. La dernière phrase s'harmonise aussi avec le fait que les concepts de la physique sont en général construits en termes mathématiques — même s'il faut parfois se reporter aux définitions de ces concepts, avec examen éventuel de ce que l'on appelle les « équations aux dimensions », pour s'en apercevoir. Ces concepts ne représentent aucune concrétude, ni aucun *en soi*.

Le néo-positivisme se présentait comme une option honorable, autant que celle d'un « réalisme » objectif, positiviste, ou que celle des « idéalistes » — antiréalistes en fait —, parce qu'il écartait les interrogations sur l'ontologie. Il reposait les chercheurs en considérant que la mécanique quantique est un processus de calculs qu'il fallait suivre et permettait de travailler. Il fallait mettre en œuvre ce processus, de façon empirique, comme on le ferait d'une sorte de recette, sans essayer de comprendre la philosophie sous-jacente parce qu'on ne pouvait la comprendre ou parce qu'elle ne donnait pas un cadre permettant une compréhension meilleure. Seuls, les plus jeunes scientifiques pouvaient faire table rase des pensers anciens et rejeter une nature *en soi*. Certains étaient peu cultivés en science dans d'autres secteurs que la physique théorique. C'était le cas de Heisenberg, dans sa jeunesse, qui eut de ce fait des problèmes lors de la soutenance de sa thèse quand on lui posa, comme c'est la coutume, des questions générales élémentaires en physique classique. Sans faire l'apologie de l'ignorance, ceci leur évitait tout embarras devant les options les plus osées. Cette nature *en soi* semblait se perdre dans un flou grandissant quand on essayait de s'enfoncer de plus en plus profondément dans la logique de l'infiniment petit postulé. Werner Heisenberg plus tard écrira :

« Les lois [...] que [...] nous formulons [...], ne concernent plus les particules élémentaires [...], mais la connaissance que nous en avons. La question de savoir si ces particules existent [...] dans l'espace et dans le temps ne peut donc plus être posée sous cette forme [...] la réalité [...] s'est [...] dissoute [...] dans la clarté transparente d'une mathématique [...]. »[31a]

Il ajoutait plus loin une phrase soulignant l'importance de l'homme, donc de sa pensée :

« La science « *ne peut plus parler simplement d'une nature « en soi ».* Les sciences de la nature présupposent toujours l'homme [...] » [31b]
[*NDLR : les italiques dans la citation sont de Heisenberg*]

La notion de réel *en soi* appliquée au microphysique est évacuée par Heisenberg. Il assassine le réalisme. Il substitue au réel *en soi* un monde conceptuel de nature mathématique, un monde « idéal ». Il emploie certes le terme de particule mais par métaphore. Il affirme que l'on ne peut rien dire d'un système microphysique avant que de l'avoir mesuré. Précisons : on ne peut rien dire, sur le microphysique, avant que l'on ait mesuré un phénomène, dont on postule qu'il est le produit du microphysique lui-même postulé. C'est la mesure, par le chercheur qui la met en œuvre, qui définit un état microphysique et sa valeur ; c'est elle qui relie le concept de microphysique et le phénomène mis en jeu. Le système était abstraction ; la mesure, qui est une procédure phénoménale, badigeonne en quelque sorte l'abstraction, comme pour la rendre visible — l'homme invisible ne devient-il pas visible lorsqu'il s'entoure de bandelettes ? L'abstraction apparaît phénomène, comme un éclair, comme des interférences, une agitation des aiguilles des cadrans, des représentations sur moniteurs... Un réaliste, inspiré par le traitement du microphysique, pourrait s'interroger malgré son option réaliste : le monde existe-t-il quand je ne le mesure pas, *i.e.* quand ma pensée ne s'applique pas à le concevoir, à lui donner une forme ?

Autour du matérialisme et du solipsisme : le monde existe-t-il quand je ne le mesure pas, ne le pense pas ?

L'assassinat du réalisme peut être souligné avec d'autres éléments tels ceux ci-dessous.

Dans le réalisme matérialiste, la matière est en général *en soi* et, du fait de son *en soi*, elle a des lois qui sont incluses en elle, qui font partie de sa substance. C'est elle, par ailleurs, qui produit la conscience, les fonctions mentales, l'esprit donc. L'esprit est ainsi une manifestation de la matière et l'expérience montre qu'il a besoin de celle-ci comme support. En conséquence, la matière ne peut pas être sans lien avec l'esprit. L'esprit ne peut pas être sans lien avec la matière. Or, le réaliste matérialiste, bien qu'il étudie la production de l'esprit par la matière en analysant les mécanismes du cerveau, rejette souvent ce lien matière-esprit, comme si, la matière ayant accouché de l'esprit, ce dernier aurait dès lors un destin séparé d'elle. Insistons : la matière assure les fonctions mentales, *i.e.* le fonctionnement de l'esprit, et celui-ci a une influence sur le fonctionnement de la matière du corps, comme le prouvent les affections psychosomatiques ou l'impact des maladies mentales sur l'organisme ou, si l'on préfère, la rétroaction maladies mentales/organisme. C'est bien aussi par l'esprit que l'homme agit, transforme la matière, produit en elle des transformations. Ainsi, la séparation forte, le clivage total esprit/matière conjecturé par certains matérialistes, est étonnante. Elle donne l'illusion au scientifique qu'il est possible de définir — soyons rustiques — un « dedans » et un « dehors » et que ce qu'il observe est absolument extérieur à lui.

Ajoutons, quant à nous, que l'esprit même dans le matérialisme se représente la matière, la porte à lui-même, s'en fait une image à partir d'un *en soi*, lui donne forme, apparences, participe aux perceptions, la voit comme à travers un voile selon Bernard d'Espagnat (réf. 9-11 chap. V). Ce que nous concevons d'elle vient bien de nos fonctions mentales dites esprit. Matière et esprit dans le matérialisme devraient donc être comme deux modalités, interdépendantes, inséparables, noyées, dissoutes l'une dans l'autre, de ce que le matérialisme considère comme le réel, même si, pour lui matérialisme, la matière a précédé l'esprit dans l'histoire. En fait, dans ce qu'il appelle le roman de l'évolution, Vidal suppose que l'antériorité de la matière sur les fonctions mentales, dont la conscience... l'esprit donc, est une belle histoire que ce dernier formule à sa propre intention, pour des raisons liées à son fonctionnement, des raisons de logique, des raisons de cohérence du réel. Pour le dualisme de Vidal, l'esprit produit dans le *Réel en nous* la nature, dont la matière, en termes de temps ; c'est lui qui porte le temps. Il n'y a pas d'instant avant le temps, avant l'esprit donc. Nature, matière et esprit sont co-présents dans le temps.

Le réaliste, qui veut faire une mesure sur du microphysique, supposé *en soi*, choisit consciemment le phénomène qu'il utilisera et une procédure mettant en œuvre ce phénomène. Il conçoit et construit les appareils de mesure et impose la façon dont ils devront agir. Il choisit tel appareil du monde des phénomènes qui devra « voir » des entités microphysiques comme des ondes, ou cet autre qui devra les « voir » comme des corpuscules. L'esprit est impliqué dans la mesure par les choix qu'il fait. Il est donc impliqué, entre autres lorsque la mesure impose dans le microphysique, selon Copenhague, un état, ce que nous appelons une détermination, à un indéterminé. Il participe à ce qui pour lui est le réel.

Pour un réaliste, dans le cadre du réel *en soi* qu'il suppose au microphysique, sa propre présence dans le monde implique une infinité de mesures à chaque instant puisqu'il est composé d'un grand nombre d'entités quantiques susceptibles d'interagir avec toutes celles de l'univers. Ces mesures, ces interactions, ne sont pas volontaires, conscientes, pas plus qu'il n'est conscient d'exercer une influence mentale productrice de réel, lorsqu'avec un appareil il réalise une mesure du microphysique. Cette dernière, volontaire, n'est que l'une des nombreuses mesures exercées entre lui et le reste de l'univers. Dans le microphysique, conçu selon un réalisme *en soi*, il est donc partie prenante, tout entier, de l'univers.

Rappelons que le microphysique chez Vidal, en tant que concept, modèle, ne dépend pas du mode créateur de l'esprit mais de son mode modélisateur. Il ne fait pas partie du réel mais du modèle que l'esprit construit pour se représenter le réel empirique.

On a dit que le dualisme de Vidal est une forme de matérialisme, mais très spécifique, non exclusive de l'esprit. Vidal se fonde sur un matérialisme concernant une nature empirique, constatée, qui prend de fait en compte l'esprit, esprit qui est dans la matière comme celle-ci est en lui. Il participe d'elle, et elle participe de lui, parce qu'il la modèle et parce qu'aussi il est lui-même produit, modelé par la matière, issu de la matière, diraient les matérialistes purs. De ce fait, quand, esprit empirique, il fait une mesure sur la matière, sur la matière-esprit donc, sur un phénomène que son esprit a participé à concevoir, il se mesure, car c'est lui, esprit, qui dans son mode créateur a donné au phénomène sa forme. Il se mesure quand il mesure un phénomène — que l'on invoque pour celui-ci une cause microphysique ou non. C'est la matière-esprit empirique, la nature, qui fait l'objet de la modélisation et non pas une matière mythiquement pure libérée de tout esprit, de toutes les fonctions mentales qui exsudent d'elle.

Le réalisme matérialiste investit, avec un esprit postulé extérieur à la matière, un microphysique postulé *en soi*. Il a pourtant besoin d'un esprit interférant, présent dans la matière, besoin de se charger d'idéalisme pour essayer de rendre cohérente sa conception de la mesure. En effet, si l'on suit Copenhague, c'est l'homme qui, par son influence sur le microphysique, par sa mesure, produit « la valeur d'un état ». L'intervention de l'idéalisme dans le réalisme du microphysique doit être étendue à l'univers, parce que celui-ci est l'ensemble des structures microphysiques. Ceci, on le répète, empêche de définir l'univers du réalisme sur la seule base d'une matière pure, indépendante d'un esprit pur qui aurait pris sa liberté, et amène à constater que l'esprit intervient dans l'univers, dans la matière. Le chercheur ne peut pas concevoir la matière comme totalement extérieure à lui, à la façon dont il la pense, *i.e.* à ses facultés mentales, à son esprit,

L'esprit est certes partie prenante dans la perception que nous avons de l'univers, mais aussi dans sa conception. Sans esprit pas de matière, même dans le cadre réaliste dur, car il faut, dans les facultés mentales, dans l'esprit, une conscience de la matière pour que celle-ci soit matière pour lui-même esprit.

Reprenons quelques points. Un appareil nous dit qu'il y a ceci ou cela lors de la mesure et ne nous dit rien sur ce qu'il y a avant — s'il y a quelque chose —, rien sur ce qui serait microphysique, puisque l'appareil qui est du monde des phénomènes ne mesure que des phénomènes. Entre deux mesures il n'y a que de l'indéterminé, de la non-détermination. Se poser la question de l'existence de l'univers, au sens réaliste, une existence continue dans le temps, un univers qui existerait non seulement au moment des mesures mais entre les mesures aussi, n'aurait donc pas de sens en mécanique quantique. Cette dernière étaye des phénomènes par une cohérence mathématique — en invoquant des entités conceptuelles. Elle étaye du sensible. Pour elle, l'univers est ce que l'on mesure, au moment de la mesure, et cette mesure est liée à la disposition de l'opérateur qui doit faire des choix avant sa mesure. Aussi, répondons à la question sur l'existence de l'univers : l'univers du réaliste pour se conformer à sa conception réaliste du microphysique n'existe pas quand on ne le mesure pas, ne le pense pas. C'est un *univers en pointillés*.

Mais le réaliste peut arguer que des mesures il y en a un nombre infini à chaque instant, puisque toutes les entités microphysiques de l'univers sont en interaction et que ces interactions sont équivalentes à des mesures. Il y a donc une multitude de pointillés qui se chevauchent ; ceci fait pratiquement du continu. Du moins, il n'y aurait rien qui puisse pour nous le distinguer du continu.

Alors même que l'on pose dans le matérialisme que les fonctions mentales appelées esprit sont des fonctions de la matière, sont produites par la matière, que l'esprit se ramène donc à la matière, que la matière c'est donc de l'esprit comme l'esprit est de la matière que, en définitive, matière et esprit c'est la même chose, le matérialisme côtoie dangereusement le solipsisme. De fait, comme le montre la conception de la mesure, l'invasion de l'esprit dans le microphysique, pourtant conçu dans un réalisme matérialiste, rapproche du solipsisme. N'oublions pas non plus l'implication solipsiste de l'évanouissement de la matière dans la mathématique. Devant cette disparition de la matière, nous avons posé la question : a-t-on besoin du concept de matière ? Sans matière il ne resterait que l'esprit. Si on ne retient pas le dualisme de Vidal, on se dirige effectivement vers le solipsisme. Vidal nous en sauve car il ne fait pas intervenir seulement l'esprit. À côté de l'*être-esprit* intervient une deuxième hypostase l'*être-monde*. À côté de l'esprit dans le *Réel en nous*, il y a un indéterminé, un amorphe qui, ce dernier étant mis en forme, donnent la nature empirique, c'est-à-dire matière et esprit empiriques.

Chez Vidal, l'absence d'*en soi* amène à se reporter à ce qu'il a écrit, dans le cadre de son dualisme, sur l'*en soi* de la Lune[3b]. Certains réalistes affirment que la Lune existerait encore si l'homme disparaissait, parce que le monde est pour eux totalement indépendant de l'homme. C'est un acte de foi, pas une conjecture réfutable, pense

Vidal. Ce point, bien qu'au premier abord caricatural, est très illustratif de la problématique concernée dans son rapport avec le dualisme de Vidal. On verra au chapitre suivant que l'on peut aller plus avant.

Les scientifiques et l'*en soi* du microphysique

Le postulat d'un microphysique, par principe, ne se démontre pas. Il est justifié par le fait que la théorie quantique qui en découle pour gérer ce microphysique et ses interactions supposées avec le monde des phénomènes est valide, c'est-à-dire qu'elle conduit à une adéquation de ses prévisions avec les mesures des phénomènes et que malgré tous ceux qui se sont acharnés à essayer d'en prouver l'incomplétude, voire l'invalidité, elle est toujours, pour l'instant, en très bonne santé. Les postulats internes à la théorie quantique n'ont pas vocation à être démontrés. Mais, en cas de possible démonstration, on l'a dit, ils seraient considérés comme des théorèmes et la démonstration devrait être fondée sur d'autres postulats.

On utilise le mot de postulat pour le microphysique et non conjecture ou assertion, parce que le microphysique a fait la preuve, comme on vient de le dire, de son efficacité de modèle. Il a été « falsifié » au sens de Popper, comme un tout, y compris sa cuisine interne donc, c'est-à-dire, si l'on caricature un peu, en tant que livre de recettes, dans tous les domaines où il est applicable. Le terme de postulat permet d'insister sur l'aspect conceptuel de cet élément de modèle, parce qu'il est inutile que le microphysique existe *en soi*. Le roman doit être accepté dans son ensemble. Vidal citait dans *Réel concret, métaphysique quantique ou baguette magique ?*[1b] quelques phrases de Victor Stenger :

« Les quarks et les électrons [...] ne sont sans doute pas réels. [...] le modèle standard [...] contient des objets comme les quarks, dont on suppose qu'ils constituent le noyau de l'atome mais que l'on n'a jamais vus en tant que particules libres. [...] la théorie exige qu'ils ne le soient pas. L'observation d'un quark libre réfuterait cet aspect du modèle standard [...] »[32a]

Vidal ajoutait de façon humoristique :

« Soyons clair : une des caractéristiques du quark c'est qu'on ne peut l'observer. Soyons encore plus clair : si on parvient à l'observer c'est donc qu'il n'existe pas ! »[1b]

Stenger écrivait aussi :

« Lorsqu'on utilise le modèle des électrons [...], que l'électron soit « réel » ou pas n'a aucune importance. »[32b]

Notons que dans la citation on trouve le terme de « modèle » : l'électron relève d'un modèle, c'est-à-dire d'une construction conceptuelle, d'une abstraction. Vidal citait de même le célèbre scientifique John von Neumann :

« Les sciences [...] construisent surtout des modèles. Par modèle on entend une construction mathématique qui, assortie de certaines interprétations verbales, décrit des phénomènes observés. Ce qui justifie ces constructions mathématiques, c'est purement et simplement qu'elles fonctionnent. »[32c]

Ajoutons aux citations de Vidal une de James Jeans :

« L'univers commence à beaucoup plus ressembler à une grande pensée qu'à une grande machine. »[33]

Citons aussi Arthur Eddington, même si celui-ci n'a plus l'aura qu'il avait dans les années trente :

« La matière du monde est une matière mentale. »

« En reconnaissant que le monde physique est entièrement abstrait et dépourvu de toute « réalité » en dehors de ses liens avec la conscience, nous replaçons la conscience dans sa position fondamentale [...]. »[34]

On renverra encore à la citation de Russell :

« Rien ne prouve en physique, que le monde physique diffère radicalement du monde mental. »[30]

Étendons ce pool de citations à un philosophe : Ernst Cassirer, qui traite de la notion de « substance » et de la théorie de la Relativité d'Einstein :

« La matière elle-même devient une idée, de plus en plus limitée à des conceptions idéales qui sont produites et confirmées par les mathématiques. »[35]

Les « conceptions idéales » sont à rattacher à une conception platonicienne. Aucune entité microphysique ne peut en effet être identifiée, *in situ*, dans son monde, parce que, comme le monde microphysique, ces entités sont métaphysiques ainsi que les lois quantiques qui régissent leur comportement conjecturé dans le microphysique. Ces entités, particules, ondes... ne sont pas des choses, mais des abstractions. Elles ont été conçues pour assurer la cohérence des phénomènes en utilisant un formalisme efficace, qui permet de prévoir le comportement des appareils de mesure, entendus dans un sens large : je suis un appareil de mesure, nous sommes tous des appareils de mesure, l'univers est un appareil de mesure.

Les citations ci-dessus ne sont pas destinées à nous abriter derrière des autorités, car il n'y a pas de gourou à suivre en science, mais simplement destinées à souligner que Vidal n'est pas isolé et qu'il relève dans ce cas d'une pensée partagée par d'autres scientifiques. Toutefois, ceux-ci n'ont pas poussé jusqu'au bout la cohérence de leur réflexion, alors que pour Vidal c'est un point particulier, cohérent, dans un projet plus vaste recouvrant ontologie et concrétude.

Pour s'inscrire dans l'antiréalisme des citations ci-dessus, on rappellera que, pour Vidal, le microphysique est un modèle qui permet de mimer le comportement des phénomènes, du macroscopique, de la nature empirique. Ceux qui avancent qu'il a une existence *en soi* doivent le démontrer. La charge de la preuve leur appartient. Le microphysique n'a pas besoin de plus de réalité que d'être cet outil conceptuel qui permet de prévoir avec efficacité des résultats de mesures, et d'encadrer toutes les mesures dans une cohérence, une logique, pour que le chercheur puisse se dire qu'il comprend la nature empirique. Ce concept n'a pas besoin de plus de réalité pour être efficace que les concepts force, champ gravitationnel, champ magnétique — pour en rester aux champs connus à la fin des études secondaires —, qui sont des abstractions, n'en ont besoin.

En résumé, l'esprit empirique de l'homme fabrique un modèle abstrait de la nature, appelé science, destiné à mimer les phénomènes. Or, l'esprit, présent dans le *Réel en nous*, donne forme à ce dernier. L'esprit est metteur en formes, mais il est aussi concepteur de modèles pour ces formes lorsqu'on les conçoit en acte, modélisateur. Il est au commencement et à la fin de toute chose. L'esprit, du fait qu'il participe à produire un monde — *i.e.* des « formes » matière et esprit empiriques —, la nature donc, est homogène à ce monde. Le monde est en adéquation avec lui ; il est partie de ce monde comme le monde est partie de lui. Le monde est objectif pour l'esprit, parce que l'esprit le produit comme réel, objectif pour lui. Ces deux aspects de l'esprit, créateur inconscient et modélisateur conscient, sont en adéquation l'un avec l'autre, puisqu'ils sont lui.

Retour sur la matière

Nous avons souligné dans « Avertissements », en début de ce livre, ce que nous entendions par matière. Mais nous devons ici préciser certains points. Il ne faut pas confondre matière et modèle de la matière. Le modèle de la matière n'a pas cessé de changer depuis l'Antiquité et il changera encore. Les atomes, les électrons, les autres particules diverses, les champs, fussent-ils quantiques… ne sont pas la matière. Ce sont des entités conceptuelles qui participent à un modèle abstrait de la matière. Chaque époque croit détenir la « vérité », avoir atteint le « vrai » modèle, alors qu'il n'y a pas de « vrai » modèle. L'ensemble des concepts du modèle est le produit mental du chercheur. On ne peut supposer la réalité *en soi* d'un modèle

De ce fait, Gilles Cohen-Tannoudji, dans son article : « La matière en physique »[36] dans lequel il essaie d'expliquer ce qu'est la matière, emporte peu la conviction. Il décrit le modèle actuel de la matière, mais n'explique pas ce qu'elle est ; il ne la définit pas. Certes, il spécifie bien : « … les conceptions de la matière évoluent. », ce qui dans son phrasé fait changer la matière avec l'évolution des conceptions que nous avons d'elle, parce que lui-même n'expose que des conceptions, celles du modèle paradigmatique actuel. En fait, il est difficile de définir ce qu'est la matière, sauf en soulignant que c'est une sensation, un complexe de perceptions plutôt, le produit de la sensibilité qui elle-même mobilise notre esprit-matière. La matière est ce qui est là, ce qui s'impose là à notre sensibilité empirique, à notre conscience, même si notre esprit en est partie prenante puisqu'il lui donne forme. Elle n'a pas de structure *a priori*, elle n'a pas d'ordre. Elle est ce qui semble nous envahir, nous submerger. Quand nous allons au-delà de l'empirique, nous peuplons la matière de concepts, de lois, de théories, comme il y a cent mille ans nos ancêtres la peuplaient de démons, d'influences occultes bénéfiques ou maléfiques, de divinités. Laissons de côté les modèles croyant parler de matière. Cohen-Tannoudji précise, s'inscrivant dans le cadre d'un matérialisme de nature philosophique :

« [...] « matière » désigne l'ensemble de la réalité objective qui existe indépendamment de — et antérieurement à — la connaissance que l'on peut en avoir. [...] cette réalité est [...] intelligible [...] présupposé minimal, [...] la seule alternative [...] est le solipsisme. [...] il reste un présupposé : il n'a pas à être démontré. »[36]

Tout le passage mériterait d'être cité dans son intégralité. Nous invitons à lire la totalité de l'article ainsi que tous ceux du recueil qui, à des titres divers, sont remarquables.

Cohen-Tannoudji livre l'acte de foi d'un matérialiste porteur d'un réalisme dur. Il ne définit pas sa « réalité objective ». Il cite Einstein pour qui celui qui n'adhère pas au matérialisme est solipsiste. En fait, Einstein ne se rattache pas *stricto sensu* au matérialisme, mais au réalisme. D'ailleurs, Einstein, que cite Cohen-Tannoudji, écrit :

« Les expériences sensibles forment la matière qui nous est donnée ; mais la théorie qui doit les interpréter est faite par l'homme. »[37]

Cette pensée et celle du dualisme antiréaliste de Vidal sont en adéquation avec le fait que la matière est perception, fruit de la sensibilité, contribution de l'esprit y comprise et inséparable de l'esprit, à ceci près qu'Einstein pense que cette sensibilité, cette matière, nous sont données, ce qui est en contradiction avec ce que disent Bachelard, Cartwright... et avec ce que Vidal pense. Einstein sépare théorie, création de l'homme et matière sensible. Vidal ne sépare pas esprit, sensibilité, perception, matière et il stipule que l'esprit participe à donner la forme qui est appelée « matière ».

Remarquons la propension de fait à jeter l'anathème sur toute allusion à l'esprit, cette conceptualisation d'un ensemble de fonctions mentales, et cela même en ce qui concerne les conceptions les moins spiritualistes, en portant à croire que dès que l'on s'éloigne du matérialisme institutionnel — même si l'on admet l'intervention de la matière dans la production de l'esprit et dans le support de celui-ci — on tombe dans des errements solipsistes. L'esprit est bien dans le monde, part du monde, et s'il n'y était pas nous ne pourrions en discourir ici. Le problème du solipsisme est d'être cohérent mais de ne rien expliquer, sauf à faire intervenir Dieu en bout de chaîne comme le fait Berkeley[38-39]. Or, on ne peut faire intervenir le concept de divinité en science parce qu'il n'est pas valide, et il ne l'est pas parce qu'il est « infalsifiable ». Dieu est un joker qui, on le rappelle, explique tout, donc n'explique rien.

La définition de la matière dans le matérialisme philosophique de Cohen-Tannoudji n'est pas en accord avec le dualisme de Vidal, sans pour autant que ce dernier verse dans le solipsisme. Vidal adopte d'ailleurs un matérialisme méthodologique en science, de fait athée, le seul que le scientifique ait à suivre pour modéliser la nature[40]. Le *Réel en nous* est le seul réel dans son acception de nature, qui elle-même se décline en esprit empirique et matière empirique. Cependant, l'esprit intervient pour donner des formes au *Réel en nous*, formant ainsi la nature, la matière, faisant de celle-ci ce qu'elle est pour notre sensibilité et de fait pour l'esprit lui-même. Bien que la matière soit un complexe de sensations, produit de l'esprit qui participe à la sensation, elle est néanmoins, on le rappelle, ce que l'on peut considérer comme matière objective si l'on tient à s'exprimer en termes matérialistes réalistes, car pour l'esprit qui la forme elle est bien objective. De même, comme on l'a dit, la nature participe à produire l'esprit empirique dans ce que Vidal appelle, pour en rester au niveau du *Réel en nous*, le roman de l'évolution. Mais ce qui va dans un sens va aussi dans l'autre. La nature apparaît dans ce roman comme produisant l'esprit et vice-versa l'esprit produisant pour lui-même la nature empirique, la matière empirique, pour être ce qu'elles apparaissent, ce qu'elles sont dans les activités mentales. Le matérialisme philosophique, selon lequel il y aurait une nature objective, une réalité indépendante de l'esprit, préalables à la connaissance que l'esprit en a, ne tient pas du principe de base, mais de l'ukase. Il faudrait prouver cette conjecture. Ce présupposé qui n'a pas à être démontré, comme dit Cohen-Tannoudji, est peu sûr puisqu'il peut y avoir participation de l'esprit, sans qu'il y ait solipsisme. Il n'est ni un postulat, ni un axiome.

Cohen-Tannoudji supposant une extériorité totale esprit/matière, il suppose de ce fait que la nature a des lois, ses propres lois intangibles, indépendantes de l'esprit du chercheur, indépendantes de l'esprit. Ceci est opposé à ce que nous avons cité de Bachelard[41] précédemment (chap. III) et de Cartwright[42-44] et rappelé ci-dessus. Vidal a fait une critique de la conception de Cohen-Tannoudji, conception qui se ramène à celles des alchimistes. Les connaissances que l'on pourrait tirer de la nature seraient déjà empaquetées dans celle-ci. Si l'on préfère, le scientifique serait un chercheur de trésors qui, avec un détecteur, parcourrait bois et champs pour y trouver — bip ! — des trésors qui seraient là, préexistant à sa recherche. Il n'y a pas, on le rappelle, de lois de la nature.

Le réalisme naïf

La position de nombreux scientifiques sur le réel, ce réel qui serait un réel *en soi*, et ici en particulier celle de Cohen-Tannoudji, a de quoi étonner et relève de ce que l'on appelle en général le « réalisme naïf ». Ce dernier correspond à un état intellectuel pétri de spontanéité qui affirme que le monde de la perception est indépendant de l'esprit de l'homme, extérieur à cet esprit, et même indépendant de l'homme en totalité. En d'autres termes, il s'agit d'un réel par lui-même, pur de toute pollution par nos facultés mentales, par l'esprit donc. Cette position est commune à bien des scientifiques, en particulier ceux qui, orientés vers la technique, manipulent directement la matière, y ont les deux pieds dedans et finissent par se faire avaler, s'ils n'ont pas essayé de méditer à l'extérieur de la caverne de Platon. Tout scientifique a été un réaliste naïf dans ses études secondaires, malgré les cours de philosophie durant l'année de baccalauréat, de même que dans ses premières années d'université.

Ainsi, au hasard, l'excellent article de Nima Yeganefar sur les limites des méta-analyses dans le domaine de la santé, qui emporte l'adhésion scientifique, contient une note de bas de page sur le réalisme :

> « Par réalisme de principe, on suppose que le monde existe indépendamment de notre existence. Cela peut sembler aller de soi mais ce principe est parfois contesté par certains courants de pensée [...]. Or, sans ce principe, l'idée même de résultats reproductibles et validés par l'autre tombe à l'eau [...]. »[45]

Yaganefar ajoute que ce principe est nécessaire pour qu'un résultat soit validé par d'autres expérimentateurs. La nature doit se comporter de façon analogue en tout point de l'univers. Or, avancer que le monde existe indépendamment de notre existence est un article de foi, sauf à en endosser la charge de la preuve avec succès. En quoi le fait que l'esprit, les facultés mentales soient présentes dans le monde, donc que celui-ci ne puisse se définir sans l'esprit de l'homme gênerait-il pour la reproductibilité et la validation des résultats ? Si l'esprit de l'homme intervient — ou plutôt les esprits des hommes, ces esprits sont très semblables puisqu'ils sont issus du même processus et les mondes qu'ils pensent sont donc semblables —, les résultats devraient être reproductibles, semblables à peu de chose près, qui que ce soit de compétent qui mène les expériences ou fait les mesures, en quelque lieu que ce soit qu'il les mène pourvu que ce lieu soit compatible avec les expériences. Ajoutons que cette position, qui ne va pas de soi selon l'auteur, est en fait la plus unanimement partagée par les épistémologues et autres penseurs étudiant la structure de la science. Le nombre ne fait pas raison certes, mais souligne cependant qu'il ne s'agit pas d'un simple schisme à côté de la foi générale.

L'appellation de « réalisme naïf » a quelque chose de péjoratif, mais ce sont les termes qui lui sont consacrés. Ce réalisme a depuis longtemps été signalé comme épistémologiquement peu élaboré. Ainsi Émile Meyerson, dans son article de 1908 : « La science et le réalisme naïf », pointe du doigt quelques défauts :

« En ouvrant les yeux [...] je *perçois* toute une série d'objets [...] on *voit* la matière et on la *touche*. [...] ce n'est là qu'une apparence ; [...] l'acte de la perception est loin d'être simple et [...] l'intellect y joue un rôle fort actif ; la vision notamment contient [...] toute une série de jugements condensés [...]. »[46]

Endosser le réalisme dur ne peut se faire comme le charbonnier endosse la foi ; c'est plus complexe que ne le croient bien des réalistes. Le réalisme dur n'est pas une option philosophique qui, de fait, s'imposerait à nous avec toutes les évidences de la « vérité ».

Dans le dualisme de Vidal, la nature empirique est le réel. Elle s'impose à nous en tant que perception certes, puisqu'elle est empirique, mais on ne peut pas faire à ce dualisme le reproche du réalisme naïf dur parce que la nature empirique contient l'esprit empirique et la matière empirique. L'esprit est dans tout et c'est lui-même qui façonne ce tout à partir de l'indéterminé présent dans le réel en nous et lui aussi issu des hypostases. On ne peut ainsi séparer esprit et matière. L'esprit rend réelle la matière, comme la matière rend réel l'esprit.

L'effacement de plus en plus net de la matière lorsqu'on est censé s'enfoncer dans le microphysique et, par suite, l'effacement de la matière dans la science, comme si la matière disparaissait, se heurtent aux habitudes réalistes de pensée de la physique classique. Cela se heurte aussi à celles des spiritualistes et bien des critiques contre la mécanique quantique ont eu lieu. Il faut, à beaucoup, pour comprendre le microphysique, considérer que les entités microphysiques ont une concrétude semblable à celle des objets « concrets » perçus par notre sensibilité du quotidien phénoménal, sont semblables aux phénomènes. Or les métaphores utilisant le quotidien dans le microphysique sont impuissantes à combler ce besoin de concrétude. On se trouve parfois confronté à du contre-intuitif pour lequel on ne peut plus mettre en œuvre des métaphores avec le monde sensible. Il faut alors se retrancher derrière l'image du livre des recettes efficaces : « Faisons comme ça, parce que ça marche ! ». On prend l'habitude de procéder comme ceci et comme cela dans le déroulement du modèle au point que l'on peut ne plus s'interroger sur la démarche suivie ; celle-ci en devient « naturelle ».

Clin d'œil à Spinoza

Dans *L'éthique*, Baruch Spinoza (1632-1677) écrit :

« [...] l'âme et le corps sont une seule et même chose, qui est conçue tantôt sous l'attribut de la pensée, tantôt sous celui de l'étendue. [...] l'ordre [...] des choses, est parfaitement un, soit que l'on considère la nature sous tel attribut ou sous tel autre, et partant, que l'ordre des actions et des passions de notre corps et l'ordre des actions et des passions de l'âme sont simultanés [...]. »[47]

Si l'on s'en tenait à la première phrase, Vidal pourrait être crédité d'une dimension spinoziste, à condition d'abord de remplacer âme par esprit, vu que ce que nous appelons esprit aujourd'hui était autrefois appelé âme, et si l'on se détache d'une connotation de transcendance divine qui imprègne l'âme, « colle » à celle-ci. La transcendance est fondamentale chez Spinoza, mais elle n'existe pas chez Vidal, ce qui l'éloigne de Spinoza. Il faudrait, par ailleurs, écrire non plus corps mais matière, car un corps c'est de la matière. Vidal pourrait donc dire en s'inspirant de Spinoza : « l'esprit et la matière sont une seule et même chose ». Chez Vidal, matière signifie *toute* la matière de la nature, et le corps chez Spinoza peut être aussi la conceptualisation de tout corps, de tout ce qui a pour attribut l'étendue — l'étendue n'est pas une simple ligne voire une surface, elle connote volume, espace et, chez les anciens, le volume, l'espace est souvent entendu concret, matière. La phrase extrapolant Spinoza, construite pour

Vidal, résumerait une partie de la pensée dualiste de ce dernier, même s'il est réticent à cette allusion à Spinoza.

Si l'on s'étend sur le reste de la citation, on voit que Spinoza souligne qu'il existe une substance unique, l'âme-corps qui est « pensée » lorsqu'on la conçoit âme, qui est « étendue » lorsqu'on la conçoit corps, c'est-à-dire volume, en fait matière tangible. Tous deux ne sont pas seulement comme une sorte de coïncidence, voire de complémentarité, unis, mais ils sont la même substance qui relève d'attributs différents, de deux systèmes de causalités différentes. Du fait de ces différences, l'âme ne peut commander au corps, ni le corps commander à l'âme. Pas de nécessité de points de contact entre âme et corps, contrairement à Descartes, puisque âme et corps n'entrent pas en interaction ici ou là, mais qu'ils sont en interaction permanente et partout, du fait qu'âme et corps sont un.

Or, dans l'antiréalisme de Vidal, esprit et matière se modèlent l'un l'autre. Les formes qui nous apparaissent sont produites par l'esprit. Tous les deux sont issus d'un même amorphe. Comme dans la substance de Spinoza, il n'y a pas de hiérarchie, pas de dominant. Cette substance de Spinoza est les deux causalités à la fois et elle apparaît selon l'une de ses causalités ou selon l'autre. On ne peut alors s'empêcher de penser au dualisme onde-corpuscule. L'entité quantique apparaît soit selon une forme onde, soit selon une forme corpuscule. Elle n'est donc ni l'une ni l'autre de ces formes ; elle est autre chose si on lui suppose un *en soi*. De même, la substance de Spinoza est autre chose que corps ou âme. Spinoza, comme l'avait fait Parménide, comme le fera Vidal avec les deux hypostases du Un, tire un dualisme (âme-corps) de son monisme (substance fondamentale).

Références et notes

1) B. VIDAL, *Réel concret, métaphysique quantique ou baguette magique ?* Paris, Technedit, 2014, a) p. 63-64 et p. 93-97, b) p. 107.
2) Th. KUHN, *La structure des révolutions scientifiques (1962)*, Paris, Flammarion, 1972.
3)B.VIDAL, *Les visages de la science*, Louvain-La-Neuve, Academia/L'Harmattan, 2014, a) quatrième de couverture, b) p. 141-143.
4)B. VIDAL, *La science, un bricolage qui a réussi*, Paris, Technedit, 2010.
5) a) L. de BROGLIE, *Thèse*, Paris, 1924.
b) L. de BROGLIE, *Comptes Rendus de l'Académie des Sciences de Paris*, 507, **177**, 1923 ; 630, **177**, 1923 ; 676, **179**, 1924 ; 39, **179**, 1924.
c) L. de BROGLIE, *Annales de Physique*, 22, **3** (1925).
6) M. BORN, *Z. Phyzik*, 863, **37**, 1926 ; M. BORN, *Z. Phyzik*, 803, **38**, 1926.
7) E. SCHRÖDINGER, *Ann. Physik* 361, **79**, 1926 ; 489, **79**, 1926 ; 734, **79**, 1926.
8) W. HEISENBERG, *Z. Phyzik*, 172, **43**, 1927.
9) B. VIDAL, *Chimie quantique. De l'atome à la théorie de Hückel*, Paris, Masson, 1993, pp. 44-46.
10) P.W. ATKINS, *Molecular Quantum Mechanics*, New York, Oxford University Press (Student edition), 1983, pp. 92-96.
11) T. DAMOUR, M. BURNIAT, *Le Mystère du monde quantique*, Bruxelles/Paris, Dargaud, 2016. Excellente bande dessinée pour débutants *confirmés* ! On consultera en particulier les pp. 98-103 sur la « complémentarité » de Bohr dont l'intransigeance est bien rendue par le dessinateur.
12) W. HEISENBERG, *Z. Phyzik*, 879, **33**, 1925.
13) W. HEISENBERG, cité dans B. Pullman, *L'atome dans l'histoire de la pensée humaine*, Paris, Fayard, p. 357.
14) J.D. BARROW, *Pourquoi le monde est-il mathématique ?* Paris, Éd. Odile Jacob, 1996.
15) E. SCHRÖDINGER, *Physique quantique et représentation du monde*, Paris, Seuil, 1992, a) p. 37, b) p. 47 (conférence prononcée en 1951), c) p. 110 (écrit en 1935), d) p. 46 (1951).

16) E. SCHRÖDINGER, *Naturwissenschaften*, **23**, 807-812, 823-828, 844-849 (1935). Le chat est p. 812. Pour le texte en anglais voir : réf. 47, p. 322 de F. Laloë, *Comprenons-nous vraiment la mécanique quantique ?*, EDP Science (Les Ulis)-CNRS éditions (Paris). Pour la traduction en français du paragraphe concerné voir : M. Kumar, *Le grand roman de la physique quantique. Einstein, Bohr... et le grand débat sur la nature de la réalité*, Paris, J.C. Lattès, 2011, p. 378. Schrödinger et Einstein, qui partageaient à l'époque une conception « réaliste » du monde, échangèrent des lettres au sujet du chat.
17) P. HALPERN, *Le dé d'Einstein et le chat de Schrödinger. Quand deux génies s'affrontent*, Paris, Dunod, 2016. Approche grand public.
18) A. AUFFEVES, « Libérons le chat de Schrödinger ! », in : *Les promesses du monde quantique, Dossier Pour La Science*, n° 93-octobre-décembre 2016, p. 18.
19) A. AUFFEVES, P. GRANGIER, « Contexts, systems and modalities : a new ontology for quantum mechanics », in : *Foundation of Physics*, **46**(2), 121-137 (2015).
20) A. AUFFEVES, *Thèse de doctorat*, Paris, Université Pierre et Marie Curie (Paris VI), 2004. Titre : *Oscillation de Rabi à la frontière classique-quantique et génération de chats de Schrödinger.* Pour initiés.
21) M.-E. BERTHON, *Le défi quantique. Un siècle de découvertes et de controverses*, Paris, Publications Universitaires (diffusion Lavoisier), 1997, p. 281-290.
22) J.S. BELL, *Physics*, **1**, 195-200, 1964.
23) [Sans nom d'aut.], *Sciences et Avenir*, avril 2015, n°818, p.12.
24) S. HAROCHE, J.-M. RAYMOND, M. BRUNE, « Le chat de Schrödinger se prête à l'expérience », in : *La Recherche*, 31 août 1997, p. 50.
25) S. HAROCHE, *Jongler avec la lumière, Une exploration du monde quantique*, Paris, De Vive Voix, 2010.
26) S. HAROCHE, « Nous avons observé des photons sans les détruire », in : *Hors-série La Recherche*, n°14, 2015, p. 36.

27) S. HAROCHE, « Vérité et réalité du monde quantique microscopique », in : *La vérité dans les sciences*, Paris, Odile Jacob, 2003, pp. 93-107. Citation p. 97.
28) M. BITBOL, *L'Aveuglante proximité du réel. Anti-réalisme et quasi-réalisme en physique*. Paris, Flammarion, 1998, p. 218-226, citation p. 218.
29) M. JAMMER, *The Philosophy of Quantum Mechanics*, New York, Wiley, 1974.
30) B. RUSSELL, « L'analyse de la matière (1927) », cité par E.G. Zahar, « Le réalisme scientifique structural », in : *La vérité dans les sciences*, sous la dir. de Jean-Pierre Changeux, Paris, Odile Jacob, 2003, pp. 129-169, citation page : 142.
31) W. HEISENBERG, *La nature dans la physique contemporaine*, Paris, Gallimard (collection « folio essais ») 1962 (imprimé en 2009 ; pour une même édition, la numérotation des pages change avec l'année d'impression), a) p. 126, b) p. 127.
32) V. STENGER, *Dieu, l'hypothèse erronée*, Le Triadou (34270), H et O éditions, 2009, a) p. 60, b) p. 285, c) p. 25.
33) J. JEANS, « The Mysterious Universe », Cambridge, University Press, cité par M. Cazenave, *La science et l'âme du monde*, Paris, Imago, 1983, p. 177.
34) A.S. EDDINGTON, *The Nature of the Physical World*, Cambridge, University Press, cité par Cazenave même réf. que pour la référence 40 ci-dessus.
35) E. CASSIRER, *Substance and Function and Einstein's Theory of Relativity*, Chicago, The Open Court Publishing Company, 1923, p. 170.
36) G. COHEN-TANNOUDJI, « La matière en physique », in : *Sciences et religions, Quelles vérités ? Quel dialogue ?* sous la dir. de Laurence Maurines, Paris, Vuibert, 2010, pp. 136-143.
37) A. EINSTEIN, « Les fondements de la physique théorique », in : *Conceptions scientifiques*, Flammarion, 1990, pp. 77-78.
38) G. BERKELEY, *Principes de la connaissance humaine (1710)*, Paris, Flammarion, 1991.
39) R. DEGREMONT, *Leçons sur la philosophie de George Berkeley*, Paris, Ellipses Éditions Marketing, 2013.
40)J. DUBESSY, G. LECOINTRE (sous la dir. de), *Intrusions spiritualistes et impostures intellectuelles*, Paris, Syllepse, 2001.

41)G. BACHELARD, *La formation de l'esprit scientifique (1934)*, Paris, Librairie Philosophique J. Vrin, 8e éd., 1972, p. 14.

42) N. CARTWRIGHT, « Comments and Replies », in : Paul Matthias (sous la dir. de), *Laws, Capacities and Science.* Vortrag und Kolloquium in Münster 1998. Münster: LIT-Verlag 1998. S. 88-109, p. 91.

43) N. CARTWRIGHT, *How the Laws of Physics Lie*, Oxford University Press, 1983.

44) N. CARTWRIGHT, Interview : « Les lois de la physique sont fictives », in : « Les fictions de la science », Hors-série *Sciences et Avenir*, n°147, juillet août 2006, p. 10, citation p.15.

45) N. YEGANEFAR, « Mécanismes improbables : les limites des méta-analyses », in : *Science… et pseudo-sciences*, n°318, octobre-décembre 2016, p. 48 (citation p. 50 en bas de page). On signalera que cette revue peu connue est un antidote aux dérives utilisant la science pour en faire de la non-science voire de l'anti-science.

46) É. MEYERSON, « La science et le réalisme naïf », in : *Revue de Métaphysique et de Morale*, T. 16, n°6 (novembre 1908), pp. 845-856, citation p. 845. On pourra accéder au texte de tout l'article sur : www.jstor.org/stable/40894001.

47) B. SPINOZA, *L'éthique*, partie III, *De l'origine et de la nature des passions*, scholie de la proposition II, 1677. Le texte utilisé est tiré de « Spinoza et nous ». http://spinozaetnous.org.

Chapitre V

Les écueils du réel

Existence de la Lune après la disparition de l'homme

Nous avons signalé dans le chapitre IV le problème de l'existence de la Lune si l'homme venait à disparaître. Quel est le rôle de l'esprit de l'homme dans sa relation à la Lune ou pour être plus net : le rôle de l'esprit de l'homme dans l'existence de la Lune ? Nous développons ici ce thème et le confrontons à la notion de « réel ».

À l'encontre des réalistes durs et de tout ce qui s'accroche à la concrétude réaliste *en soi* du monde des phénomènes, Vidal ne craint pas d'affirmer que : *la Lune n'existerait pas si l'homme disparaissait.* La Lune est un élément du *Réel en nous* modelé dans ce dernier par l'esprit. L'esprit, modelant un indéterminé, un amorphe, dans le *Réel en nous*, forme cet amorphe en nature — dont la matière — et se retrouve en elle en tant qu'esprit empirique. La Lune est une forme donnée à l'amorphe, une détermination donnée à l'indéterminé par l'esprit. Cette forme, une image qui est la chose elle-même, qui est la perception avec son implication esprit-matière, disparaîtrait si l'homme disparaissait, car l'esprit qui lui donne forme, qui en soutient l'être déterminé, disparaîtrait. La vue disparaît si l'on ne regarde pas, si l'on clôt les yeux ;

l'amour entre deux personnes disparaît, perd son effectivité, lorsqu'elles meurent toutes les deux.

Si l'esprit de l'homme disparaissait, il n'y aurait plus rien pour donner des déterminations à l'indéterminé, pour modeler, former, concevoir l'amorphe comme une boule brillante dans le ciel — rien pour concevoir le ciel non plus. Il n'y aurait plus rien de constitué en Lune, en univers, plus de molécules, de particules, de lumière, plus d'espace, ni de temps, plus de vue, ni de sens du toucher... De même, la métaphysique scientifique inventée par l'homme pour construire un modèle et se retrouver lui-même au fond de son modèle n'existerait plus. La Lune, même lorsque je la regarde, que je lui attribue dans la spontanéité naïve de ma sensibilité une existence propre, indépendante, n'existe pas *en soi*. Mon esprit produit à partir de l'amorphe la forme Lune dans le *Réel en nous*. Mon esprit — comme chacun de nos esprits — produit *pour lui* la Lune. Sans l'homme, l'esprit ne serait plus là pour donner les qualités, les déterminations sensibles Lune. En d'autres termes, s'il ne restait qu'un être humain, son esprit serait là pour produire la forme Lune, pour lui, comme il produirait l'univers pour lui, comme il produirait donc l'univers, se situant dans l'univers, part de l'univers.

Insistons sur ce que la Lune n'est pas une production du seul esprit. Il y a de l'être amorphe, de l'être indéterminé, dans le *Réel en nous* que l'esprit met en forme, détermine en Lune. La Lune existera dans ses déterminations de Lune, Lune-sensation, Lune-perception pour un homme — chacun des hommes —, tant qu'il y aura l'esprit de cet homme — d'un homme — pour la penser Lune, donnant à l'indéterminé les déterminations Lune, *pour lui* homme, *pour son esprit*.

L'univers — la nature — est dans notre esprit parce qu'il participe à le produire. L'esprit de l'homme est dans l'univers parce qu'il participe à le produire pour lui.

Que reste-t-il de cet indéterminé que sont, dans leur abstraction, les taches sur la feuille de papier dans le test de Rorschach, lorsqu'il n'y a aucun esprit pour les concevoir en arbres, en singes ou visages ? Il ne reste rien de ce qu'un esprit peut inventer, produire d'images en lui, à partir de ces taches sans détermination.

Pourrait-on dire qu'en l'absence de l'homme, il resterait le Un amorphe, indéterminé, en sa dimension hypostasique ? Un amorphe est aussi un concept construit par les facultés mentales de l'homme, les deux hypostases, dont l'*être-esprit*, l'être aussi, sont des concepts construits par l'homme, de ce fait y aurait-il même de l'être, en l'absence de l'homme ? Y aurait-il quelque chose et non pas rien ? Il n'y aurait rien. L'esprit, dans l'ensemble de ses fonctions — pensée, conscience, conscience de soi, mémoire, faculté d'abstraction, etc. —, est la clé de tout.

On traitera plus loin de l'espace et du temps qui relèvent de l'esprit de l'homme. Sans lui : plus de temps ni d'espace. Qu'est alors la Lune de ce point de vue ?

Une des réticences à admettre la disparition de la Lune si l'homme disparaissait réside en ce que certains aiment penser que la Lune fait partie d'un berceau, d'un écrin, celui que constitue la nature ou univers, créé par Dieu pour recueillir l'homme. Comment envisager que ce berceau créé par la main de Dieu n'existerait plus ? Il subsisterait comme si notre absence devait prendre fin et que nous reviendrions un jour. La Lune, qui a accompagné le destin de l'homme, pourrait-elle faillir envers celui-ci et n'être plus ? Ne protègerait-elle pas notre souvenir, comme les pyramides protègent celui des pharaons ?

Nous pourrions aussi remarquer que nos ancêtres adoraient autrefois la Lune comme déesse tutélaire. Un dieu disparaîtrait-il ? Peut-on échapper à un frisson de religiosité, une touche de spiritualisme dans la volonté que la Lune nous survive ?

Pour tourner en ridicule la problématique de l'existence de la Lune, on entend parfois le reproche : « Alors, vous croyez que la Lune n'existe que quand vous la regardez, quand vous la voyez ? »[1]. Il ne s'agit pas d'un problème de vision, pas seulement de voir la Lune en captant les photons qu'elle reçoit du Soleil et renvoie pour une partie vers nos yeux, ce qui fait que nous la voyons.

En effet, bien que cela ne relève pas de nos conceptions ni de la pensée de Vidal, situons-nous dans le cas d'école de la logique d'un réalisme microphysique. « Voir » la Lune, l'observer, c'est la « mesurer » au sens microphysique. C'est considérer que les fonctions quantiques des particules de notre organisme peuvent potentiellement interagir, se coupler, avec les fonctions qui décrivent le comportement de toutes les entités microphysiques de l'univers. Disons que les fonctions des entités du microphysique dans l'univers sont en quelque sorte toutes associées.[2] Or, une interaction peut être rapprochée d'une mesure, qui produit une valeur pour un état. De ce fait, un état « existe » à ce moment-là. Les fonctions de mes entités quantiques, toujours dans la logique de la théorie quantique, et en termes de réalisme, interagissent avec celles de la Lune — celles de l'univers en fait — et nous formons elle et moi un tout Lune-moi, défini dans l'état phénoménal que j'observe à chaque instant. Faire un tout ne veut pas dire un chaos dans lequel il n'y aurait plus d'identités, mais un ensemble dont les éléments structurés entre eux sont tous en interaction. De même, je fais un tout avec chaque entité quantique de l'univers, y compris celles des êtres humains, de ce qui est vivant ou inanimé. Vu le nombre d'entités en jeu, le nombre de couplages — d'interactions, de mesures — est immense. Il y a ainsi un grand nombre de déterminations telles que l'univers est à chaque instant en interaction avec mon corps. Ainsi, « voir » la Lune doit être remplacé par les mesures que tout corps réalise de fait de la Lune parce qu'il est là. En d'autres termes, par sa « mesure » permanente de l'univers, l'homme définit des états qui sont la Lune. À ce titre réaliste du microphysique *en soi*, l'homme participe à la détermination de la Lune telle qu'elle est pour lui, telle qu'elle est une perception, telle qu'elle est donc.

Pour Vidal, que la Lune soit constituée d'entités microphysiques est un simple élément de modélisation, puisqu'il n'est même pas besoin de considérer que ces entités sont « réelles ». Il suffit de les penser concepts : l'hypothèse d'entités « réelles », concrètes est inutile pour la cohérence de la pensée. La Lune est Lune parce qu'elle est pensée Lune dans la mise en forme du *Réel en nous*. L'esprit procède comme pour les taches amorphes du test de Rorschach, qu'il fait arbres, feuilles, voitures, femmes etc. Il y a des trolls dans les forêts de Norvège,[3] pour qui l'amorphe que nous produisons en Lune est un dragon qui crache du feu et, s'il n'y a plus de trolls, ce dragon n'existe plus. C'est l'esprit troll qui produit pour lui-même le dragon ; plus d'esprit troll, plus de dragon.

Le temps, l'esprit, le roman de l'évolution (suite et fin)

Reprenons à nouveau le roman de l'évolution pour le reformuler dans le cadre du temps, le préciser et le compléter. On avance, dans un cadre matérialiste, qu'il y a une longue histoire de la nature avant que la conscience n'apparaisse. Ceci voudrait prouver qu'il y aurait extériorité de l'esprit par rapport à la nature, puisque la nature aurait existé de façon indépendante avant que l'esprit de l'homme n'existât. Cette revendication d'extériorité, on l'a souligné, est paradoxale. Elle l'est d'abord parce que l'esprit, dans cette histoire, est issu de la nature, ce qui nie toute extériorité de l'un par rapport à l'autre. Si la nature, par sa matière, a produit l'esprit, le moins qu'on puisse dire c'est que matière et esprit ne sont pas aussi séparés qu'on peut le prétendre, pas aussi séparés que le soutient Cohen-Tannoudji cité au chapitre précédent. Elle est paradoxale ensuite parce que, dans ce cadre de matérialisme-réalisme, l'esprit de l'homme est inséparable de la matière du cerveau, de la matière donc. De ce fait, l'esprit n'est pas séparable de la matière qu'il modélise. Il n'a pas une vision « extérieure ». Les réalistes durs iraient-ils jusqu'à dire que l'esprit et la matière sont si bien extérieurs l'un à l'autre, si séparés, que les fonctions mentales — conceptualisées sous le terme d'esprit — pourraient prendre leur liberté totale et s'évader, « s'envoler » vers un destin qui leur serait propre ? Le matérialisme sombrerait alors dans le mysticisme.

Le roman de l'évolution pose une antériorité de la matière sur l'esprit, et donc un cadre temporel de fait. Cette production temporelle de l'esprit par la matière relève d'une sorte de substitut à l'ontologie, parce que cela permet à l'être-matière de prendre conscience de lui-même, d'exister à lui-même. Or, dans le dualisme de Vidal, on ne doit pas faire intervenir le temps dans une dimension, dans une acception de nature ontologique. L'Être premier Un, l'Indéterminé — de même que ses hypostases parce qu'elles sont lui, le Un —, est hors temps, hors espace, hors sensibilité, hors tout ce qui est *Réel en nous*, car sinon ce serait lui donner des déterminations. C'est le *Réel en nous*, produit de l'imprégnation des hypostases qui, modelé par l'esprit en nature, matière, est dans le temps. Si on restait dans le cadre étroit de la métaphore du roman de l'évolution, il faudrait dire que dans le dualisme de Vidal la nature, sa matière n'existaient pas avant que l'esprit de l'homme ne les pense, tout en soutenant que l'esprit n'existait pas avant que la nature, sa matière ne le produisent. La nature, sa matière auraient créé l'esprit lors de l'évolution, en même temps que l'esprit se mettait à penser la nature et lui donnait « existence », *i.e.* la produisait à sa conscience ; et l'esprit aurait alors formulé une diachronie, par besoin d'assurer une construction logique, une cohérence causale déterministe. C'est une façon plausible de concevoir les choses. Mais examinons le problème que soulève le temps, ce qui pourrait permettre de formuler autrement la problématique.

On peut penser que la métaphore de l'évolution triche parce qu'elle fait intervenir le temps, alors que le temps n'existe pas *en soi*. Le temps est en l'homme, dans le *Réel en nous* tel que pensé par l'esprit en nature empirique, en nature-sensation, nature-perception dont l'esprit empirique. Aussi, le temps étant dû à l'esprit, on ne peut pas dire que la nature ou la matière de la nature existait avant que l'esprit de l'homme n'existât. Il est sans signification de parler d'un temps « avant » l'esprit, donc d'une « nature » préexistante à l'esprit. C'est l'esprit qui est maître du temps, producteur du temps. Mettant en œuvre le temps, l'esprit se construit une nature antérieure à lui pour des raisons de cohérence, de logique. En d'autres termes, il n'y a pas de temps « avant » que l'esprit soit là, pas plus qu'il n'y a pas de temps pour un matérialisme réaliste avant que l'univers apparaisse, qu'il soit là, c'est-à-dire avant ce que l'on appelle familièrement le Big Bang — dont on verra plus loin les ambiguïtés. On ne peut même pas penser cet « avant » parce qu'il n'est rien, parce qu'il n'y a rien et, réciproquement, il n'y a rien si l'on se place dans le pluralisme de Vidal, parce que l'esprit ne pense pas d'avant.

La nature est une belle histoire que l'esprit se raconte, et le passé de la nature fait partie de cette histoire. C'est l'esprit qui crée un passé de la nature, qui pense un passé, dans lequel lui-même n'existerait pas.

Surestimation des mathématiques dans le réel

Les mathématiques seraient-elles le « réel » comme la mode s'en est répandue en suivant le précurseur Heisenberg et en systématisant abusivement sa pensée ? On ajoutera, à certaines citations des chapitres précédents qui tendent à souligner le fait que la matière serait une abstraction mathématique, les conceptions de Laurent Schwartz sur ce point, telles que les relate Bitsakis :

> « Laurent Schwartz définit [...] une « particule universelle » comme une particule qui ne change pas sous l'action d'une transformation de Lorentz. Enfin, une particule universelle est élémentaire si l'espace de Hilbert qui la définit ne contient pas de sous-espace non réduit à l'ensemble zéro et s'il est invariant sous l'action de toutes les transformations de Lorentz dans E_4 [...]. »[4]

On notera que, dès le début du raisonnement, une particule de matière est un concept mathématique. Ceci n'est pas pour nous étonner dans la mesure où, dans la Relativité générale, comme le souligne Rovelli : « le champ gravitationnel *est* l'espace. » (réf. 23, chap. III). En effet, le champ gravitationnel relève d'un modèle mathématique.

Ce penchant visant à situer les mathématiques au niveau ontologique remonte à la civilisation grecque avec l'école pythagoricienne, pour laquelle le « Nombre » était le réel.[5] Platon, de mouvance pythagoricienne, construisit son système en plaçant le réel dans le monde des Idées, monde des concepts, des concepts mathématiques. Le monde des sensations ne serait qu'une imitation dégradée du monde des Idées. Tout serait donc mathématique en notre monde, par imitation de la perfection du monde des Idées. Platon écrivit dans *Le Timée*[6] une très belle application de ses idées générales mathématiques à la constitution de la matière. Sa philosophie est ainsi un réalisme : quelque chose existe, et un idéalisme : ce sont les Idées qui seules existent. La civilisation occidentale en a retenu un idéalisme qui court tout au long de l'histoire ; elle a retenu aussi que l'on peut utiliser les mathématiques pour mettre de l'ordre dans le monde et le comprendre — la science physique, entre autres, on l'a signalé, est une conceptualisation mathématique de la nature — peut-être même seraient-elles la substance de nos facultés mentales. Lors du christianisme il y avait un autre alpha et oméga : Dieu, la mathématique ne pouvait rivaliser avec l'Être Dieu. Elle s'établit comme outil de modélisation et non comme élément de statut ontologique. Galilée dit que le monde est écrit dans le langage des mathématiques. Il ne dit pas que le monde *est* les mathématiques.

Il y a chez Kant comme un écho de l'idéalisme-réalisme platonicien. En effet, ce dernier postule des choses *en soi* — c'est-à-dire par extension à toutes les choses, un monde *en soi* —, auxquelles nos capacités sensibles ne pourraient accéder à toute leur pureté, à toute leur plénitude. Pour Kant, nous verrions le monde, on le rappelle, comme à travers des sortes de lunettes mal adaptées, qui ne permettent pas de bien voir. Les prisonniers de la caverne de Platon — leur sensibilité, la vue en particulier, tournée vers le fond de la caverne — ne voient que les ombres projetées de l'extérieur sur les parois de la caverne, le reflet d'un monde plus réel[7]. En ce sens, Kant avance que le monde perçu n'est pas *en soi* mais qu'il est seulement le reflet d'un *en soi*, cet *en soi* que notre sensibilité ne perçoit qu'imparfaitement[8]. La référence à un *en soi* a été développée sous la forme originale d'un « réel voilé » par Bernard d'Espagnat en théorie quantique[9-11].

Ainsi, voir dans les mathématiques le Réel, comme bien des quanticiens l'avancent, en extrapolant la pensée de Heisenberg, est un retour radical au pythagorisme. On peut avancer quelques objections. Ainsi, qu'en est-il lorsque les équations différentielles, pour ne citer qu'elles, n'ont pas de solutions ? Le réel qu'elles sont censées être disparaît-il ? Le cas où elles ont plusieurs solutions n'est pas plus aisé à traiter. On se rapproche alors de la « théorie » des univers multiples[12] la mal nommée, parce qu'elle n'a pas été falsifiée au sens de Popper et semble ne pas pouvoir l'être. Cette « théorie » avance que chaque fois que quelqu'un fait une mesure quantique, toutes les valeurs qui sont possibles pour la mécanique quantique — et qui figurent de fait sur la liste des possibilités que présente en quelque sorte la fonction du système — se produisent. Ceci donnerait des bifurcations constituées par la production d'univers multiples. Nous serions présents dans chacun de ces univers, sans que nous sachions qu'il y a d'autres univers et que chacun d'eux nous contient. Une histoire séparée commence pour eux. Chaque univers correspond à chacune des fois que se résout un système quantique dans l'une de ses valeurs possibles. Il y aurait ainsi des infinités d'infinités d'univers. Outre que ceci n'est pas testable, cela offense le principe d'Ockham qui limite au maximum le nombre d'entités mises en jeu. Or, il y a inflation à l'infini des entités. Un autre argument contre ces univers multiples est le viol permanent, parce que cette infinité d'univers s'accroît de façon permanente, du principe de conservation de l'énergie. Mais peut-être ce principe ne s'applique-t-il qu'en interne à chaque univers.

Revenons aux cas où il y a des solutions multiples pour les équations : chacune donnerait un réel — si les mathématiques étaient le réel —, comme s'il se formait des bifurcations et que plusieurs réels coexistent, sans qu'il y ait la moindre possibilité de connaître l'existence d'un réel à partir de l'autre. Y aurait-il une seule des solutions qui deviendrait effective, laquelle et pourquoi ?

On rencontre parfois en physique des solutions que l'on écarte parce qu'elles ne correspondent à rien de réel. Or, si les mathématiques sont le réel, on ne peut éliminer aucune solution. Toute solution doit correspondre à un réel.

A l'intention de ceux qui accepteraient ce rôle ontologique des mathématiques, le théorème de Gödel doit être rappelé. Ce théorème prendrait ici de l'importance parce qu'il pourrait stipuler que la connaissance du réel, un réel *en soi* pour ceux qui avancent cette conjecture, ne peut être complète. On soulignera que dans le dualisme de Vidal ce théorème ne s'applique pas, puisqu'il ne pourrait viser que la modélisation, contingente, de la nature.

Les spiritualistes, en effet, ne manquent pas d'invoquer le théorème de Gödel (1931)[13] pour mettre en doute la démarche scientifique, sa spécificité et son efficacité. Ils agitent ce théorème avec quelque arrogance tel un fanion de victoire supposé faire mordre la poussière à ces scientifiques si arrogants qu'ils ont refusé l'introduction du concept Dieu dans la science. Nous n'en parlerions pas si ce théorème n'était à la mode, chacun affectant de l'avoir compris. D'après ce théorème, des propositions mathématiques existeraient dont on ne pourra pas démontrer qu'elles sont vraies ou fausses, et les sectateurs de ce théorème avancent que la science ne peut donc tout expliquer. Cependant :

« [...] ce théorème comprend en effet *deux* résultats, ou *deux* formes, d'« incomplétudes ». À savoir, pour citer Gödel lui-même : « Dans tout système formel consistant contenant une théorie des nombres finitaires relativement développée, il existe des propositions indécidables » et « la consistance d'un tel système ne saurait être démontrée à l'intérieur de ce système ». »[13a]

On doit se garder de toute « gödélite » comme le demande Jean-Yves Girard.[13b] Il faut, en effet, tracer les limites de ce théorème : il est de nature gnoséologique, pas de nature ontologique. De plus, il se réfère à la théorie mathématique, à sa logique, pas à la construction d'un modèle de la nature par la science. Le modèle dit science n'est prisonnier d'aucune vérité, d'aucun absolu, d'aucun *en soi*. Il peut faire profit du théorème de Gödel ou l'ignorer s'il est inadapté. Le modèle regroupe en concepts unificateurs ce que le scientifique conçoit comme des phénomènes ou des choses semblables, de façon à réduire la complexité du divers. Sur ce plan, il est par nature « réducteur ». Le fabricant du modèle ne prétend pas atteindre l'identité de celui-ci avec la nature, mais une adéquation. De surcroît, il n'y a pas unicité du modèle, puisqu'il n'y a pas d'*en soi*, de Vérité à atteindre par la recherche. C'est le scientifique avec son bagage culturel qui construit le modèle, le choisit. On voit mal l'intérêt, dans ce cadre, du théorème de Gödel. Si un modèle n'est pas suffisamment valide, un autre est certainement possible en empruntant une autre démarche. Si la mésomérie conduisait à une impasse de modélisation, on pourrait utiliser la théorie des orbitales moléculaires qui, si elle aussi conduisait à une impasse, pourrait être remplacée par la théorie des loges de Raymond Daudel[14-15], qui elle aussi pourrait être remplacée par une autre théorie que la sagacité du chercheur pourrait proposer.

On peut s'étonner, à la lumière du dualisme de Vidal, que la nature empirique, ce *Réel en nous* auquel l'esprit a donné une forme, ne soit pas compréhensible à ce qui la crée, ou participe à la créer, ne soit pas modélisable par celui qui participe à la créer, dans la mesure où une modélisation est compréhension. On serait étonné si, pour les chrétiens, Dieu ne comprenait pas le monde qu'il a créé. L'esprit n'organise-t-il pas les taches du test de Rorschach de façon à ce qu'elles aient pour lui une signification ?

Le fait que le modèle appelé science, dans sa forme actuelle, n'expliquerait pas tout, à supposer qu'il puisse tout expliquer un jour, n'autorise pas les spiritualistes à en inférer qu'il existe un esprit divin transcendant qui vient combler le « trou » de la science. Ce trou rétrécit, en permanence, sur certains de ses bords et s'agrandit sur d'autres puisque la science produit souvent de nouvelles questions lorsqu'elle en résout une. La transcendance serait bien chétive si elle devait en permanence évoluer pour s'adapter à une contingence, aux trous de la science, dont les bords sont incertains. La science crée aussi de nouveaux espaces d'intellect qu'elle doit remplir. Parfois, remise en cause, ses dimensions épistémologiques changent. Le scientifique reformule ses modèles, les abandonne. Il ne construit pas des certitudes. Le Dieu des spiritualistes évoluerait-il pour suivre les évolutions de la science et « coller » de façon complémentaire à ses incertitudes ? Se cacherait-il dans le trou de Gödel ?

Tout connaître est une problématique pour le réalisme qui suppose un *en soi*, mais ce n'est pas un problème pour le dualisme de Vidal. Il n'y a pas de choses *en soi* à connaître, extérieures à l'esprit, et dont on pourrait tirer une connaissance objective. La nature empirique à connaître est imprégnée de nos facultés mentales ; elle n'est pas indépendante de celles-ci. Le Tout, en supposant qu'il pourrait être défini, est pensé, créé par l'esprit. Il n'en est pas indépendant. Esprit et Tout sont homogènes, en imprégnation ; la notion de tout connaître est peu pertinente. C'est l'esprit qui doit se connaître lui-même.

Du fait qu'un modèle ne relève pas d'un absolu, d'une Vérité première, il est sans objet d'invoquer le théorème de Gödel dans l'étude des phénomènes pour avancer qu'il y aurait une limite à nos connaissances, une limite à la construction d'un modèle en adéquation avec le *Réel en nous*. On l'a dit, si une voie de construction du modèle est bloquée, il est possible d'orienter la fabrication du modèle dans une autre direction, avec d'autres concepts. Certes, les mathématiques sont présentes dans la nature empirique et dans notre esprit, ce qui permet de les utiliser comme moyen de modélisation. Mais si l'on supposait qu'elles sont le réel, le seul réel, alors oui le théorème de Gödel prendrait toute son importance parce qu'il introduirait une barrière dans le réel, barrière que l'on ne pourrait franchir. Mais il ne s'applique pas ici.

Pour reprendre le fil de notre discussion sur l'identité des mathématiques avec le réel, que faire des fractales comme, non pas modélisation du réel, ce qui est légitime, mais elles-mêmes comme réel ?

Ceux qui soulignent que les mathématiques par elles-mêmes seraient le réel[16] doivent considérer qu'elles sont pensées. Si elles n'étaient pas pensées par notre esprit, nous n'aurions pas conscience d'elles. Notre esprit servirait donc de support à ce réel. Mais, comme pour la Lune, si l'esprit disparaissait, il n'y aurait plus de mathématiques, car il n'y aurait rien pour les penser, pour assurer le support de leur être. Que seraient le Nombre, les mathématiques, dans le Rien ? Que serait ce réel qui serait Rien, un identiquement rien ? Les mathématiques sont un outil conceptuel, produit de l'esprit donc, mis en œuvre par l'esprit pour conceptualiser et modéliser la nature.

Le dualisme de Vidal s'oppose au monisme du Nombre — même si ce Nombre éclate en multiple, contient le multiple — parce que le Nombre ne relève pas de l'ontologie. Pour qu'il en relève, il faudrait que l'Être soit lui-même déterminé et qu'il le soit en tant que Nombre, en tant que « mathématiques ». Or, dans le dualisme de Vidal, l'Être est amorphe. Il n'a aucune détermination. Il est l'Indéterminé. Il ne peut donc être mathématique.

Si les mathématiques étaient ontologiques, les lois scientifiques seraient contenues ontologiquement dans les mathématiques, puisque ces lois sont formulées en expressions mathématiques. À chacune des expressions mathématiques possibles correspondrait un élément de réel. Les lois seraient toutes là dans les mathématiques. Il suffirait de dérouler celles-ci pour obtenir les lois. Les mathématiques seraient la caverne d'Ali Baba que nous évoquions au chapitre III et dont nous avons souligné la non-effectivité, sans oublier que, dans l'infinité des relations mathématiques possibles, on pourrait trouver plus de lois que ce dont on a besoin.

L'automatisation des mesures et l'expérimentateur

Revenons au dualisme de Vidal, à l'insertion de l'esprit de l'expérimentateur, de sa sensibilité, dans l'acte de mesure, et au fait que les expériences peuvent être automatisées sans intervention d'un humain. Cette automatisation pourrait-elle faire que l'esprit de l'homme n'aurait aucune influence sur le résultat des mesures ? Mais qui a conçu et construit ces appareils automatiques, si ce n'est quelqu'un, dont son esprit ? L'esprit de l'homme est donc bien présent dès l'origine de l'expérience, même dans un processus automatisé. Il conçoit cette expérience et, de fait, l'organise puisqu'il en organise l'automaticité, même si les résultats sont enregistrés sans lui. L'automatisation n'empêche pas le rôle de l'homme dans sa totalité.

Les expériences sur les phénomènes sont réalisées en minimisant au mieux l'interaction de l'expérimentateur avec son expérience, pour qu'il ne « fausse » pas la valeur de celle-ci. C'est le cas, par exemple de la mesure de la vitesse d'un train avec un chronomètre entre deux repères spatiaux par un même observateur qui voit les deux repères en même temps car il est situé à égale distance de ceux-ci. Le réaliste suppose qu'il y a une valeur dans le phénomène, avant que l'expérimentateur ne mette la mesure en œuvre, valeur que doit révéler cette mesure. On se trouve de ce fait dans une position différente de celle où l'on travaillerait sur du « microphysique », au sens de l'école de Copenhague, dans lequel il n'y a pas de valeur, pas d'état préexistant à la mesure et où l'expérimentateur est inclus dans l'appareil de mesure. Il est donc inclus dans ce que la mesure va produire, sans qu'on puisse avancer qu'il interfère avec la mesure et la fausse, puisqu'il participe à la nature même de la mesure. Il est en partie la mesure, un facteur, un élément, de celle-ci. Certes, la mesure dans un microphysique même *en soi* implique le monde des phénomènes, se fait dans celui-ci et on peut fausser les résultats de cette partie phénoménale. Dans un microphysique-concept, il n'y a aucune mesure *in situ*, puisqu'il n'y a pas de concrétude et donc que du phénoménal à prendre en compte.

L'esprit a une influence aussi sur les résultats, au moins par les choix de la mesure que son modèle l'incite à faire. Les activités du scientifique, ses observations, ne se passent pas dans un monde qui serait indépendant de lui. Les savants ont longtemps pensé, comme Cohen-Tannoudji aujourd'hui — ce qui est certes un choix philosophique —, que le monde était extérieur à eux, et ils s'efforçaient de l'observer dans sa pureté, du moins dans la pureté de son *en soi* postulé. Le modèle microphysique a induit à penser le contraire. Le dualisme de Vidal va dans le même sens, puisque l'esprit participe à produire ce que nous observons comme étant le monde des phénomènes. Ce que l'on appelle la matière n'est pas indépendant de l'homme ; c'est son esprit qui l'invente, comme il invente la Lune.

Le temps et le virtuel

Nous n'avons pas abordé le « virtuel » dans le microphysique, parce qu'il fallait que la croyance en un absolu ait subi quelque érosion au cours de ce travail. La contingence des modèles, étudiée ci-dessus, facilite un recul par rapport aux certitudes du sens commun.

L'invention de particules dites « virtuelles »[17] va dans le sens de l'absence de réel *en soi* que soutient Vidal. Le mot de « virtuel » est malheureux, parce que les autres particules, en tant que concepts de modélisation, ne sont pas plus réelles *en soi* que les particules « virtuelles ». Nous l'utilisons car c'est le terme consacré. Tout le microphysique est virtuel ; il est une métaphysique, comme tout modèle. Mais ces particules sont deux fois virtuelles, d'abord en tant qu'entités conceptuelles microphysiques, ensuite en tant que virtuelles dans le cadre même de la logique du modèle microphysique conçu dans un cadre réaliste.

Les particules virtuelles — pensons par exemple aux photons virtuels ou particules de lumière virtuelles — ne peuvent être mesurées, détectées, pour utiliser un vocabulaire réaliste et particulaire. En effet, du fait de leur caractère virtuel, elles sont — conçues dans un état d'esprit réaliste — comme si elles n'existaient pas, mais néanmoins le scientifique en a besoin pour les introduire comme concepts dans le modèle du microphysique. Ceci lui permet de rendre compte d'« interactions » entre des particules telles que par exemple des électrons, au cours du traitement mathématique.

Considérons le microphysique, tel que le conçoit un réaliste, et le vide dans ce cadre. Un photon, particule de lumière, peut sortir du vide, c'est-à-dire d'un espace vide et non pas du Rien — car rien ne peut rien produire. Ce photon peut être créé en violant le principe de conservation de l'énergie et être réabsorbé par le vide un court instant après. Le viol est très rapide et c'est cette rapidité qui fait qu'il ne peut être acté. Bien d'autres particules que le photon peuvent sortir du vide et y retourner rapidement. Ceci est formalisé par le principe d'indétermination de Heisenberg $\Delta E \text{x} \Delta t \geq h/2\pi$. Plus Δt est petit, c'est-à-dire plus la durée d'« existence » de la particule est petite, plus la latitude sur l'énergie qu'elle peut avoir est grande, c'est-à-dire plus l'énergie est indéterminée ou si l'on préfère : plus le spectre des résultats des mesures concernant les énergies possibles pour elle (largeur ΔE), lorsqu'on fera une mesure, est étendu, plus sa valeur est *a priori* indéterminée. Tant qu'il n'y a pas de mesure, on n'acte aucune valeur de l'état. Rien n'est en fait fixé sur un plan réaliste. Il peut ainsi y avoir extraction hors du vide de particules de très courte durée de vie (Δt petit) avec de grandes indéterminations (pas des incertitudes mais des absences de détermination) sur les possibilités d'énergie (ΔE grand). Comme il y a une équivalence entre l'énergie et la masse, les grandes énergies que cela permet correspondent à des particules très massives (le photon, lui, n'a pas de masse propre).

Un électron peut émettre un photon, en violant le principe de conservation de l'énergie, s'il le réabsorbe très vite, parce que le viol d'énergie est très rapide et qu'il ne peut être acté — qu'il ne peut être acté par une mesure. Globalement le principe de conservation de l'énergie est respecté. Une mesure ne peut être effectuée pendant un temps si court. Pas de mesure, donc pas de valeur d'état, pas d'état. Il est facile de dire : « Pas vu pas pris ! Cela se passe dans le dos de la nature pendant qu'elle ne regarde pas ! ». En d'autres termes, l'électron a une certaine énergie, il émet un photon qui a une énergie, et il réabsorbe, récupère ensuite le photon, sans que l'énergie de l'électron ait changé entre le commencement et la fin du processus. On pourra se reporter au traitement de vulgarisation qu'en donne Vidal.[18] Rappelons ce que nous avons dit sur la mesure. En vertu de l'interprétation de l'École de Copenhague, c'est la mesure qui fait « exister » ce que nous pouvons appeler « un état d'un système quantique ». Le chat de Schrödinger n'est vivant ou mort que si on le « mesure », qu'à l'instant où il est mesuré, ce qui fixe son état ; avant, il est ni vivant ni mort ; il n'a pas d'état. C'est un chat sans état. Mais qu'est-ce qu'un chat sans état ? Ce n'est pas un chat : c'est un indéterminé. La mesure est indispensable pour faire « exister », au sens réaliste, un état microphysique. Il faut qu'il y ait interaction pour cela avec un autre système, par exemple un système d'observation, un appareil macroscopique qui met en jeu des phénomènes, pour qu'il y ait mesure. S'il n'y a pas de mesure il n'y a pas détermination de l'énergie, pas de valeur déterminée de l'énergie, c'est-à-dire, si l'on préfère, pas d'énergie déterminée. Or, s'il n'y a pas d'énergie déterminée, le principe de conservation de l'énergie ne peut s'appliquer, puisqu'il s'applique à la conservation de la valeur donnée d'une énergie.

Imaginons que l'on puisse faire une mesure très vite pendant la durée de vie (Δt court) d'un photon qui émerge du vide avant qu'il n'y retourne. Ce photon n'est plus virtuel puisqu'on l'a capté. On l'a en quelque sorte « vu ». On lui a donné une existence par le signal qu'il suscite dans l'appareil de mesure. S'il s'agit d'un photon impliqué dans un processus, ce processus ne se produit pas puisqu'il n'y a plus le photon. Un photon virtuel n'est virtuel que si on ne le mesure pas, ne l'observe pas, disons pour être caricatural : si on ne le regarde pas.

Le système est, on l'a dit, comme la boîte du chat. On ne sait pas ce qui se passe avant qu'on ouvre la boîte, que l'on fasse le clic de la mesure. Insistons : sans mesure possible, le système est indéterminé, sans détermination, au sens fort. On peut donc envisager que l'électron émet un ou des photons qu'il réabsorbe dans un temps très court avant que l'on puisse observer qu'il y a un photon ou pas. C'est là du très beau bricolage, du travail d'artiste.

L'échange d'un photon virtuel entre deux électrons permet de décrire le phénomène de répulsion entre ces électrons. Il est sans objet de se poser la question de savoir lequel des électrons émet et lequel absorbe. La causalité en prend un coup. Le photon est en « échange ». On sera peut-être soulagé en disant que les deux électrons émettent et absorbent des essaims de photons, en tant qu'un tout, dans les deux sens. Chaque photon est émis à la fois par l'un et par l'autre, absorbé par l'un et par l'autre.

Les photons virtuels sont indispensables pour la cohérence du modèle, bien qu'ils ne puissent être directement « falsifiés » au sens de Popper, même pas testés. La falsifiabilité de la conjecture concernant un photon virtuel est réalisée, entre autres, par contrôle de la validité des prévisions faites globalement avec la théorie quantique. En effet, si les prévisions que l'on peut faire avec la théorie sont validées, alors toute la cuisine interne de celle-ci, même si c'est du bricolage, devrait l'être aussi en bloc. Cependant frémissons : le système géocentrique de Claude Ptolémée (90-168) était lui aussi falsifié en bloc à son époque, parce que ce système « acceptait » d'être remis en cause, résistait aux prévisions et aux tests menés avec la précision de l'époque. Il sauvait les phénomènes. Puis il a été remplacé par le système héliocentrique de Nicolas Copernic (1473-1543) qui, après bien des retouches, sera retenu comme plus efficace, plus valide. La falsification « en bloc » n'est donc pas une panacée.

Un électron pourrait être comparé à un centre qui émettrait des photons virtuels en permanence et les réabsorberait très rapidement, de façon à ce que rien qui puisse être mesuré ne soit produit. Si l'on préfère une autre métaphore : un électron serait un point géométrique, ou un analogue peu étendu, entouré d'un essaim de photons, comme des abeilles bourdonnantes, photons qui émergent de façon aléatoire, s'éloignent et sont réabsorbés au bout d'une durée de temps très courte.[19-21]

Les particules virtuelles sont des concepts de l'ordre du modèle. Elles ne sont pas plus choquantes que les autres concepts du modèle microphysique qui développent leur logique et conduisent à une théorie valide. On a besoin de particules virtuelles pour la logique du modèle : Hop ! On invente les particules virtuelles. C'est bon, parce que ça marche pour comprendre, pour modéliser la nature. Comme l'écrivait Vidal : si c'était nécessaire, les électrons auraient des oreilles de lapin.

Les particules virtuelles illustrent le caractère contingent de la modélisation. L'esprit est libre de construire ses modèles du réel, pourvu que les théories qu'il produit soient « validables » et qu'elles suscitent la sensation physiologique de plaisir que nous appelons compréhension lorsqu'on associe l'esprit à ce processus. L'esprit de l'homme pénètre ainsi le *Réel en nous*, qu'il met en forme par ailleurs, le pénètre en construisant un modèle de ce dernier. Ceci incite à rappeler que *l'esprit va, par la modélisation qu'il élabore et qui permet la compréhension consciente de la nature, vers son acte non conscient de création, de mise en forme du* Réel en nous, *et vice-versa. Il va vers la conscience de son unité.*

Les particules virtuelles sont donc invoquées pour modéliser le fait que le vide, l'espace vide du microphysique, n'est pas rien, mais rempli de particules virtuelles transmettant des informations d'une particule « réelle » à une autre, d'un électron par exemple, à un autre électron. Ces particules virtuelles apparaissent et disparaissent avant que l'on puisse mesurer si elles sont là. Le vide est conçu, dans une approche « réaliste », comme « bourré » d'un maelström de particules virtuelles (phénomène appelé fluctuations quantiques du vide) parce que le physicien en a besoin pour construire la métaphysique quantique et la rendre falsifiable au niveau des phénomènes.

Un photon virtuel peut, dans certains cas, ne pas être réabsorbé mais devenir, dit-on, « réel ». Cependant, le fait que l'on observe un photon ne veut pas dire qu'il était précédé par l'existence d'un photon, virtuel celui-là, dont il ne serait que l'effet. Cela veut dire qu'à *un instant donné* il y a eu la mesure « photon » et que ce qui « est » avant est fantasmatique, virtuel, concept, modèle, indéterminé, non existant. Pensons au chat de Schrödinger lorsque celui-ci n'est pas encore mesuré et qu'il est ni mort ni vivant. On argue aussi de ce qu'il y a interaction entre le nuage de photons virtuels autour d'un électron et le noyau d'un atome si l'électron participe à la structure électronique d'un atome (effet Lamb [22]), ceci produit un décalage dans la valeur de certaines fréquences spectroscopiques. Le fait que puisse être expliqué un phénomène spectroscopique par les photons virtuels autour de l'électron ne fait pas dépasser à ceux-ci l'état d'abstractions, de concepts dans le modèle. Si on « voit », si on mesure un photon *a priori* virtuel, c'est qu'on l'a confisqué au système ; il n'est plus virtuel et le processus dans lequel il était mis en jeu en tant que virtuel ne se produit pas ; c'est éventuellement un autre processus qui se produit. Ceci devrait être reformulé à la lumière des travaux de Serge Haroche (ref. 24-27 chap. IV) qui a pu observer des photons individuels que la mesure ne détruit pas. Malgré cela, si des photons virtuels étaient « vus » et subsistaient, ils en seraient perturbés dans leur dimension de « virtualité ».

La cohérence du modèle, dans le cas de l'effet Lamb par exemple, impose que du virtuel soit invoqué pour modéliser cet effet. Que le modèle soit efficace ne fait pas qu'il soit autre chose qu'un modèle et qu'il relèverait d'une existence *en soi*, pas plus que les entités qu'il met en jeu. Les photons virtuels ne sont pas plus *en soi* que les champs qui les mettent en jeu. Qu'est-ce que ces particules qui ne sont pas *en soi* comme disait Heisenberg (ref. 31a et 31b, chap . IV) ? Vidal déclarait : « Comme pour les champs, il s'agit d'un très *joli coup de baguette magique* ». En effet, ce n'est pas parce que le concept de champ est efficace, ainsi que ses déclinaisons, de la gravitation macroscopique ou microphysique jusqu'aux champs de la mécanique quantique avec leurs particules spécifiques, qu'ils existent *en soi*. Les champs sont efficaces dans la cohérence des théories qui les définissent et les utilisent. Ils sont efficaces dans la falsification globale de la théorie quantique permettant d'« expliquer » des phénomènes, des expressions de la nature accessibles aux appareils de mesure, à notre sensibilité. Ils sont donc valides. Le microphysique, ses champs quantiques ont été conçus et construits conceptuellement pour cela.

Ainsi, on a détecté des ondes gravitationnelles[23-25] lors de la fusion de deux trous noirs après qu'ait été prévue la possibilité de ce genre d'onde par Poincaré en 1905, qu'il appelait « onde gravifique »[26], possibilité qui sera reprise par Einstein en 1916, à partir de sa théorie de la Relativité Générale. On détectera peut-être un jour les gravitons qui sont les particules supposées associées à ces ondes gravitationnelles, comme le photon est associé aux ondes électromagnétiques (qui conceptualisent la lumière de notre sensibilité), si l'on préfère au champ électromagnétique. Cette observation, outre qu'elle conforte la Relativité Générale, conforte la théorie quantique des champs, en permettant de mieux la généraliser, donc conforte la cohérence modélisatrice du concept de microphysique, sa falsifiabilité. La meilleure falsification de ces modèles accroît leur capacité à rendre compte plus finement de l'un de nos ressentis biologiques : le poids.

Il y a plus beau que les particules virtuelles pour handicaper la causalité : les particules qui voyagent vers le passé. Une particule peut avoir une antiparticule et celle-ci ne diffère de la particule que par sa charge électrique. Ainsi, un électron a une charge électrique négative le positron (ou positon) ne diffère de lui que par le fait qu'il a une charge électrique positive. Une particule et son antiparticule vont en sens inverse dans le temps. Ainsi, un photon n'a pas de charge électrique ; il est sa propre antiparticule et de ce fait il peut voyager dans les deux sens du temps : aller vers le futur ou vers le passé. C'est beau et cela marche. Vous n'avez pas vu les oreilles de lapin des électrons ? C'est parce qu'elles ballottent trop vite pour qu'on puisse les apercevoir. Vous ne comprenez pas ? Pourquoi voudriez-vous interdire à la science d'avoir ses mystères ? Avec la Trinité, l'Église a fait vraiment beaucoup plus fort. Ennoblissez ce que vous ne comprenez pas en le baptisant principe, « axiome ».

Rappelons encore que la notion de temps dans le microphysique n'est pas un « copié-collé » de la notion de temps du monde sensible, notre temps quotidien, dans lequel il n'est pas question que quoi que ce soit retourne vers le passé. Le temps est conçu, dans le microphysique postulé, autrement que dans la nature empirique. Il relève d'une logique de modélisation et non de la sensibilité, non de la perception — sans oublier bien sûr l'esprit dans cette sensibilité. Ce temps, est-ce du temps ? Question que nous avons déjà posée. Peut-être ne faudrait-il pas utiliser le même mot dans les deux cas.

Temps et origine

Le temps n'est plus indispensable à la physique. Carlo Rovelli[27] constate que nous appréhendons le temps, mais que l'on n'a pas besoin de celui-ci au niveau de ce qu'il appelle « les détails du monde », le microphysique. Partant de ces détails du monde, c'est-à-dire de ce que lui considère comme le réel, un réel *en soi*, il cherche à comprendre où apparaît le temps. Pour lui, il apparaît dans un contexte de statistique thermodynamique. Pour Vidal, dont le dualisme est antiréaliste, les « détails » du monde de Rovelli, sont des éléments de modélisation, des concepts dépendant d'un modèle. Rovelli suppose d'abord un microphysi-que *en soi* (les détails de Rovelli). Or, le microphysique dans la pensée de Vidal est un élément métaphysique, un modèle abstrait, conçu pour produire ce que l'on appelle une explication des phénomènes de la nature empirique. De plus, pour Rovelli, le temps apparaîtrait en allant des « détails » de l'univers vers le macroscopique. Le dualisme de Vidal en présente une conception différente. Le temps est dans l'esprit de l'homme ou dans le processus dans lequel l'esprit est impliqué, qui donne au *Réel en nous* les formes que nous constatons empiriquement ; il est donc aussi dans notre sensibilité, nos sensations. Ce temps est ensuite « bricolé » dans le modèle microphysique pour conserver un élément familier et faciliter la modélisation. Il est utilisé aussi dans la Relativité Générale dans un espace-temps[28-29] — il intervient comme le produit ct où c est une constante homogène à une vitesse, égale à celle de la lumière ; ct est donc homogène à une longueur qui peut être associée aux autres dimensions d'espace x, y et z. Mais qu'est-ce que ce temps qui ne correspond plus à celui de notre sensibilité, un temps que l'on ne ressent pas ? Ce temps-là est, on l'a dit, un concept de modélisation pour Vidal. Le temps n'existe ni *en soi* dans les « détails » de l'univers, qui eux-mêmes sont des concepts de modélisation, ni *en soi* dans le *Réel en nous*, mais il appartient au cadre de notre sensibilité, dans la façon dont notre esprit conçoit la nature, lui donne forme. Il est en quelque sorte une façon pour l'esprit de produire un déterminisme mou, une causalité molle, qui sont propres à son mode de fonctionnement, qui sont une caractéristique de sa façon d'avoir conscience de l'être. Sans temps il n'y aurait pas d'avant et d'après, pas d'états reliés en termes de causes et d'effets, pas de causalité générale donc pas de prémisses, pas de conclusion. Une définition utile de la causalité a été donnée par Gilles Gaston Granger :

« [...] il y a causalité lorsque l'on peut mettre en lumière une hiérarchie parmi les éléments déterminants d'un modèle. La détermination [...] ne saurait être décrite par engendrement d'un élément par un autre, mais [...] comme résultante d'un système de liaisons. [...] le mot « cause » devrait perdre alors tout sens absolu [...]. »[30]

Le temps est un élément de logique, de rationnel. Sans lui, il n'y aurait que de l'indéterminé, de l'amorphe, l'esprit ne pourrait rien façonner, ne pourrait donner aucune forme. Le temps, relevant du fonctionnement de l'esprit, relève de la mise en formes du *Réel en nous* par l'esprit et produit la perception empirique, le multiple car le temps est lui-même par « nature » multiple. Il est utilisé en tant que concept métaphysique dans les modèles. A ce titre il sert à ordonner, à tisser des relations entre les phénomènes. Le chercheur met du temps là où cela lui paraît indispensable dans son modèle. Il n'en met pas là où il n'en a pas besoin. Éventuellement, il distort, bricole le concept pour le faire cadrer avec ses besoins. Manifestement Rovelli n'en a pas besoin dans les détails du monde, détails qu'il considère de façon réaliste, mais Vidal souligne que ce « réel » n'est pas un « nécessaire », qu'il est en fait un « contingent », concept d'un modèle, celui du microphysique et qu'il est donc adaptable, définissable, selon les besoins logiques du modèle. Vidal, pour clore en bonne humeur une des conversations que nous avions à ce sujet, prononça la phrase suivante : « Pas de temps dans les détails du microphysique ? Cela ne changera pas l'heure de l'apéritif. »

On se reportera aux travaux de vulgarisation d'Étienne Klein[31-32] qui présente, sur le plan physique, une approche de la problématique du temps différente de celle de Vidal que nous avons exposée dans nos paragraphes précédents. Il se situe sur un plan réaliste. Il démythifie aussi le Big Bang et de ce fait le pseudo-temps zéro qui est le résultat d'une extrapolation hasardeuse à un domaine de temps que la Relativité Générale ne peut atteindre. Quand on se tourne vers le passé, il existe une étendue limite de 10^{-35} m et un temps de 10^{-43} s, avant d'atteindre une singularité de l'univers — dite à tort Big Bang —, qui constituent le « mur de Planck » au-delà duquel on ne sait rien — mais y a-t-il quelque chose à connaître ? — et où la notion de temps et d'espace n'ont sans doute plus de signification. Pour Vidal tout est dans l'esprit qui se construit un beau roman.

Klein[32a] s'interroge sur l'origine des lois naturelles. On a vu au chapitre III (pp. 101-117) qu'il n'y a pas de lois naturelles. Klein se demande si les lois de la nature sont transcendantes ou immanentes. Existaient-elles avant que l'univers n'existât ? Sont-elles sécrétées par l'univers lui-même ? Dans le dualisme antiréaliste de Vidal, ce genre d'interrogation est sans objet. D'une part les lois dites de la nature sont les lois de la science, contingentes parce qu'elles relèvent de chaque modèle scientifique possible. Il n'y a pas, au-delà de la mise en forme du *Réel en nous*, d'ordre préexistant dans la nature à l'ordre qu'y met l'homme par sa modélisation. Plusieurs théories, on le rappelle, peuvent être valides — il n'y a pas unicité du modèle. Chaque théorie a ses propres lois qui constituent la logique interne de la théorie et qui dépendent de la façon dont le comportement de la nature est mimé par le chercheur. Ces lois ne sont donc ni transcendantes, ni immanentes. D'autre part, la nature est un complexe brut de sensations ; elle est formée à notre esprit par l'esprit lui-même à partir d'un amorphe, qui ne contient pas de loi puisqu'il est indéterminé. Les lois de la nature n'existaient donc pas avant que l'homme les formule. Nous disons « avant » pour nous situer dans le cadre de la nature empirique où s'exerce le temps. Mais n'oublions pas que le temps se rapporte à un mode de fonctionnement de l'esprit dans sa mise en forme du *Réel en nous* et qu'il n'y a pas de temps, qu'il n'y a ni « avant » ni « après » qui seraient *en soi*.

On pourra lire des exposés grand public sur les interrogations de scientifiques face à l'origine de l'univers, si tant est qu'il y ait une origine ou que ce problème ait une signification. De même, pour ce qui concerne le temps, citons ceux de M. Bojowald[33], E. Gunzig[34] et S. Hawking[35]. On se méfiera de l'excès de spiritualisme, de mysticisme qui peuvent parfois être mis en avant pour se sauver du reproche de scientisme, pour désamorcer toute critique et faire consensuel avec des philosophies de la nature, des sagesses orientales à la mode.

La modélisation porte sur un brut de sensations, avons-nous dit, sur ce qui s'impose en tant que perception. Si l'on préfère, l'esprit dans sa mise en formes de l'amorphe, mettant ce dernier dans la forme des sensations — en lesquelles on trouve les phénomènes — fait que les sensations, les perceptions sont la nature objective, l'image nature. Car elles sont ce qui apparaît nature, image nature empirique, à l'esprit, esprit empirique, lui-même. On opposera qu'il n'y a là rien d'objectif puisque l'esprit pourrait changer la façon dont il donne les formes de la nature un grand nombre de fois en une unité de temps du fait que la nature et les sensations sont contingentes, sans *en soi*. Nous utilisons là l'image du concept de temps dans un sens réaliste, alors que le temps n'existe pas *en soi*, répétons-le, mais nous pouvons convoquer ce concept puisque, à travers l'esprit créateur, il se retrouve dans les sensations, produits de l'esprit et de l'amorphe, et que nous faisons référence aux sensations. Il n'en reste pas moins que, du fait de l'esprit, la nature changerait-elle une infinité de fois, elle serait ce dont nous avons sensation et qui est peut-être le lissage de ces changements. Ce serait cela la nature objective. Les lois ni ne s'imposent à l'univers, ni ne sont sécrétées par lui, sauf à considérer l'esprit qui donne la forme univers.

On pourrait s'interroger : « Ne peut-on aller au-delà de ce brut de sensations pour se rapprocher de l'essence des choses ? ». Or, il n'y a pas d'essence des choses puisqu'il n'y a pas d'*en soi* qui serait au-delà des apparences. On le rappelle : les apparences sont les choses elles-mêmes, produits de l'esprit et de l'amorphe. Ce sont les « images », ce que nous appelons nature empirique.

Se pose aussi la question de l'origine que Klein traite en exposant diverses théories, qui permettent de ramener le Big Bang à une singularité et il y aurait du temps avant celle-ci. Or, le temps, répétons-le, est un mode de fonctionnement de l'esprit. Si l'on évoque le temps, on doit donc évoquer aussi l'esprit. Rien n'impose de penser qu'il y aurait un temps origine, sauf si l'esprit a besoin d'un tel concept dans les modèles qu'il formule.

Kant avait porté un coup au temps en le considérant, de même que l'espace, comme un simple élément de la façon selon laquelle l'esprit conçoit, comprend, le monde. Plus d'homme, plus de temps. Nous sommes ramenés alors au problème de l'existence de la Lune si l'homme disparaît. Soit une autre approche de la problématique : si l'homme disparaît, la Lune ne pourra perdurer dans le temps *puisqu'il n'y aura plus de temps*. De même pour l'espace, considéré par Kant comme un élément dans la façon dont l'homme appréhende le réel. Ceux qui s'occupent des « détails » de la nature disent que le temps n'existe pas au niveau de ces « détails ». Il en est donc de même de l'espace qui n'est pas séparable du temps dans le concept d'espace-temps. Est-ce que, l'homme ayant disparu, donc sa sensibilité aussi, l'espace, le temps, l'espace-temps continueront d'exister ? Sans espace, sans temps, que reste-t-il ?

On a vu (chap. IV) que le microphysique — mais il entraîne toute la science avec lui — pourrait bien se noyer dans l'idéalisme, voire dans un solipsisme. Certes, les quanticiens, suivant l'École de Copenhague, conçoivent un réel, mais celui-ci est abstrait, pur produit de l'esprit. Le dualisme de Vidal, avec son *Réel en nous*, ne nie pas le réel, même si celui-ci n'est pas *en soi*, même s'il est contingent. Il réconcilie ce qui nous apparaît esprit et ce qui nous apparaît non-esprit en une unité dans leur imprégnation réciproque. Le *Réel* de Vidal est formé par l'esprit à partir d'un être amorphe, d'un indéterminé du *Réel en nous*. L'esprit n'est pas seul. Ils sont deux à produire le monde — puisque l'indéterminé, l'amorphe, n'est pas du rien —, comme le sont les deux hypostases dans le Un. Il n'y a donc pas d'allégation possible au solipsisme. De plus, affirmant un réel, parce qu'il y a quelque chose et non pas rien, le dualisme de Vidal est certes un réalisme, mais affirmant un réel qui n'est pas *en soi*, avec une forte marque de l'esprit, ce dualisme est antiréaliste, en ce sens qu'il n'est pas idéaliste.

Adéquation du dualisme de Vidal à la pensée physique

Le fait que le dualisme antiréaliste et semi-empirique de Vidal soit en harmonie avec le postulat microphysique et en harmonie avec la théorie quantique qui organise ce microphysique en un modèle peut être mis au compte de la richesse de sa plasticité conceptuelle et de sa capacité à embrasser le divers. On pourrait cependant avancer que la satisfaction apportée par ce fait doit être modérée. En effet, microphysique et théorie quantique relèvent d'un modèle, or le modèle de la nature n'est pas unique. Il est contingent, entre autres parce qu'il n'y a pas d'*en soi* à décrire, à imiter. C'est une construction de l'esprit, formée de concepts, une métaphysique. On pourrait alors arguer qu'il est *a priori* possible que d'autres modèles puissent être envisagés qui, tout en donnant satisfaction sur le plan de l'adéquation avec le comportement de la nature, sembleraient correspondre moins bien aux éléments du dualisme, c'est-à-dire sembleraient moins bien s'intégrer dans le cadre du dualisme de Vidal. En fait, ce dualisme autorise tous les modèles qui permettent la compréhension de la nature par l'esprit. Il embrasse le niveau ontologique, alors que la construction des modèles se situe seulement au niveau de la nature empirique. Cependant, la théorie quantique n'a pu, jusqu'à présent, être prise en défaut et, si elle l'était un jour, ce qui est bien sûr possible, elle serait certainement utilisée en tant qu'approximation ou cas particulier d'une nouvelle formulation du modèle scientifique qui viendrait l'englober. La théorie de la gravitation de Newton côtoie désormais la théorie de la gravitation dite théorie de la Relativité générale, lui cédant la place dans les dimensions les plus ambitieuses de cette dernière, sans que celle-ci n'ait effacé la précédente du champ des théories valides. Elle l'a transcendée, digérée. La théorie de Newton est toujours utilisée dans un domaine qui correspond à ses prémisses. Sans vouloir faire trop reposer le dualisme de Vidal sur les théories physiques contemporaines, contingentes, comme soutiens à la validité de celui-ci, on soulignera néanmoins l'adéquation réciproque entre le dualisme et ces théories. Le dualisme de Vidal constitue une sorte d'écrin de niveau ontologique. Cet écrin met en valeur le modèle actuel de la « science ». Mais le velours de l'écrin n'est pas spécifique d'un seul bijou.

Références et notes

1)A. EINSTEIN, citation sur la Lune : « J'aime penser que la Lune est là, même si je ne la regarde pas ». C'est du moins sous cette forme que la citation est véhiculée. Nous n'avons pas trouvé la référence originale. Einstein serait ainsi moins définitif que ce que l'on soutient parfois à son égard. Il aime seulement penser que la Lune est là. Il n'affirme pas qu'elle serait encore là si l'homme disparaissait ou s'il ne la regardait pas.
2) W. ZUREK, *Physics Today*, **44**, (10) 36-44 (1991). Étude des phénomènes de couplages, d'interactions en nombre infini, qui sont analogues à des mesures en continu sur toutes les entités quantiques. Ceci supprime la superposition des états du modèle quantique (voir chat de Schrödinger) et donne, par *décohérence*, des états qui dans le macroscopique apparaissent définis.
3) B. VIDAL, *Les visages de la science*, Louvain-la-Neuve, Academia/L'Harmattan, 2014, p. 180-184.
4) E. BITSAKIS, *Physique contemporaine et matérialisme dialectique*, Paris, Éditions Sociales, 1973, p. 95.
5) P. BREMAUD, *Le dossier Pythagore. Du chamanisme à la mécanique quantique*, Paris, Editions Ellipses, 2010.
6) PLATON, *Le Timée* (4e siècle av. J.-C.), Paris, Editions Les Belles Lettres, traduction A. RIVAUD, 1956.
7) PLATON, *Œuvres complètes, tome VII, 1ère partie, La République, Livre IV-VII* (voir Livre VII), trad. Émile Chambry (1931), Paris, Les Belles Lettres, 2015.
8) O. DEKENS, *Comprendre Kant*, Paris, Armand Colin, 2005.
9) B. D'ESPAGNAT, *A la recherche du réel*, Paris, Gauthier-Villars, 2e éd. 1981.

10)B. D'ESPAGNAT, *Un atome de sagesse. Propos d'un physicien sur le réel voilé...*, Paris, Seuil, 1982.
11) B. D'ESPAGNAT, *Une incertaine réalité. Le monde quantique, la connaissance et la durée*, Paris, Gauthier-Villars-Bordas, 1985.
12) H. PAGELS, *L'univers quantique. Des quarks aux étoiles*, Paris, Interéditions, 1985, pp. 177-178.
13) E. NAGEL, J.R. NEWMAN, K. GÖDEL, J.-Y. GIRARD, *Le Théorème de Gödel*, Paris, Éditions du Seuil, 1989, a) p. 9 et p. 143, b) p. 170.
14) R. DAUDEL, *Théorie quantique de la liaison chimique*, Paris, PUF, 1971.
15) R. DAUDEL, *Structure électronique des molécules*, Paris, Gauthier-Villars, 1962.
16) *La réalité n'existe pas*, thème principal du numéro 489, juillet 2014 de *La Recherche*.
17) L. TARASSOV, *Physique quantique et opérateurs linéaires*, Moscou, Editions MIR, 1980 (réimp. 1984), p. 55-58.
18) B. VIDAL, *Réel concret, métaphysique quantique ou baguette magique ?*, Paris, Technedit, 2014, pp. 99-103.
19) R.P. FEYNMAN, *Review of Modern Physics*, **20**, 307, 1948.
20)J. GRIBBIN, *Le chat de Schrödinger. Physique quantique et réalité*, Paris, Flammarion, 2009, pp. 230-244.
21) G. COHEN-TANNOUDJI, M. SPIRO, *La matière-espace-temps,* Paris, Gallimard, 1990, pp. 60, 176, 186, 232-246. Ne pas confondre Gilles Cohen-Tannoudji avec Claude, célèbre lui aussi.
22) W.E. LAMB, R.C. RETHERFORD, *Phys. Rev.* **79**, 549 (1950).
23) D. LAROUSSERIE, *lemonde.fr*, 11/02/2016, mis à jour le 16/02/2016. Notons que la détection de ces ondes gravitationnelles avait déjà été réalisée de façon indirecte, par Hulse et Taylor, ce qui leur valut le prix Nobel 1993. Mais Einstein a étonnamment disposé tout au long de sa vie, et même après, d'un lobby efficace pour assurer sa promotion médiatique. Voir la référence : [26], ci-dessous, pour les ondes gravifiques de Poincaré, et la référence [36], ci-dessous pour le lobby pro-Einstein.

24)S. BAILLY, « La détection des ondes gravitationnelles », in *Pour la Science*, avril 2016, n°462, pp.26-33.
25) B.P. ABBOT *et al.* (il y a 133 auteurs), « Observation of Gravitational Waves From a Binary Black Hole Merger», in : *Phys. Rev. Lett.* **116**, 061102 (2016).
26) H. POINCARÉ, « Sur la dynamique de l'électron », in : *Comptes Rendus de l'Académie des Sciences*, **140**, 1504-1508 (1905). Le terme d'« onde gravifique » est en page 1507.
27) C. ROVELLI, *Et si le temps n'existait pas ? Un peu de science subversive*, Paris, Dunod, 2012. En particulier page 104.
28) A. EINSTEIN, *Sitzungberichte Der Preussische Akademie Der Wissenschaften,* Part II, 778-786, 799-801,, 831-839, 844-847, (1915).
29)A. EINSTEIN, *Ann. Der Phys*. 49, 769-822 (1916).
30) G.G. GRANGER, « L'explication dans les sciences sociales », in : *L'explication dans les sciences*, Paris, Flammarion, 1973, ouvrage de recueil d'articles, pp. 147-165.
31) É. KLEIN, *Le temps*, Paris, Flammarion, 1995.
32) É. KLEIN, *Discours sur l'origine de l'univers*, Paris, Flammarion, 2010, a) pp. 129-151.
33) M. BOJOWALD, *L'Univers en rebond. Avant le Big Bang*, Paris, Albin Michel, 2010.
34) E. GUNZIG, *Que faisiez-vous avant le Big Bang ?*, Paris, Odile Jacob, 2008.
35) S. HAWKING, *Une brève histoire du temps*, Paris, Flammarion, 1989.
36) B. VIDAL, *La testabilité des théories. L'*experimentum crucis *de la physique au spiritualisme*, Paris, Technedit, 2014, p. 31-80.

Chapitre VI

L'empirisme revivifié

Références philosophiques du dualisme de Vidal

Nous examinerons, avant de traiter de van Fraassen, certains points de la pensée de Vidal qui peuvent intervenir, en particulier dans la problématique de l'empirisme. Van Fraassen est le rénovateur de cette conception qui a eu ses jours de gloire, entre autres au XIXe siècle. Celle-ci a été ensuite si fortement critiquée qu'elle était tombée en désuétude avant qu'il ne la revivifie.

Le dualisme de Vidal contient, entre autres, des dimensions empiriques mais aussi, on l'a vu, des dimensions antiréalistes parce qu'il n'admet pas le caractère réel *en soi*, ou relié à un *réel en soi*, des lois physiques et des théories, ce qui restreint à la fois son réalisme et son idéalisme. Paradoxalement, sa dimension réaliste est originale, puisque son réel, qui est celui des formes empiriques, les seules effectives, n'est pas *en soi*. Tout, en ce réel, est contingence, mais pas chaos. Ce réel est le *Réel en nous*, dont l'indéterminé, l'amorphe, est mis en forme par l'esprit, ce qui donne esprit empirique et matière empirique, constituant le seul réel de fait.

Bien des formes d'idéalisme ne sont pas incompatibles avec le réalisme. Est-ce le cas du réalisme « antiréaliste » de Vidal ? Ainsi, chez Platon, il existe bien un réel : c'est celui, « idéal », du monde des idées. Nous allons essayer de relier les dimensions du dualisme de Vidal aux matrices intellectuelles qui encadrent la réflexion sur la science.

Précisons d'abord que l'idéalisme ne connote pas de façon nécessaire le solipsisme. Rappelons aussi que la dimension d'idéalisme dans le dualisme de Vidal se situe au niveau de l'ontologie de l'Être premier amorphe.

Ainsi, ce que l'on peut concevoir comme une dimension évoquant un potentiel d'esprit dans l'une des hypostases et qui infère l'esprit dans le *Réel en nous*, esprit qui met en formes ce *Réel*, souligne une dimension idéaliste. Certes, ce potentiel hypostasique relève de l'ontologie et il n'est donc pas ce que nous concevons comme esprit réalisé, en acte, esprit empirique. L'esprit cependant retient dans le *Réel en nous* comme une réminiscence de l'*être-esprit*, du potentiel esprit, pour utiliser une métaphore.

Dans l'idéalisme de Platon, il existe d'abord le monde des Idées, celui de l'esprit, notre monde sensible étant une imitation dégradée de ce monde parfait. Cette imitation a été réalisée par un démiurge, ou dieu inférieur, comme on peut le lire dans le *Timée*.[1] Contrairement au système de Platon qui contient un réel absolu, mais un réel qui est de l'ordre des idées uniquement, le système de Vidal contient un réel qui n'est pas uniquement de l'ordre des idées, c'est-à-dire pas restreint à l'esprit. Il y a en effet dans le *Réel en nous* du non-acté, de l'indéterminé, réminiscence à travers les hypostases du Un amorphe primordial, auquel l'esprit donne forme. Ceci évite le solipsisme.

L'esprit, avons-nous dit, produit les formes que nous constatons de façon empirique être celles de la matière, du monde. De même que l'esprit modèle le *Réel en nous*, qu'il le produit en esprit empirique et matière empirique, réciproquement la matière à laquelle il donne des formes le modèle aussi, le produit, au sein de cette formation réciproque. Ceci se fait sans antériorité matière/esprit, parce que sans l'esprit il n'y a pas de temps. C'est lui qui porte le temps. L'évolution, que Vidal ne met pas en doute, n'est dans le temps que par l'esprit. L'esprit, qui est la conceptualisation de l'ensemble des facultés mentales, construit, en portant dans le temps sa production de la matière, une nature dans une histoire : celle de l'évolution. C'est l'esprit qui « travaille » en termes de temps et rien ne permet de conjecturer qu'il y aurait un temps absolu, pour lequel il y aurait un commencement pour l'esprit ou pour la matière. La relativité au contraire souligne qu'il n'y a pas de temps absolu.

La dimension d'antiréalisme dans le dualisme de Vidal est distincte de la dimension d'idéalisme et, de façon étonnante, de la dimension de réalisme — puisque l'antiréalisme est à la fois un idéalisme modéré et un réalisme modéré. Elle vient de la modélisation consciente que l'esprit cherche à réaliser de sa production inconsciente de la nature en un brut. Par la modélisation, il cherche à mettre un ordre dans le brut du complexe empirique nature, du complexe empirique de nos sensations. Cet ordre est contingent et se superpose à la contingence de ce que l'esprit a mis en forme. Or, le modèle, construction de l'esprit, est abstrait, conceptuel. Abstrait, conceptuel ne veut pas dire ontologique mais connote une dimension en quelque sorte métaphysique. Il n'y a pas d'*en soi*, pas d'absolu, pas de Vérité à atteindre par cette mise en ordre. Il n'y a pas d'ordre « vrai » avec des entités « vraies », réelles *en soi*. C'est en ce sens que le réalisme de Vidal est antiréaliste. Comme il n'y a pas de Vérité à atteindre, ce modèle n'est donc pas, *a priori*, unique. Un modèle propose un ordre, mais il peut y avoir d'autres ordres, d'autres modèles.

Rappelons encore que les concepts mis en jeu dans les modèles ne correspondent pas à des entités « vraies » dans l'absolu, à des théories « vraies » dans l'absolu, à des lois « vraies », mais à des entités conceptuelles, métaphysiques, en adéquation avec les besoins de l'esprit et de notre sensibilité. Il n'y a pas d'êtres *en soi*, dont ces entités seraient la projection dans le *Réel en nous*, dans la nature empirique, dans la nature. L'antiréalisme de Vidal se manifeste donc non seulement au niveau des entités mais aussi au niveau des théories, des lois. Vidal étend ce point de vue à toute la science, ce qui en général n'est pas le cas chez les philosophes ou les scientifiques. Soit ils pensent que les entités ne sont pas réelles, mais que les théories et les lois le sont, soit que les théories qui décrivent le comportement des entités ne sont pas réelles, mais que les entités, elles, le sont. Ian Hacking dans *Concevoir et expérimenter* [2] a bien souligné la différence entre ces deux antiréalismes. Ainsi, dans le cas de Vidal, en particulier pour le microphysique, toutes les entités qui y sont invoquées, telles que les ondes, les électrons, les photons, les quarks et autres… que le scientifique tire hors de son esprit, n'ont aucune existence *en soi*, pas plus que l'Amour, le Bonheur ou le Mal. Il en est de même pour toutes les lois de la théorie quantique et toutes les notions abstraites de science. En ce qui concerne les entités, particules, ondes ou lois quantiques, il pense qu'elles sont inventées — pensées — et mobilisées dans le système logique d'un modèle pour que l'on puisse trouver une explication, au terme de relations causales, à des phénomènes du monde macroscopique, celui de notre sensibilité. Il s'agit parfois d'une causalité pétrie de stochastique, d'une causalité au déterminisme mou. Le microphysique est pour Vidal un beau postulat, un instrument conceptuel très efficace.

La négation d'un microphysique *en soi* n'est qu'un exemple de l'antiréalisme de Vidal, puisque toute la construction scientifique — tous les concepts, lois et théories — est une métaphysique. Les forces, les champs etc. que nous avons envisagés ci-dessus n'existent pas *en soi*. C'est ce que pensaient déjà les positivistes à la fin du XIXe siècle. La science est un beau roman.

Nous allons aborder ci-dessous la dimension empirique du système de Vidal. L'empirisme dans son dualisme intervient d'abord, on va le voir, au niveau de l'Être et de ses hypostases, mais aussi au niveau de l'analyse de la nature pour en construire un modèle. Ainsi, le nombre de dimensions philosophiques auxquelles on peut rattacher le dualisme de Vidal est multiple et celui-ci pourrait apparaître comme un mélange qui ferait flèche de tout bois. Cela signifie, en fait, que ce dualisme est spécifique, original, ne rentrant pas dans l'étroitesse d'une catégorie en tout ou rien. Il ne revêt pas d'uniforme. Il ne marche au rythme d'aucun pas.

De plus, en accord avec l'absence de transcendance dans son système, Vidal, en accord avec une pensée athée, certes non militante, une pensée qui n'utilise pas le concept Dieu, adopte un matérialisme méthodologique, opératoire, empirique, parce que celui-ci est efficace, parce que « ça marche ». Ce matérialisme méthodologique permet d'organiser la nature empirique, la nature donc, dont la matière empirique, c'est-à-dire la matière, en un modèle à l'abri de toute perturbation apportée par le questionnement d'un divin qui n'est pas falsifiable.

L'empirisme

Réflexions sur l'empirisme

L'empirisme peut être considéré, souvent, comme une étape sur la voie du positivisme. Empirisme et positivisme ont été critiqués. Cependant, comme nous l'avons signalé, il n'existe sans doute pas de scientifique qui, un jour, n'ait eu une démarche empirique, conscient de cela ou non. Il attend quelque chose de la nature, un « donné », quelque chose qu'il ne questionnera pas, qu'il pensera pur de toute ingérence théorique, expérimentale ou de sa propre personne. Or, rien n'est pur dans la nature, qu'on la considère comme le reflet d'un *en soi* ou comme une construction de l'esprit metteur en formes, constatée empiriquement. Le modèle cherche à mimer cet empirique, ce qui paraît s'imposer à nous. L'esprit dans la dimension empirique du dualisme de Vidal n'attend rien de la nature ; la nature ne donne rien à l'esprit parce que l'esprit est dans la nature et que celle-ci est dans l'esprit, dans les pensées. L'empirisme est en quelque sorte intrinsèque à la nature, une « forme » de la nature par l'esprit qui est en elle, et même la « forme » nature.

L'adoption de *principes* à la base de la réflexion scientifique, adoption qui semble relever de la philosophie, repose en fait sur une démarche empirique visant à fermer des voies *a priori* qualifiées d'erronées, parce qu'elles n'ont jamais été fructueuses. Cette fermeture serait destinée à faire en sorte que le scientifique n'égare pas sa pensée. Ainsi en est-il du premier principe de la thermodynamique[3], ou du deuxième principe[4]. Le scientifique pose un principe parce que celui-ci est toujours vérifié par une observation constante, sans que l'on puisse justifier ce principe par une démonstration, une preuve donc, à partir de lois déjà établies ou à partir d'autres principes, c'est-à-dire à partir d'un modèle antérieur. Le chercheur s'arrête dans sa modélisation et se dit : « Les choses sont comme cela, je ne peux pas aller plus loin, j'admets que... parce que ça marche ». Cette observation constante, dont on ne peut justifier les phénomènes en jeu par une réflexion portant sur un niveau conceptuel plus abstrait, relève de l'empirisme, ce dont peu de gens sont conscients. S'il est possible de démontrer un principe, celui-ci n'est plus principe, mais un autre plus fondamental doit venir le remplacer. Le recours aux principes en science est fondé sur une constatation empirique, d'où la force de l'empirisme. Il est étonnant que ceux qui fulminent contre l'empirisme ne se rappellent pas le caractère empirique des principes de base.

Certains principes peuvent être qualifiés d'axiomes, s'ils s'imposent au chercheur comme des incontournables de la nature. C'est ainsi le cas des principes de la thermodynamique. Certains peuvent être qualifiés de postulats, quand il s'agit d'une assertion posée à la base d'une théorie. Ce dernier cas est celui des postulats de la théorie quantique, dont nous avons souligné qu'elle s'inscrit bien dans le cadre du dualisme empirique de Vidal.

Le positivisme est un empirisme rendu philosophiquement plus noble. Mais il suscite des réticences : « positiviste ! » équivaut à « esprit borné ». Ainsi, la mécanique quantique, on l'a dit, sera qualifiée de théorie *néo*-positiviste pour ne pas la déconsidérer parce qu'elle était efficace, le préfixe néo — « nouveau » ou « proche de » — atténuant la rigueur du terme positiviste. La théorie quantique et ses bizarreries étaient fréquentables.

L'empirisme dur a, il est vrai, de graves défauts. On partirait, dans l'acte de recherche, d'une absence de présupposés quels qu'ils soient : absence de principes, de théorie, de facteur culturel, de questionnement du scientifique, etc. pensant ainsi avoir un esprit clair, limpide, vierge, en quelque sorte lumineusement ouvert sur l'extérieur, permettant d'accepter en toute fraîcheur les « données » de la nature que le chercheur collecterait sans les influencer. Il amasserait ce qu'il croit être des faits comme une fourmi des graines sans pouvoir en faire quoi que ce soit, sans pouvoir relier ces faits en concepts et théoriser ensuite ces concepts. Un tel esprit serait si vide qu'il serait incapable de penser. L'empiriste pur est un aveugle qu'on lâcherait dans une pièce. Il se heurterait au mobilier, apprenant peu à peu à le contourner, jusqu'à ce qu'il trouve la porte de sortie presque par hasard après avoir tâté toutes les parois. Le chercheur, lui, est plein de présupposés, de théories, de conjectures qu'il veut vérifier. Mais une démarche vers la nature — observation, expérience — porte en elle une part d'empirisme, parce que le chercheur pense « collecter » ce qu'il *croit* être des faits bruts. Une expérience n'est expérience que si elle s'intègre dans un cadre théorique, mais la théorie n'est pas tout puisque l'expérience vise à la changer. Toute démarche a, à la fois, une part métaphysique dans l'esprit du chercheur par les concepts qui structurent sa démarche et une part prise à la nature empirique dans l'observation, l'expérience... — sans oublier que la nature est aussi modelée par l'esprit. En d'autres termes, il y a constatation de phénomènes, dont on convient pour simplifier, de dire qu'ils relèvent de la nature, même s'ils ne sont pas purs et portent la dimension des facultés mentales de l'homme, qui sont aussi de la nature...

Le positivisme est un empirisme éclairé, c'est-à-dire qui rend cohérents les résultats d'une démarche scientifique empirique en les reliant par des règles mathématiques, dites lois. Ces règles permettent des prévisions d'observations, de résultats. Le positivisme utilisait au XIXe siècle l'empirisme pour chasser la métaphysique de la science, c'est-à-dire ce qui n'est pas observable. Mais la métaphysique revient au galop avec les abstractions que le chercheur est obligé d'inventer pour construire une théorie et qui ne sont pas issues de l'observation, en particulier dans les abstractions du microphysique. Pour le positivisme, il faut en rester aux « faits », c'est-à-dire aux choses et aux phénomènes qui tombent sous les sens du scientifique et que celui-ci considèrera comme ce qu'il doit modéliser — c'est ce que fera Heisenberg dans sa mécanique des matrices en 1925 en essayant de n'utiliser que de l'observable. Le scientifique regroupera ces « faits » en termes de similitudes, attachera des concepts aux groupes de faits semblables, organisera ces concepts en lois, en théories, et les testera ensuite, reconstruisant en partie, ou dans son ensemble, la chaîne de modélisation si les tests, les prévisions de résultats ne sont pas concluants. Cette méthode hypothético-déductive, par induction-déduction, se recouvre en partie avec celle de la falsifiabilité de Popper, sauf que cette dernière admet *a priori* n'importe quelle conjecture, n'importe quelle assertion, qu'il faut tester — mais les fantasmes sont infinis ; il peut être difficile d'en montrer la validité ou l'invalidité — et ensuite, si la conjecture initiale est confortée par la réalisation des prévisions, il faut s'acharner à montrer que l'on a tort. La théorie, l'assertion, la conjecture doivent comporter des éléments par lesquels on pourra prendre celles-ci en défaut. En général, ce sont les collègues qui se chargent de la procédure d'invalidation ! La démarche est empirique, puisque, quelle qu'elle soit, toute conjecture peut en général être testée, doit être testée, avec des difficultés si elle porte sur des faits qui ne pourront être observés que dans des dizaines de milliers d'années ou en des endroits inaccessibles. Popper le dit : il s'agit d'une méthode par essais et erreurs. Le succès de Popper chez les scientifiques souligne qu'ils sont loin d'avoir rejeté l'empirisme.

Le positivisme se limite, autant que faire se peut, à ne prendre en compte que des entités dites observables, mesurables. Les concepts qu'il met en jeu sont destinés, par la mise en place de règles mathématiques, à produire un ensemble cohérent qui permettra de prévoir ce que donnera telle action. Ainsi, la thermodynamique est le fleuron du positivisme au XIXe siècle. Les fonctions thermodynamiques qui ont alors été inventées (énergie, enthalpie, enthalpie libre, entropie etc.), les constantes de vitesse, d'équilibre, les énergies d'activation… ne sont certes pas des données immédiates de la nature, présentes *en soi* dans celle-ci, à l'adresse de l'observateur, mais elles sont inventées dans le cadre d'un modèle fondé sur l'observation — sans présumer du statut de l'observation et du phénoménologique qui la justifie. Ce succès considérable de la thermodynamique fait que l'on ne peut rejeter le positivisme, ni son support l'empirisme. Par contre, le positivisme a rejeté l'atomisme jusqu'en 1860, parce que les atomes étaient des entités que l'on ne pouvait observer à l'œil nu ou avec des appareils de mesure, conçus comme des prolongations des sens[5]. Ce rejet a permis l'essor de la théorie des *équivalents* en chimie, théorie elle aussi positiviste, dont la dimension empirique était très forte — dans l'immédiateté de l'observation macroscopique — et qui a fait avancer la chimie dans sa maîtrise des réactions. Il est donc intéressant de remarquer que le positivisme au XIXe siècle a eu un effet heuristique considérable, entre autres par la thermodynamique, mais a pu avoir un effet retardateur sur l'adoption de l'atomisme, en promouvant la théorie des équivalents, d'une heuristique plus limitée. Entre 1923 et 1930, par la théorie quantique néo-positiviste, le positivisme a assuré l'essor d'un paradigme nouveau.

Dans sa construction de la théorie quantique, le chercheur a inventé des concepts correspondant à des entités non accessibles aux sens, des concepts qui ne peuvent être directement reliés au macroscopique, monde qui a contribué dans le roman de l'évolution, comme le dit Vidal, à la fabrication de nos facultés mentales, de notre esprit. Ainsi en est-il du dualisme onde-corpuscule, des fonctions d'onde, des relations de Heisenberg et des postulats qui sont à la base du modèle. Ces concepts de la métaphysique quantique ont été élaborés par empirisme, pour que cela marche. C'est une métaphysique empirique, au moins positiviste et, on l'a dit, idéaliste aussi. Pour le positiviste, qu'importe que les entités du microphysique relèvent d'un *en soi* ou bien soient des entités au sens de la matière sensible, ou des fantasmes, si « ça marche ».

Un empirisme dur participe de prime abord à asservir le chercheur à l'immédiateté de ce que ce dernier considère comme des phénomènes. Il participe à l'enterrer sous la liste infinie du particulier le plus terre à terre, interdisant toute théorisation, niant la légitimité de construire un modèle de la nature. Mais cet empirisme dans une forme douce a, au contraire, abouti à une totale abstraction, dans la théorie quantique, construisant une métaphysique, en support à la modélisation du sensible. Ce qui est métaphysique pour Vidal, le microphysique, est pour le réaliste aussi « réel » que ce qu'il considère comme le concret macroscopique. L'empirisme a ainsi effacé le concret dans l'abstrait, et de fait a promu une vision idéaliste.

Dans son aspect le plus rustique, l'empirisme est un pense-bête. Il peut être un empilement d'observations, une sorte de liste, au besoin pluridimensionnelle, de toutes les observations que l'on peut faire, et on pourrait ensuite prévoir de nouvelles observations par la constatation de régularités dans la liste et l'extrapolation de ces régularités au cas présent ou futur. Bien avant les astronomes arabes des siècles d'or de l'islam, qui ont dressé de remarquables tables d'observations empiriques, mais sans conceptualisation scientifique, les astronomes babyloniens, plus largement mésopotamiens, dans l'Antiquité lointaine, étaient eux aussi passés maîtres dans la prévision des phénomènes célestes par l'accumulation empirique d'observations du ciel. Celles-ci n'ont pas été vaines, malgré leur sécheresse dépourvue d'heuristique, parce qu'ils ont eu des émules grecs, que pour certains ils auraient d'ailleurs instruits, leur communiquant au IVe siècle av. J.-C. un système de calcul, pour l'activité scientifique, très efficace comparé à l'inutilisable système grec. Sur cette base, les Grecs ont fondé, nous dit Alexandre Koyré, la méthode scientifique : observation, théorie hypothétique, déduction, vérification par de nouvelles observations, pour reprendre ses mots.[6] Mais, on l'a vu, l'empirisme de Vidal, ou semi-empirisme, est d'une autre nature. Il n'a rien à voir avec une accumulation d'observations. Il consiste à accepter le divers comme un brut s'imposant à l'esprit modélisateur, même si ce divers est le produit de l'esprit créateur. Il accepte de l'ordonner en concepts, théories, lois alors que l'empirisme classique peut bloquer tout questionnement, tout développement.

L'empirisme, malgré ses défauts, permet d'agir. Il avait, cependant, peu de partisans chez les philosophes des sciences lorsque Bas C. van Fraassen (1941-)[7-10] l'a remis au goût du jour, ce qui a posé ce philosophe comme, dit-on, l'épistémologue incontournable de la fin du XXe siècle et nous conduit donc ici à étudier sa pensée. Van Fraassen est peu connu en France, alors qu'il occupe une place importante en philosophie des sciences aux États-Unis. Son œuvre se trouve à quelques exemplaires seulement, et encore de l'un *ou* de l'autre de ses livres, dans les réseaux des bibliothèques universitaires en France. Nous l'étudierons après avoir examiné l'empirisme de Vidal.

Le semi-empirisme de Vidal

Dans le dualisme de Vidal, l'empirisme apparaît à divers niveaux. En particulier, Vidal constate d'abord, pour suivre Leibniz, qu'il y a quelque chose et non pas rien. Et ce quelque chose s'impose à nous. Il ne cherche pas à expliquer par une transcendance ce quelque chose, cet être. Il constate empiriquement l'être. Se situant dans le cadre du principe de simplicité et d'économie intellectuelle d'Ockham, refusant de ce fait toute transcendance, il essaie de déceler une logique dans la constitution du réel, à partir de cette constatation empirique d'un être. Il accepte le fait empirique que la nature *est* ce qui s'impose à nous, à l'esprit, de même qu'il accepte que l'esprit *soit* ce qui s'impose à lui-même esprit. Vidal ne s'interroge pas sur la nature de l'esprit ni sur son fonctionnement, ni comment, ni pourquoi il fonctionne. Il le prend tel qu'il s'apparaît à lui-même esprit, comme élément de la nature, façonnant la nature et étant façonné en retour par elle.

La dimension empirique en science est peu exploitée de nos jours. Elle est mal vue par les épistémologues. L'empirisme a certes de nombreux défauts, que nous avons examinés ci-dessus, et il a été critiqué comme naïf car il ne permet pas des profondeurs intellectualistes, se prêtant mal aux subtilités qu'affectionne la philosophie des sciences. Nous avons montré sa richesse heuristique et il est douteux, nous l'avons dit, qu'existe un seul chercheur scientifique qui, un jour, ne se soit contenté de baser telle ou telle partie de son travail sur ce qu'il pensait être un « constat » qu'il ne pouvait questionner, faute de mieux ou bien ne voulant pas se lancer dans des théories, hypothèses ou conjectures peu étayées. La dimension empirique assumée constitue l'une, entre autres, des originalités du système de Vidal, en faisant de celui-ci un système que nous appelons semi-empirique. Cet empirisme est marqué d'abord au niveau ontologique, dont on rappelle qu'il ne connote pas divinité. Certes, il serait étonnant que quelqu'un puisse dire que son expérience des phénomènes dans lesquels il baigne imposerait que le niveau ontologique soit ceci ou cela. En fait, ce ne sont pas les phénomènes, ni toute observation de la nature qu'il aurait pu faire, qui guident Vidal dans sa conception ontologique. Simplement, il constate qu'il est, et, comme Descartes, qu'il est d'abord par son esprit, par ce que l'on considère être l'esprit, cet ensemble de facultés mentales. Il constate cela de façon empirique par la sensation de sa propre existence, son auto-perception. Il y a de l'être dont il fait partie. Mais comment organiser les relations entre lui et cet être global ? Il conceptualise cet être comme Être premier, dans le sens de la *physis* grecque, non transcendantal. Cependant, notre sensibilité, qui est forgée d'empirisme, nous impose que le « quelque chose » est multiple et, au-delà du multiple, divers. Or, le monisme déçoit pour produire le multiple empirique. Vidal, par une voie courante dans les monismes, passe du Un au divers empirique en élargissant l'ontologie. Il élargit celle-ci à la dualité d'hypostases, ce qui est original. Il dépouille, pour obéir à une conception athée, les hypostases du Dieu unique chrétien de leur transcendance, s'en inspire et les ramène au minimum possible pour préserver la multiplicité et donc le divers : deux. C'est leur imprégnation qui produit le *Réel en nous* dont l'esprit qui modèle ce dernier, lui donne une forme. Vidal crée un processus qui produit le divers, constaté par l'esprit comme un divers empirique. On le prend tel qu'il est de façon brute. Il est ce qui est là.

Le dualisme de Vidal utilise souvent le principe d'une causalité molle dont la théorie quantique donne un exemple de ce que cette causalité peut être parfois. Il l'utilise, dans la modélisation du *Réel en nous*, parce que c'est un principe commode. Autrefois, avant la mécanique quantique, la causalité était un axiome et les axiomes sont le résultat d'une constatation empirique. David Hume (1711-1776), le plus célèbre des empiristes, a souligné que la causalité serait une simple répétition, toujours vérifiée, des événements. Ajoutons, quant à nous, que la causalité serait la conceptualisation de ces répétitions.

L'empirisme dans le dualisme de Vidal pourrait, de prime abord, nous rendre sympathique la revivification de l'empirisme par B.C. van Fraassen. Mais les différences sont si nombreuses qu'il s'agit de deux empirismes différents. Étudions quelques spécificités de l'empirisme de van Fraassen, pour voir en quoi celui de Vidal et celui de van Fraassen se rejoignent ou divergent.

L'empirisme de Bas C. van Fraassen

Dans *The Scientific Image,* en 1980[7], Van Fraassen prend du recul par rapport à la notion de « théorie vraie » et défend un « empirisme constructif ». Poincaré, à la suite de tous les positivistes du 19e siècle, avait déjà souligné que les théories ne sont pas absolues, qu'elles ne sont pas « vraies », mais commodes, qu'elles sont interchangeables par commodité.[11] La falsifiabilité de Popper a conduit à penser aussi qu'il y a des théories valides, mais rien qui soit vrai — sauf en termes d'harmonie, d'adéquation dans le sens de l'*adæquatio rei et intellectus* de la scolastique.

L'argument de van Fraassen tient en ce que la vérité est difficile à cerner dans le cadre de la science. Il admet donc la vérité, mais cette vérité ne peut être que de référence : la

Vérité, un Réel *en soi* auquel s'intéresserait le chercheur, vérité qu'il est difficile d'identifier. À défaut de théorie vraie, il prône la notion de « théorie empiriquement adéquate », ce qui est du classique scolastique et avait été mis en avant par les positivistes, et il prône aussi la notion de modèle, un grand classique.

Rappelons ici, en effet, que la notion d'adéquation a été utilisée par la scolastique pour définir la vérité : *adæquatio rei et intellectus*, adéquation de la pensée de la chose à la chose elle-même, une harmonie entre les deux, ce qui ne fige pas la vérité en la Vérité. Une théorie « empiriquement adéquate » est une théorie dont l'étude montre qu'elle est en adéquation avec les phénomènes, en relation de similitude avec eux. Cette théorie n'est donc pas figée en un dogme, l'empirisme pouvant amener à la modifier, la réfuter, bref à en modifier l'adéquation pour la rendre plus étroite, plus fine. Rappelons aussi que la notion de modèle a été adoptée par Ernst Mach au XIXe siècle, encore qu'il ait eu des prédécesseurs. Cette notion a été acceptée depuis dans beaucoup de domaines jusqu'à l'agriculture (J.-M. Legay[12]). Van Fraassen se dit donc antiréaliste puisque, pour le réaliste, une théorie doit être vraie, doit correspondre à la chose et au phénomène *en soi*, *en soi* que Van Fraassen ne répudie pas, mais qu'il place entre parenthèses.

L'antiréalisme stipule que l'on ne peut poser de lien entre un savoir et une réalité préexistante à ce savoir dont celui-ci serait l'expression. Les symboles utilisés et les relations cognitives que l'esprit tisse entre lui et les choses sont au moins pour une part contributives à ce que l'on sait du réel. Ajoutons que, pour Vidal, de façon différente de ce que pense van Fraassen, l'esprit participant à créer la nature, le *Réel*, il ne peut y avoir disjonction entre le savoir qui relève de la modélisation — même s'il n'y a pas unicité du modèle — et le *Réel* qui préexiste à la modélisation, puisque *Réel* et savoir sont en lien par l'esprit qui les pense tous les deux. Ceci n'empêche pas que Vidal soit antiréaliste puisqu'il refuse tout *en soi*, qu'il s'agisse entre autres ici de celui des théories ou de celui des entités.

L'antiréalisme remonte à Kant qui préconisait, on le rappelle, que notre connaissance des choses dépend des catégories selon lesquelles notre esprit les pense, mais que nous ne pouvons pas les connaître *en soi*, même si le réel existe *en soi*. L'antiréalisme ne suppose donc pas l'absence d'un « réel », sauf que ce réel ne peut être connu en lui-même, *en soi*. L'antiréalisme de Vidal pose, de façon différente, qu'il y a bien un réel, le *Réel en nous*, contingent, pensé par l'esprit à partir d'un amorphe, et pas d'*en soi*.

Allons, en ce qui nous concerne, jusqu'au bout, comme nous l'avons souligné : autant supposer, comme le fait Vidal, qu'il n'y a pas de réel *en soi*, en l'absence de falsifiabilité possible de cet *en soi*. L'existence d'un *en soi* ne peut être prouvée. Avec l'antiréalisme classique on n'est pas loin de l'idéalisme de Platon qui suppose un réel *en soi*, le monde des idées, celui des abstractions, dont font partie les mathématiques, notre monde sensible n'en étant que le reflet, un reflet ontologiquement inférieur au réel des Idées. Pour Vidal, il n'y a pas de reflet, l'apparence de la chose est la chose elle-même dans le *Réel en nous* : l'apparence de la matière est la matière. La matière est l'image que l'on constate.

Bien des scientifiques sont réalistes parce que ce sur quoi ils travaillent doit avoir de la valeur pour mériter leur travail et les souffrances de la recherche. Empirisme et réalisme ne sont donc pas antithétiques : le scientifique peut croire en un Réel absolu (niveau ontologique) et penser en même temps parvenir à connaître ce Réel absolu par une démarche empirique (niveau gnoséologique). Il est donc étonnant que van Fraassen oppose son empirisme au réalisme et se dise antiréaliste parce qu'il est empiriste. Il précise que l'idée d'un compte rendu vrai se présente sous la forme de deux aspects différents :

« [...] the language is to be literally construed ; and, so construed, the account is true. This devides the anti-realists into two sorts. The first sort holds that science is or aims to be true, properly (but not literally) construed. The second holds that the language of science should be literally construed, but its theories need not to be true to be good. The anti-realism I advocate belongs to the second sort. »[13]

Les théories n'ont pas à être vraies pour être bonnes, dit-il. La formulation qu'utilise van Fraassen ne signifie pas qu'il n'y a pas de théories vraies, ce qui entretient l'idée que les meilleures théories seraient celles qui seraient vraies. La « vérité » lui colle à l'esprit comme une tartine de confiture à la moquette. Nous avons souligné (chap. III) que la notion de vérité devait être maniée avec précaution et qu'en science une théorie n'était jamais vraie, mais valide, plus ou moins, ou invalide, plus ou moins.

Van Fraassen est philosophe, et il est de son affaire que de se dire réaliste ou antiréaliste dans le cadre de son travail, puisque cela peut en être l'ossature. Mais un scientifique ne peut pas se positionner sur la nature philosophique de ce qu'il étudie pour mettre en œuvre cette philosophie dans son travail. Il est ailleurs : il doit construire un modèle en adéquation avec ce qui lui apparaît comme le comportement de la nature, un modèle qui mime au mieux dans l'abstrait ce qu'il pense être le concret, un modèle qui suit un matérialisme méthodologique athée.

La meilleure loi, pensait-on parfois, et c'est le cas de Vidal, est celle qui explique le mieux. Or, dans *Lois et symétries*[8], van Fraassen récuse la notion d'explication comme critère d'une bonne loi. Il insiste sur la capacité d'une théorie à induire de nouveaux phénomènes, en découvrir de nouveaux — son heuristique —, l'explication ne pouvant servir de critère pour départager deux théories, sauf que le scientifique cherche d'abord une explication, l'heuristique ne vient qu'ensuite. En effet, le scientifique est mû par la curiosité, se demandant pourquoi et comment ceci ou cela se produit, quel est le modèle qui répondrait le mieux à son interrogation, parce que ce modèle mimerait au mieux ce que lui scientifique considère comme étant le comportement de la nature. Il ne se dit pas : tiens je vais inventer une théorie qui n'expliquera rien mais qui me permettra de découvrir d'autres phénomènes et de construire d'autres théories. Ce deuxième point n'est au mieux que sous-jacent.

Pour certains, Dieu est l'explication suprême. Pour eux, il suffirait de se soumettre sans barguigner. De ce fait, l'explication ne serait donc pas le meilleur et le seul critère pour une théorie, sinon il suffirait de se convertir et de s'arrêter au concept Dieu. Mais Dieu ne s'explique pas, ni ne se constate, il ne peut donc être l'explication de quoi que ce soit. De plus, il ne peut être falsifiable, donc le concept de divin ne peut être scientifique. Mais pour ceux qui admettent Dieu, tout est expliqué. Cependant…

Cependant, la modélisation matérialiste qu'est la science n'admettant pas le concept Dieu, on ne peut pas rejeter le critère de ce que le scientifique considère comme une explication. Le statut épistémologique de l'explication prend de la valeur. Le scientifique cherche à établir un ordre, une cohérence dans l'univers et à produire, par les théories qu'il utilise dans sa modélisation, une explication, une réponse à ses interrogations — pour la notion d'explication voir : [14-15]. S'il pensait ne pas pouvoir trouver d'explication, il cesserait toute activité. S'il cherche une explication, les théories qu'il bâtit sont là pour expliquer. Par le modèle qu'il construit de la nature, il rend celle-ci intelligible, il la produit à son esprit dans les termes de fonctionnement de son esprit, en adéquation avec ceux de la nature, puisque son esprit fait partie de la nature et participe à la produire. L'explication fait partie de l'intelligibilisation. Certes, la science étant contingente, il n'y a pas de loi absolue comme le soulignait Poincaré, mais des lois efficaces, commodes. On a vu qu'il n'y a pas de loi de la nature mais des lois scientifiques. Plusieurs lois ou théories peuvent se côtoyer [théorie des équivalents et théorie atomique en chimie au XIXe siècle[5], mésomérie et orbitales moléculaires[16] au XXe siècle] donnant des explications sur des bases différentes, mais aussi satisfaisantes les unes que les autres, à certains titres, selon le domaine où la loi est utilisée. L'explication est aussi contingente que la loi et la théorie le sont. Contingent ne veut pas dire sans valeur. Chez van Fraassen, les lois n'ayant pas besoin d'être « vraies », elles sont contingentes et le fait qu'il discute de critères pour choisir la plus adéquate souligne bien l'absence de loi absolue. Pourquoi se désintéresser de l'explication que donne la loi, même si cette explication est contingente ? Une bonne explication participe à rendre une loi belle. Cette beauté est fonction des critères de beauté du scientifique. L'explication elle-même dépend de ce que le scientifique considère comme beau. Elle change selon les époques, les milieux, la culture de l'individu... Une loi ou une théorie est une production du scientifique, c'est un élément d'un modèle. Il n'y a pas de référentiel de lois absolues, pas d'explication absolue. Mais pour qu'un modèle soit satisfaisant, il faut qu'il constitue en lui-même une explication, même si l'explication ressort à une métaphysique scientifique, c'est-à-dire même si les concepts dans le modèle ne sont pas issus du sensible, de l'observable, pourvu que le scientifique accepte cette métaphysique comme explicative. S'il n'y avait pas besoin d'explication, il n'aurait pas été nécessaire d'inventer la métaphysique des champs, des forces, des fonctions d'ondes... Il aurait « suffi » de construire un grand abaque empirique établissant des correspondances entre phénomènes pour en prévoir d'autres… L'empirisme brut, dur, ne conduit pas à une explication c'est peut-être pour cela que van Fraassen, qui se pose en empiriste, récuse pour ne pas affaiblir sa position l'explication comme critère d'une théorie. Vidal, quant à lui, se démarque de prime abord de toute explication dans son empirisme au niveau de la formation du *Réel en nous* : il constate qu'il y a un brut de la nature qui s'impose. Il constate aussi que l'esprit peut modeler le *Réel en nous*, la nature (test de Rorschach par exemple), mais il n'explique rien à ce niveau. Cependant il considère que l'explication est une dimension importante de la modélisation. Un modèle qui n'expliquerait rien de la nature, celle-ci bien qu'empirique, ne servirait à rien. L'explication a aussi pour lui une dimension de plaisir, ce qui est une dimension physiologique. Certes, tout ce qui donne du plaisir n'est pas explication de quelque chose et toute explication ne donne pas un égal plaisir, mais il y a une dimension de satisfaction, de plaisir dans une « bonne » explication.

Van Fraassen s'intéresse aussi à la simplicité d'une théorie. Lorsqu'il réfute qu'une théorie donnerait un compte-rendu détaillé du monde, il soutient que le but des théories est de donner un compte rendu acceptable, commode, du monde observable. Poincaré s'était déjà exprimé sur le caractère commode des théories. Mais van Fraassen est flou. Bien des assertions peuvent être commodes, acceptables pour l'un et pas pour l'autre. Commodité, acceptabilité sur quels critères ? La simplicité était mieux affirmée chez Poincaré. Le compte rendu commode devrait être fondé sur la simplicité selon lui[17]. Il serait d'autant plus commode, acceptable qu'il serait simple. Ainsi il écrivait :

« […] le plus souvent, toute loi est réputée simple jusqu'à preuve du contraire. »[17a] « La science marche vers l'unité et la simplicité. »[17b] « […] pour qu'une explication mécanique soit bonne il faut qu'elle soit simple. » [17c]

On prête à Einstein la réponse suivante à quelqu'un qui lui demandait si, contrairement à ce qu'il pense, la nature n'agissait pas en vertu de lois simples : « Alors je cesserais de m'y intéresser. »[18]

Il y a peut-être un peu trop d'enthousiasme dans les propos de Poincaré. Simplicité, mais pour qui et en vertu de quelle échelle peut-on dire que quelque chose est simple ? Où commence la difficulté, la complexité ? Quand il n'y a plus rien à comprendre, comme en théorie quantique, sauf le déroulement de la logique mathématique ? Bien que ces assertions méritent un long commentaire, la vertu de la simplicité est très séduisante. Cependant, classer des théories en fonction de leur simplicité est illusoire car n'ayant pas de critères définis, on se noiera dans l'ambiguïté et chacun pourra tout remettre en cause et prôner « sa » propre simplicité. C'est ce qui est arrivé au XIXe siècle dans le cas de la théorie empirique des équivalents en chimie, pour laquelle chacun pouvait choisir les références qui lui paraissaient les plus simples, les plus commodes, ce qui entraîna un embrouillamini tel que les chimistes, après 1860, durent réagir et prôner la théorie atomique dont l'abord était plus simple, même s'ils n'étaient pas sûrs de l'existence *en soi* des atomes[5]. Simplicité d'accord, mais van Fraassen ne participe pas à clarifier le débat. Il souligne que la simplicité ne peut pas être un critère de *vérité* d'une théorie. Certes. Pourtant il a pris du recul par rapport à la vérité d'une théorie comme critère d'acceptabilité, mais voici que la vérité est de retour ! Et il ne faut pas se dire, pense-t-il, qu'une théorie simple est plus vraie qu'une théorie compliquée, car on ne peut savoir si le monde est simple plutôt que compliqué :

« Simplicity is quite an instructive case. It is obviously a criterion in theory choice, or at least a term in theory appraisal. For that reason, some writings on the subject of induction suggest that simple theories are more likely to be true. But it is surely absurd to think that the world is more likely to be simple than complicated [...]. »[7]

Passons sur l'assertion que les théories simples seraient les plus vraies ! Encore la vérité qui n'a rien à faire là ! Savoir si le monde est simple ou compliqué ne semble pas être de la science profonde ni de la haute philosophie, surtout en cherchant à relier à cette interrogation la simplicité ou la complexité des théories... Ce sont les théories qui sont simples ou compliquées, pas le monde. Il est ce que l'esprit modèle en les formes de la nature empirique, de la matière empirique, de l'esprit empirique, englobés dans le *Réel en nous*. L'amorphe est-il simple ? Certainement, puisqu'il n'est rien de déterminé. Il est indéterminé. L'amorphe est-il compliqué ? Bien sûr, puisqu'il est potentiel de tout, puisque aussi on ne peut rien en comprendre. C'est, en fait un faux problème. Mais plaçons-nous dans la logique du simple/compliqué, du simple/complexe.

Si le monde était simple, les scientifiques se fatigueraient moins pour parvenir à le modéliser. Certes, mais pourquoi ne pourrait-on avoir des théories simples pour représenter un monde compliqué ? D'ailleurs qu'est-ce qui fait les caractéristiques d'un monde compliqué, alors qu'il est un bloc empirique de perceptions ? Il faudrait démontrer que, si le monde est compliqué, il n'est pas possible de construire des théories simples sur cette complexité. Or, la science, en tant que modèle, essaye de simplifier le monde en suivant le principe d'Ockham, et, quelle que soit la méthode utilisée, de remplacer de fait la multitude infinie des particuliers, au-delà de leur recension empirique, par des concepts qui regroupent sur des critères de similitude certains de ces particuliers jugés semblables ; elle les catégorise et les étiquette par des concepts. Elle utilise ensuite ces concepts pour les relier entre eux et en faire des lois, quelques lois, le moins possible et aussi simples que possible, qui exprimeront, de façon aussi simple que possible, la « complexité » de l'univers. C'est pour cela que la science est un réductionnisme : elle « réduit » la complexité et l'infinité du divers en produisant des concepts qui regroupent en termes de similitudes cette complexité. Du seul fait que le divers soit infini, peut-on soutenir que le monde est compliqué, complexe ? Même s'il est compliqué, sa modélisation ne l'est pas obligatoirement. En effet, l'esprit dans l'action de modélisation recherche l'esprit dans son action créatrice, l'esprit créateur. Il se cherche lui-même. Pourquoi lui serait-il difficile de se faire une représentation de lui ?

La modélisation, avons-nous dit, du fait de son caractère réducteur, n'est pas obligatoirement compliquée. Rien que la liste des nombres entiers est infinie, mais elle peut être modélisée facilement : il suffit, pour la générer, d'ajouter l'unité à un nombre précédent dans la liste établie par ordre de croissance. C'est une réduction de l'infinité de la liste. La science vise à la simplicité par son réductionnisme. Ce n'est pas parce que l'univers serait complexe qu'il faut faire des théories compliquées. Et si l'univers est simple on n'a pas besoin d'explication, de modélisation, de théories. Mais comment saurions-nous qu'il est compliqué avant d'essayer de l'intellectualiser en modèle ? La notion de complexité du monde et de complexité ou non, de ce fait, des théories, paraît sans lien.

Cependant, répétons-le : qu'entend-on par simplicité/complication, simplicité/complexité ? Surtout, une théorie peut receler en elle-même divers niveaux de complexité. Ainsi, rappelons l'exemple concernant la réactivité chimique : la théorie de la mésomérie en chimie organique, dans un socle élémentaire ou une conception de base utilitariste, est imagée, simple, facile à comprendre ; elle permet d'orienter de façon satisfaisante, pour un étudiant, les prévisions de réactivité ; la théorie des OM (Orbitales Moléculaires) sera souvent ignorée par les chimistes organiciens dans ce cadre, si l'on en reste à la pédagogie des cursus de masters. Mais à un niveau plus raffiné, poussée dans ses retranchements, la mésomérie devient très encombrante et laborieuse à mettre en œuvre. Prévoir des résultats de réactivité à partir de la mésomérie pour le naphtalène demande la prise en compte de 42 formes dites mésomères[16], comme si l'on avait affaire à 42 molécules. C'est compliqué. À partir d'une certaine sophistication, la théorie des OM est plus simple à traiter, même si elle n'est pas plus facile à comprendre et si ses « explications » relèvent parfois de la seule mathématique, sans image suscitée dans l'esprit, ce que permet plus aisément la mésomérie. Dans les années cinquante, les théoriciens optèrent pour la théorie des OM moins coûteuse à traiter par les moyens de calculs de l'époque. Toutefois, les chimistes organiciens continuent à faire usage de la mésomérie pour enseigner la chimie organique, surtout pour des molécules de petite taille. On peut, en effet, préférer une théorie à un niveau d'abstraction, parce qu'elle est la plus simple, et une autre à un autre niveau d'abstraction, parce que dans ce cadre elle est la plus simple, étant entendu que chacune doit donner les mêmes résultats quand elles sont poussées dans leurs derniers retranchements. La théorie des équivalents au XIXe siècle a été remplacée après 1860 par la théorie atomique parce que celle-ci était plus simple que la théorie des équivalents[5], mais on a conservé les équivalents en chimie quand on manipule des quantités macroscopiques. On serait tenté d'étendre ce raisonnement à la comparaison entre la théorie de la gravitation d'Einstein (Relativité Générale) et la théorie de la gravitation de Newton. En fait ce n'est pas possible. Au niveau d'abstraction du quotidien la deuxième, plus simple, donne d'excellents résultats. Par contre au niveau d'abstraction supérieur nécessité par l'étude des phénomènes cosmiques, dans de nombreux cas ce sera seulement la théorie de la gravitation d'Einstein beaucoup plus complexe qui pourra gérer ce cosmique. La théorie de Newton ne le pourra pas.

La simplicité se réfère au principe d'Ockham : il ne faut pas multiplier les entités au-delà du nécessaire. Ainsi, en microphysique, la notion de « variable cachée » est inutile. Elle n'apporte pas d'amélioration de la précision dans les prévisions de celle-ci et elle alourdit la théorie. La simplicité sera toujours plus séduisante que la complexité. L'explication, l'intelligibilisation de la nature par la modélisation qui sera produite en seront plus belles.

En fait, le monde est tel que notre esprit participe à le construire non pas dans un réel absolu, *en soi*, dont la conjecture est inutile pour la modélisation, mais dans le *Réel en nous*. On peut dire *a priori* qu'il est intelligible au moins autant que ce qu'il est esprit, que ce que l'esprit le façonne. L'*esprit*, notre esprit, imprègne la totalité de la nature, du *Réel en nous* ; tout est donc *a priori* intelligible. La notion de simplicité ou de complexité ne s'applique pas au *Réel en nous*. Qu'il soit simple ou compliqué, celui-ci, qui est à notre échelle d'observation, d'appréhension, est à notre échelle de compréhension. Façonné par l'esprit, le

Réel est au niveau de la capacité de l'esprit à le modéliser, au niveau de notre capacité à le modéliser et il n'y a rien en dehors de lui. Il nous est intelligible, ce qui dépasse la dialectique simple/compliqué.

Van Fraassen fait peu de place à l'esprit du scientifique. Or, ce dernier ne fait pas que collecter des phénomènes, construisant des théories plus ou moins en adéquation avec ceux-ci, comme s'ils étaient indépendants de lui. Le scientifique est inclus dans les phénomènes ; c'est une adéquation parfois entre lui et une part de lui qu'il recherche et trouve. Van Fraassen néglige trop l'aspect psychique, culturel. S'il refuse l'explication comme critère, il refuse donc la dimension psychique, une dimension de théorie construite par le scientifique pour lui, présente dans le phénomène. Ne mettant pas l'accent sur la simplicité, il occulte le principe d'Ockham. L'empirisme de van Fraassen est sec et brouillon. C'est celui d'un logicien qui n'étend pas sa réflexion à suffisamment de dimensions du monde, des dimensions souples, comme celles que l'esprit du scientifique peut voir ou susciter dans le *Réel en nous*.

Van Fraassen et la mécanique quantique

Au-delà des conceptions globales sur la science, van Fraassen a appliqué sa formation de logicien et son attitude empiriste au domaine de la mécanique quantique. Dans *Quantum Mechanics, an Empiricist View*[9], il émet des conceptions générales et tient les propos suivants :

« Empirical adequacy, like truth, admits of no degrees. There is no such thing as just a little bit true, no more than being just a little bit alive. »[9a]

L'humour en science n'est pas un élément de preuve. Ici, l'humour caustique vise à déconsidérer un point de vue différent. C'est de la polémique. La vérité ne se partagerait pas. Elle serait un bloc rigide, et l'on pense à l'atome épicurien[19a] ou par certains côtés au Sphairos de Parménide[19b]. Ces propos dogmatiques sont une assertion de logicien à œillères. Tout est blanc ou tout est noir. Il n'y a plus de place pour la vérité-*adæquatio* qui est nuances. Van Fraassen suppose ici une vérité absolue, de référence, *en soi*, puisqu'il allègue une vérité et que sa vérité, n'ayant pas de degré, ne peut être qu'absolue — rappelons qu'il a essayé de prendre du recul par rapport aux théories *vraies*, donc à la vérité. Mettant en avant une vérité *en soi*, il met en avant un réel *en soi*, puisque, dit-il, l'adéquation de la théorie avec le phénomène constaté empiriquement doit être sans degré, donc absolue. Qu'est-ce qu'une adéquation absolue, sinon une identité entre les éléments de l'adéquation ? A-t-on vu un tableau *identique* au paysage ? L'empirisme aurait dû protéger van Fraassen des dangers de la Vérité. Nous sommes déçus.

Van Fraassen posant une vérité, donc, avons-nous dit, en sciences un Réel *en soi*, prône cependant la notion de théorie adéquate à la place de celle de théorie vraie. Mais la vérité aux doigts rigides est là, qui gratte à la porte. Cette vérité a chez lui un statut très élevé puisqu'elle ne se partage pas. Or, la vérité, dans la culture occidentale, à la suite de la logique scolastique, est quelque chose de souple. Elle n'est pas définie comme un bloc rigide, mais, on le rappelle, comme une *adæquatio rei et intellectus*, une adéquation, une sorte d'harmonie. Or, l'adéquation empirique de van Fraassen est figée car, comme la vérité, elle n'admet pas de degré. Elle est très dure. La souplesse scolastique, dangereuse pour ceux qui veulent contrôler la pensée, a fait l'objet de tentatives de reprises en main par la hiérarchie de l'Église dès le XIIIe siècle, car il est difficile de fonder un dogme sur du mouvant, tout en utilisant cette souplesse dans la dimension politique. Cependant, la hiérarchie de l'Église a eu peu de succès contre les clercs de la scolastique, qui auraient dû lui être soumis, parce que la structure des universités et l'expansion de celles-ci avaient permis une indépendance de fait, certes fragile, mais efficace à l'époque. Les adéquations de l'*adæquatio rei et intellectus* peuvent être multiples, certaines plus fermes que d'autres, avec plus de dimensions, satisfaisantes à des degrés, des amplitudes diverses ; c'est cela la vérité scolastique, celle qu'utilise Vidal comme outil de modélisation, plus chaude et plus riche que l'airain froid du dogme intangible. Ainsi, comment définir une vérité rigide en mécanique quantique, alors que les relations de Heisenberg en postulent le « flou » dans bien des situations et que la stochastique ne permet pas des affirmations tranchées *a priori* ? Et le postulat de Heisenberg n'a jamais été pris en défaut. Quelle est la vérité d'une valeur de la quantité de mouvement lorsque la position d'une particule est assez bien définie ? Il n'y a alors pas une valeur définie *a priori* pour la quantité de mouvement : la valeur est fortement indéterminée. En fait, elle n'existe pas avant que la mesure ait été faite puisque c'est cette dernière qui crée la valeur de ce qu'elle mesure. La quantité de mouvement pourra prendre lors de la mesure une valeur dans un large spectre de valeurs, dont aucune ne pourra antérieurement à la mesure être définie avec précision. Ce large spectre de valeurs possibles semble introduire un flou, une vérité floue. Deux valeurs différentes pourront être aussi vraies l'une que l'autre, en termes de probabilité, parce qu'il n'y a pas de valeur déterminée *a priori*. En fait on pourra accroître ci-dessus la précision sur la valeur de la quantité de mouvement si l'on accepte des valeurs de la position de moins en moins déterminées.

Rechercher une Vérité absolue en science imposerait l'identité du modèle et du modélisé. Un modèle qui ne serait pas identique au modélisé ne pourrait être Vrai, puisque le Vrai serait ce qui est à modéliser, ce qui ne se partage pas. Cette identité n'est possible que dans le cas d'un idéalisme pur où l'esprit créerait seul le monde et pourrait être identique au monde. C'est sur la vérité-*adæquatio* scolastique que le scientifique se fonde dans sa recherche d'un modèle, mais cette vérité est un outil, un outil pour atteindre la cohérence ; elle participe à une démarche opérationnelle, un mode opératoire dirait un scientifique. Elle n'est pas un absolu qui se dévoilerait au bout d'une quête. Les notions d'absolu, de nature vraie, de phénomène vrai sont sans objet, car ils ne sont pas utiles pour construire un modèle de la nature. Or, van Fraassen, s'il avance que la vérité n'est pas une notion à appliquer à une théorie, puisqu'il dit qu'il n'y a pas de théorie vraie, mais qu'il y a des théories empiriquement adéquates, suppose quand même une vérité. Que peut-on en faire ? Van Fraassen suppose, aussi, un phénomène vrai, *en soi*. C'est de l'antiréalisme appliqué aux théories. S'il n'y a pas de théorie vraie, il y a pour lui des phénomènes vrais pour lesquels on peut bâtir des théories adéquates. Or, aucun phénomène n'est vrai. Un phénomène n'est pas plus *vrai* que la théorie qui en encadre la production en tant que phénomène, puisqu'elle n'est pas vraie, serait-elle adéquate. Le phénomène par ailleurs, on le rappelle, c'est ce que l'esprit, sur la voie de la modélisation, découpe dans le brut de la nature, pour faciliter l'intelligibilisation de celle-ci. C'est, si l'on préfère, l'analogue d'une catégorisation des choses, comme partager la nature en herbes, en chats, en chênes, en ciel, en ombres, en clartés qui forment déjà une analyse empirique de la nature. Van Fraassen manipule de façon ambiguë le concept de Vérité. Reconnaissant ce concept, et en faisant émerger de lui le phénomène, qui acquiert de ce fait un statut très fort, trop fort, il ne va pas jusqu'au bout de la reconnaissance de la Vérité, c'est-à-dire qu'il refuse, dans cette logique, que la théorie relève de la vérité. Osera-t-on le dire ? *L'empirisme de van Fraassen, d'apparence antiréaliste, est là parce qu'il est embarrassé par son réalisme, est là parce qu'il a honte de son réalisme.* Pour lui, il y a un Réel, mais il n'accepte pas de travailler dans les termes de ce Réel, le masquant derrière un empirisme. On voit par là qu'il faut chasser de la science la notion de vérité absolue à atteindre car, en science, cette notion pollue tout, elle est pernicieuse. Il faut se limiter à l'*adæquatio rei et intellectus* de la scolastique — que van Fraassen connaît, mais dont il ne semble pas reconnaître la richesse. Cette *adæquatio* a été fertile pour l'érection de la science et permet de ne pas tomber dans le marais aux sables mouvants du relativisme absolu, ni dans la rigidité de la Vérité absolue. La Vérité absolue est la béquille du mysticisme, de la foi et de la Révélation car où aller la chercher ailleurs que là ? Le Réel *en soi* est la béquille de la transcendance. La modélisation scientifique ne peut pas l'utiliser comme outil et n'en a donc pas besoin.

La partie de la citation « *being just a little bit alive* » incite à faire un lien avec le chat de Schrödinger. Ce chat ne peut être que mort ou vivant dans la vie quotidienne, alors que si on veut lui appliquer la logique de la mécanique quantique il ne peut être que : ni mort, ni vivant. En effet, il ne peut même pas être dans un état qui serait la combinaison des deux états mort et vivant, parce qu'aucun état n'existe avant l'observation. Et au moment de l'observation il est soit mort soit vivant. Or, Schrödinger plaisantait pour faire comprendre et tenter de ridiculiser la composition d'états, une spécificité de l'entité microphysique, mais sa plaisanterie a subi le sort du paradoxe de Zénon concernant Achille et la tortue[13c].

On en discourra dans vingt siècles, alors que le paradoxe du chat n'apporte rien tant qu'il est pris au sérieux. Être vivant ou mort, pour van Fraassen, se réfère au vrai et au faux. C'est au moins une métaphore osée.

Van Fraassen ajoute : « *To be empirically adequate is to have some model which can accomodate all the phenomena.* »[9a] Il précise certes que c'est un idéal. Mais là encore on doit prendre du recul par rapport au fétichisme des phénomènes scientifiques, car ils ne sont pas *en soi.* Or, pour van Fraassen, dans la mesure où il invoque une vérité, il faudrait que les phénomènes soient un donné *en soi* de la nature, ce que la nature ne nous fournit pas, parce qu'elle n'est pas un donné, même si elle apparaît à notre conscient comme un brut et qu'elle est construite dans nos images mentales, par notre esprit. On soulignera la conception quasi « jésuitique » de l'empiriquement adéquat de van Fraassen qui consiste à avoir un modèle qui peut « accommoder » tous les phénomènes. Ce verbe *accommodate* possède bien des vertus ! J'accommode un poulet à la noix de coco ou en galantine ! Je peux fournir un espace pour que quelque chose ou quelqu'un s'installe. Je peux accommoder ma conscience avec quelque crime que j'aurais commis. Je peux en tant que théorie m'adapter à tous les phénomènes. Quel beau mot choisi pour son flou, parce que l'opération est floue !

Bien des propos de van Fraassen sont en opposition avec la pensée de Vidal. Pour ce dernier, l'adéquation, que les scolastiques mettaient en avant pour définir la vérité, présente des degrés, des harmonies plus ou moins prégnantes : il y a des adéquations plus ou moins étroites, répétons-le, plus ou moins fidèles, plus ou moins harmonieuses. Le phénomène est en partie construit par l'esprit du chercheur et par la théorie que celui-ci produit, théorie qui fait que le phénomène est phénomène. On pourrait dire encore : qui produit le phénomène. Aussi, la question que pose van Fraassen: « *What do the phenomena demand ?* »[9b], « que demandent, que réclament, qu'exigent les phénomènes » — ce verbe est fort en anglais —, place ceux-ci dans une sorte de transcendance, d'*en soi*, qui correspondrait à un *en soi* dans la nature, et c'est symptomatique de ce que pour lui les phénomènes sont un absolu dictatorial auquel il faut se référer. Ces mots imposent que la théorie doit déférer à des phénomènes conçus comme absolus. La théorie est convoquée par les phénomènes. Or, il n'y a pas de phénomène pur, mais des phénomènes conçus dans le cadre de théories préexistantes qui ne sont phénomènes que dans le cadre théorique qui organise l'observation.

« To be good, it is not necessary for a model to have all its elements correspond to elements of reality. What is needed instead is that the model should fit the phenomena it was introduced to model. [...] A new model will be the more highly valued if we regard it as suggesting new ideas for how to extend our theories, how to construct yet further models, how to open up new avenues of experimental and theoretical research. »[9c]

Depuis longtemps, les scientifiques admettent qu'une théorie, un modèle, doivent permettre des productions expérimentales ou théoriques nouvelles et ne pas être une fin, un cul-de-sac. Ainsi, le concept Dieu n'est pas heuristique. On ne peut pas aller plus loin que ce concept. Il ferme tout. Au-delà de ce que van Fraassen peut avoir de classique ici, on soulignera que le début de ce passage illustre, une fois de plus, la croyance en une réalité *en soi*. Certes, d'entrée il précise qu'il n'est pas nécessaire que tous les éléments d'un modèle correspondent à des éléments de réalité. Si l'on passe sur le mot « réalité », on peut interpréter ces termes dans le sens qu'il n'y a pas de correspondance biunivoque entre les éléments du modèle et les éléments de ce qui est modélisé : tel élément du modélisé ↔ tel élément du modèle. Il faudrait donc, pour que l'on puisse obtenir un modèle absolu, qu'il y ait une réalité *en soi* dont les éléments seraient singuliers, distincts, chacun *en soi*, inamovibles dans leur être, chacun connu indépendamment, et inventoriables avec précision. Or, on sait par la violation du théorème de J.S. Bell [20-21] que ce n'est pas le cas dans la dimension microphysique. Les éléments, les phénomènes dépendent de la théorie. Si l'on change de théorie, les phénomènes changent, donc les éléments à modéliser. Allons encore plus loin. La mécanique quantique est bien une métaphysique, destinée à soutenir la cohérence de ce que nous vivons à cet instant comme phénomènes, comme sensible, si l'on préfère : un modèle destiné à soutenir la cohérence des phénomènes et des choses du macroscopique, modèle que nous érigeons en adéquation avec ce macroscopique. Bien des éléments de la mécanique quantique ne correspondent pas à des éléments du macroscopique. L'entité fonction d'onde ne correspond pas à un élément du macroscopique. Quand on passe du microphysique — de la métaphysique du microphysique plus exactement — au macroscopique, au sensible, cette fonction se résout en la probabilité d'occurrence d'un phénomène macroscopique, par exemple en la probabilité d'occurrence d'un signal dans un appareil dont on dira qu'il a détecté un corpuscule, parce qu'il a reçu l'information d'un échange d'énergie presque ponctuel. La fonction est un élément métaphysique, évoluant dans les termes de sa causalité microphysique, posé pour déclencher la sensation de compréhension face au comportement du macroscopique. Il n'y a aucun élément du modèle quantique qui corresponde au modélisé macroscopique, ce que van Fraassen pense être la réalité. De même, la métaphysique des champs est une trouvaille théorique permettant de construire un modèle, et il n'y a pas plus de champs *en soi*, qu'ils soient gravitationnels, magnétiques, électromagnétiques... que de beurre en broche dans le macroscopique à modéliser, donc aucun élément champ dans la réalité de van Fraassen.

Van Fraassen s'élève contre le scientisme. Cachez ce scientisme que je ne saurais voir ! Peut-on présenter un travail scientifique qui soit scientiste ? Le scientisme est une idole qui a été érigée pour recevoir des coups par ceux qui l'ont sculptée pour s'attribuer les vertus du chevalier blanc qui terrasse le Diable. Quand on veut une victoire facile, il faut inventer un ennemi avec de répugnants défauts. Pour van Fraassen, le scientisme va au-delà de ce que donne l'expérience, de ce que le monde est réellement. Le scientisme nierait toute réalité à ce qui « *does not countenance* ». Il ne laisserait la place à rien d'autre. C'est un saut de foi :

« To make such a leap does not make us *ipso facto* irrational ; but we should be able to live in the light of day, where our decisions are acknowledged and avowed as our own, and not disguised as the compulsion of reason. »[9d]

Ce passage, ambigu, éclaire un certain mysticisme de la pensée de van Fraassen. Il y aurait de la liberté au-delà de la raison ! La raison serait-elle donc une prison pour van Fraassen ?[22]

Autour de Vidal et de van Fraassen

Nous avons exposé une partie des conceptions de van Fraassen non seulement pour son empirisme revendiqué, mais aussi parce que ce philosophe des sciences est au sommet du panthéon philosophique des États-Unis. Son œuvre, en effet, paraît puissante, mais au premier abord seulement. On peut penser qu'il est l'un du petit nombre des philosophes qui semble avoir compris une partie de la théorie quantique. Ceci permet de le mettre en exergue.

Nous devions en particulier étudier son empirisme, puisqu'il est le représentant philosophique aujourd'hui de cette conception de la science et qu'il y a dans le dualisme de Vidal une dimension empirique. Mais l'empirisme de Vidal est clair et nettement formulé, alors que celui de van Fraassen est englué dans le flou. Aussi, on ne s'étonnera pas que nous n'ayons pas manifesté une grande sympathie envers son œuvre. En effet, il adopte souvent des points de vue déjà formalisés depuis longtemps en science. Il les reformule dans un cadre empirique, dans le cadre d'une vérité qu'il admet ici ou là et ne sait pas toujours qu'en faire, un peu comme quelqu'un qui tiendrait dans ses doigts une tartine de confiture qui lui échappe et qui s'en mettrait plein les doigts, et ce d'autant plus qu'il essaierait de redresser la situation. Il est parfois perdu dans des subtilités qui ne sont peut-être qu'un embrouillamini, auquel se livrent parfois ceux qui veulent faire « pensé », subtilités dont l'intérêt pour le scientifique reste à mettre en évidence. Il gâche la philosophie pour le scientifique parce que ses propos ne permettent pas des idées claires, alors que la philosophie des sciences est indispensable au scientifique pour enrichir sa pensée. Van Fraassen constitue un contre-exemple de cette nécessité. Sa sècheresse de logicien, sa dimension de mysticisme, ses difficultés à prendre plus de distance qu'il ne le fait avec la « vérité » rappellent d'autres logiciens en robe de bure blanche.

Certes, reprenant des notions établies depuis longtemps en science, les formulant à nouveau pour faire comme si elles étaient neuves et, par le challenge de complexité parfois gratuite dont il les entoure, il les rend séduisantes. Il a convaincu la communauté des philosophes des sciences qu'il rend à l'empirisme des lettres de noblesse, alors que l'empirisme avait été foulé aux pieds par les philosophes et, officiellement, par les scientifiques qui pourtant ne manquaient pas de s'en servir sans le dire. Ces derniers ignoraient parfois, du fait d'une certaine inculture protectrice, que l'empirisme avait été condamné par les philosophes, ou bien ne souhaitaient-ils pas faire « ploucs » aux yeux de ces derniers. Sortant l'empirisme de son cul de basse fosse, van Fraassen promeut de ce fait le positivisme, version élaborée du premier, qui a été injustement condamnée, car tout scientifique adopte dans sa démarche une attitude positiviste, certes dans une forme qui est plus ouverte à la métaphysique scientifique que ne l'avait été le positivisme au XIXe siècle. On peut s'interroger sur le fait que van Fraassen aurait fait œuvre positive en dehors de sa revivification souvent ambiguë de l'empirisme.

Nous avons, dans ces commentaires sur van Fraassen, et c'était l'un des buts de ces derniers, souligné combien le dualisme empirique de Bernard Vidal s'en distingue. C'est entre autres pour cela que nous qualifions ce dernier de semi-empirique et non pas d'empirique. En effet, cet empirisme n'a pas de prétentions dominatrices. Il ne veut pas étouffer toute autre dimension dans le dualisme de Vidal, en se présentant comme la seule approche de la nature. La dimension antiréaliste de la pensée de Vidal a une importance analogue à sa dimension semi-empirique. N'oublions pas la démarche logique de Vidal qui suit une voie démonstrative partant de l'Être amorphe, l'Indéterminé, en déduit ses hypostases et par-delà le *Réel en nous*, l'esprit empirique et la nature empirique, celle de nos perceptions ; il n'y en a pas d'autre.

Le dualisme de Vidal non seulement se distingue de l'empirisme de van Fraassen, mais aussi de tout ce qui a participé à servir à Vidal de source d'inspiration. Ainsi, nous l'avons souligné au début de ce chapitre, il se distingue de l'idéalisme platonicien et même de l'antiréalisme habituel, parce qu'il y a bien pour Vidal un réel, mais c'est l'esprit qui donne les formes que nous percevons de ce réel à partir d'un substrat amorphe, indéterminé. Ce réel est contingent. Il peut être considéré comme objectif, si on tient à lui appliquer ce terme, parce qu'il est un *Réel en nous*, qu'il a tous les attributs d'un réel pour nous, cohérent avec le fait que la représentation non seulement se confond avec la chose représentée, mais n'est autre que la chose. Ce faisant, Vidal participe à assassiner le réalisme dur, naïf, ce réalisme conçu ou vécu, de fait, de façon classique par bien des scientifiques. Si l'on en revient à Leibniz, il y a quelque chose et non pas rien. C'est sur cette base que Vidal, sans s'interroger sur les questions de transcendance que soulève cette constatation — parce qu'il nie toute transcendance divine —, fonde son système de façon logique. Il le fonde ensuite aussi sur le fait qu'il retient d'Anaximandre l'*apeiron*, l'Indéterminé, sous l'acception de l'Amorphe, ce qui lui permet d'éviter l'écueil du solipsisme.

Il est un autre point à souligner concernant les pensées de Vidal et de van Fraassen, c'est qu'elles se développent toutes deux, de façons différentes, en dehors de l'approche gnoséologiquement correcte. Ceci a réussi à van Fraassen, parce qu'il secouait de l'intérieur le microcosme des penseurs autorisés et qu'il n'a pas secoué suffisamment fort pour s'en trouver expulsé. Un trublion aux griffes molles est bon pour le système. L'œuvre de Vidal est beaucoup plus originale et plus définitive, plus provocatrice aussi, plus dérangeante envers le prêt-à-penser, en soulignant en particulier ce qu'il y a encore d'empirisme dans les axiomes fondateurs et postulats du modèle scientifique, et soulignant que ces derniers remplacent en science les mystères de la religion catholique.

Références et notes

1)Platon, *Le Timée et le Critias* (4e siècle av. J.-C.), Paris, Éditions Les Belles Lettres, traduction A. Rivaud, 1956.
2) I. HACKING, *Concevoir et expérimenter*, Paris, Christian Bourgois, 1989, pp. 49-50 en particulier, aussi 51-63.
3) Premier principe de la thermodynamique : « L'énergie se conserve, elle ne peut être ni créée ni détruite. » ou variante : « l'énergie d'un système isolé est constante » ou : « L'énergie de l'univers est constante » l'univers étant un système isolé.
4) Deuxième principe de la thermodynamique : « Au cours d'une transformation spontanée, l'entropie de l'univers, c'est-à-dire de l'ensemble : système plus extérieur, ne peut pas diminuer. Elle reste constante si la transformation est effectuée réversiblement. Elle augmente si la transformation est effectuée irréversiblement. »
5) B. VIDAL, *Histoire de la chimie*, Paris, PUF, « Que-Sais-Je ? » n°35, 1998, pp. 59-70.
6) A. KOYRÉ, « Les origines de la science moderne, une interprétation nouvelle », Diogène, n°16, Paris, Gallimard, 1956, p. 14-42, cité de : A. KOYRÉ, *Études d'histoire de la pensée scientifique*, Paris, Gallimard, 1973, p. 81. Koyré s'avance lorsqu'il fait référence à une réalité sous-jacente, comme si un *en soi* réel pouvait être supposé.
7) B. VAN FRAASSEN, *The Scientific Image*, Oxford, Oxford University Press, 1980, (citation p. 90).
8) B. VAN FRAASSEN, *Laws and Symmetry*, Oxford, Oxford University Press, 1989 (trad. C. Chevalley : *Lois et symétrie*, Paris, Vrin, 1995.
9)B. VAN FRAASSEN, *Quantum Mechanics, an Empiricist View*, Oxford, Oxford University Press, 1991, a) p. 12, b) p. 78, c) p. 16, d) p. 17.
10) B. VAN FRAASSEN, *The Empirical Stance*, The Yale University Press, 2002.
11) H. POINCARÉ, *La science et l'hypothèse (1902)*, Paris, Flammarion, 1968, a) p. 162, b) 183, c) 186.
12) J.-M. LEGAY, *L'expérience et le modèle. Un discours sur la méthode*, Paris, INRA Édition, 1997.

13) B. VAN FRAASSEN, « To Save the Phenomena », pp. 82-92, in : *The Philosophy of Science* [sous la dir. D. Papineau], Oxford/New York, Oxford University Press, 1996, (citation p. 82-83).
14) S. TOULMIN, *L'explication scientifique*, Paris, Armand Colin, 1973.
15) L. APOSTEL, C. CELLÉRIER, J. T. DESANTI, R. GARCIA, G.G. GRANGER, F. HALBWACHS, G. V. HENRIQUES, J. LADRIÈRE, J. PIAGET, I. SACHS, H. SINCLAIR de SWA-ART, *L'explication dans les sciences*, Paris, Flammarion, 1973.
16) B. VIDAL, *La liaison chimique. Le concept et son histoire*, Paris, Vrin, 1989, pp. 129-152.
17) H. POINCARÉ, *La science et l'hypothèse (1905)*, Paris, Flammarion, 1943, pp. 189-192.
18) G. LOCHAK, *La géométrisation de la physique*, Paris, Flammarion, 1994, p. 53. Lochak cite : C.W. RIEDTDIJK, *Annales de la fondation Louis de Broglie*, **13**, 141, 1988.
19) B. VIDAL, *Théories élémentales et atomiques de l'Antiquité classique*, IHS, Nice, 1984, a) pp. 157-192, b) pp. 37-48.
20) J.S. BELL, *Physics*, **1**, 195-200, 1964.
21) J.S. BELL, *Rev. Mod. Phys.*, **38**, 447, 1966.
22) L'analyse concernant van Fraassen a été discutée avec Bernard Vidal.

Conclusion

Le dualisme antiréaliste et semi-empirique de Bernard Vidal — on dit aussi dualisme logique — ne sort pas tout constitué de l'esprit de celui-ci. Il rassemble des notions parfois éloignées dans l'histoire de la pensée occidentale, parfois très différentes, les époussète, les reformule, resserre des liens, trace des ponts là où il n'en avait pas été construit, les enrichit de sa pensée originale, transmute le caillou en pierre fine et compose un bouquet final qui est un système du monde. Les autres penseurs qui ont construit des doctrines dualistes avant lui ont rencontré des écueils qu'ils n'ont pu éviter. En ce qui concerne Vidal, ces écueils disparaissent. Il fait porter l'accent sur un réel empirique, qui est celui de notre sensibilité. Ce réel n'a pas pour seule caractéristique d'être empirique, et cet empirisme suit un développement conceptuel qui fait qu'il vaut mieux le qualifier de semi-empirique. Pour Vidal il n'y a pas d'autre réel que ce *Réel pour nous*, que nous portons en nous, ce *Réel en nous* donc, qui est nous, parce qu'il n'y a pas de réel *en soi* à mettre en œuvre, ni même à supposer, pas de choses *en soi*, sauf à le démontrer car rien ne prouve qu'il y ait derrière l'apparence, si l'on ne va pas jusqu'à l'indéterminé de l'Être amorphe, un être différent de celles-ci. Tout du réel est apparence et l'apparence est ce qui est. Tout du réel est image.

Vidal, suivant Leibniz, part du principe qu'il existe quelque chose et non pas rien. Il existe de l'être, un être amorphe, sans détermination, et cet amorphe est mis en les formes de la nature qui sont perçues. C'est le *Réel en nous*, la nature empirique dont l'esprit empirique et la matière empirique. Ce faisant il évite le solipsisme. Il s'interroge sur la façon dont cet être prend des formes pour nous, et sa pensée se rapproche, en ses prémisses, de l'*apeiron* du Grec Anaximandre, philosophe-physicien du lointain passé de la civilisation occidentale. Cet *apeiron* est assimilé à de l'indéterminé. C'est, en quelque sorte, l'Indéterminé primordial. Vidal suppose que l'être primordial est amorphe, qu'il est l'Amorphe, au sens étendu du terme, amorphe dans toutes les acceptions que nous pouvons imaginer, amorphe ontologique. Il est l'Indéterminé. Mais Vidal se trouve confronté à l'écueil qu'ont rencontré les monismes. Dans les monismes, l'univers est figé, car tout changement, tout mouvement, toute différence, produisant de la multiplicité, serait une destruction de la pureté de l'Un. Parménide, le premier, se trouva confronté à ce problème : l'esprit aspire au Un, à concevoir l'unité du monde, parce que cela semble la situation la plus simple, la plus reposante pour le penseur, mais cette unité se dérobe au fur et à mesure que le monisme se trouve confronté de plus près à la diversité empirique. Les monismes ont besoin d'une porte de sortie, fût-elle dérobée, vers le pluralisme. Or, pour créer de la multiplicité, pour obtenir le divers du *Réel en nous*, un dualisme suffit, puisque par organisation interne il peut conduire à un divers infini. Il n'est nul besoin, en vertu du principe d'Ockham, d'envisager plus qu'un dualisme.

La porte de sortie de Vidal, qui lui permet de s'évader de la prison qu'est une conception moniste, consiste à concevoir deux hypostases de l'Être amorphe qui ne relèvent d'aucune transcendance : l'*être-esprit* et l'*être-monde* qui par leur dualisme, leur double identité, tirent par imprégnation réciproque d'elles-mêmes une dimension non ontologique : le *Réel en nous*. Il n'y a pas de hiérarchie entre elles car, en tant qu'hypostases, elles sont l'Être, le Un. Vidal, bien que lui-même se constatant athée, sans connotation militante, s'infiltre de cette façon, si l'on peut s'exprimer ainsi, dans l'ontologie en suivant une voie tracée tout au long de l'histoire de la civilisation occidentale par le christianisme, restant de ce fait familier — donc compréhensible facilement — à une grande partie des penseurs ou des gens cultivés d'aujourd'hui.

Les hypostases infèrent, hors de leur ontologie, le *Réel en nous* dont l'esprit et un amorphe. L'*esprit* donne forme à cet amorphe, produisant la matière empirique qui réciproquement forme l'esprit empirique. On peut dire que l'esprit empirique porte plus spécialement la marque de l'*être-esprit*. Il est, de façon métaphorique, une sorte de trace, de projection, d'expression de l'*être-esprit*, peu imprégné d'*être-monde* dans le *Réel en nous*. De même la matière empirique porte spécialement la marque de l'*être-monde*.

Le dualisme de Vidal est en adéquation avec la théorie quantique, dans l'effacement d'un réel *en soi*, en ceci qu'il soutient la dimension métaphysique du modèle de la nature qu'est la science, du modèle que produit l'esprit de l'homme. Rien, en effet, ne permet d'avancer que le microphysique serait plus qu'un concept, qu'un postulat permettant, par le modèle de la mécanique quantique qui l'organise, de produire une « explication ». En effet, il permet une belle histoire logique qui satisfait l'esprit de l'homme et sa physiologie — par le plaisir que la « compréhension » lui procure —, une explication de phénomènes du macroscopique, de phénomènes du *Réel en nous*. Rien du microphysique n'est accessible de façon directe à la mesure ou à l'observation. Toutes les mesures du microphysique mettent en jeu des phénomènes du macroscopique.

Le dualisme de Vidal peut être dérangeant d'abord par la mise en œuvre de ses hypostases qui remuent un passé scolastique. Il dérange aussi par un empirisme assumé alors que les philosophes des sciences n'aiment pas l'empirisme. Il dérange par le couplage du réalisme du *Réel en nous* avec son antiréalisme qui refuse tout autre qu'une métaphysique pour les entités scientifiques, les théories et les lois. Il dérange par ce que l'on peut qualifier sa dimension d'idéalisme, du fait qu'il attribue une grande place à l'esprit. Il s'agit cependant d'un esprit formé par la nature, la matière — ce qui est conforme certes au scientifiquement correct du matérialisme —, mais il considère aussi l'inverse en ce que l'esprit forme la nature, la matière. Il remue les cartes et heurte les habitudes de pensée. S'il fallait refuser le dualisme de Vidal, il faudrait refuser aussi une grande partie de tout ce qui l'a inspiré ou dont il s'est servi. Le dualisme de Vidal évite les écueils des autres dualismes de l'histoire et les fait apparaître comme de simples éléments sur la voie d'une pensée plus achevée.

Biographie de Bernard Vidal

Bernard Marie Raymond Vidal est né à Uzès en 1943 dans une famille de viticulteurs du village de Saint-Michel d'Euzet, dans le Gard. Cette famille était très catholique, mais Bernard, malgré les pensions religieuses où il séjourna, développa un athéisme non militant, discret. Il avait deux frères aînés Albert et Marc, ainsi qu'un cadet Vincent.

Après passage à l'école primaire du village, à sept ans il se trouva à la Maîtrise de la Cathédrale de Viviers, financée par l'évêque du diocèse. Il se fit remarquer à son arrivée par sa compétence parfaite, peu commune même alors, en lecture. La légende familiale prétendait qu'il avait appris à lire tout seul. En fait, aux débuts de son apprentissage, il s'entraînait à lire à haute voix toutes les enseignes des magasins en ville, ce qui pouvait faire illusion.

Il resta quatre ans à la Maîtrise de Viviers, puis, de la cinquième à la troisième, alla à Notre-Dame de Prime Combe (Gard), proche de Sommières, collège tenu par des prêtres lazaristes au milieu des bois, du maquis et de la garrigue. Cette formation dans des collèges catholiques lui donna du goût pour la culture classique, en particulier pour la civilisation grecque, qui l'accompagnera toute sa vie.

En 1958 il entra au lycée de Bagnols sur Cèze, qui ouvrait dans des préfabriqués. Tenant à une formation classique, mais soucieux de se former en sciences, il opta pour une série dite « A' » (A prime) qui permettait de suivre des cours de français, latin, grec, histoire, géographie avec les littéraires, des cours de math, physique, chimie avec les scientifiques. Son bac fut passé en deux parties, puisqu'il en était ainsi à l'époque, la première partie en série « A prime » et la deuxième partie, dernière année du secondaire, en mathématiques élémentaires (1961).

Il s'orienta alors vers des études de chimie à la Faculté des Sciences de Montpellier (devenue Université de Montpellier II). Il obtint une licence de chimie, un « Diplôme d'Études Approfondies » en chimie organique — ce que l'on appelle aujourd'hui un master —, et il soutint en 1967 une thèse de docteur en chimie concernant les cinétiques d'addition du borohydrure de sodium sur des cétones aliphatiques. Il se maria la même année, juste après la soutenance de sa thèse, avec Jacqueline Lieutard, fille de bouchers-charcutiers qu'il avait rencontrée sur les bancs de la faculté des sciences.

Intéressé par le système universitaire, Vidal avait obtenu un poste d'assistant à la Faculté des Sciences de Lille (1967, Université Lille I). Il y prépara un doctorat ès sciences physiques pour faire une carrière universitaire. Un doctorat en chimie, d'ampleur moindre que celle d'un doctorat ès sciences, ne lui permettait d'être recruté qu'au bas de l'échelle sans possibilité d'accès aux postes de professeurs.

Jacqueline fut nommée professeur à Caudry (Nord, 1967). Ils ne se rencontraient que le week-end, pendant deux ans. Puis le couple s'installa à Lille. Ils eurent deux enfants : Anne-Laure (1970) et Guilhem (1974). Bernard devint maître assistant, soutint sa thèse de doctorat ès sciences physiques en 1973. Il fut réformé du service militaire à 26 ans, pour rhumatismes. Il pratiqua l'aïkido de 35 ans à 52 ans, ce qui disait-il lui permit de déceler les fils du pouvoir dans son travail universitaire et de s'orienter dans les rapports de forces.

Sa thèse de doctorat ès sciences physiques portait sur la spectroscopie électronique de réactions chimiluminescentes en phase gazeuse et il reçut, outre la mention très honorable, les félicitations du jury ce qui était tout à fait exceptionnel à l'époque. En 1974 il fit un stage post-doctoral à l'Université du Sussex à Brighton où il se forma à la chimie quantique.

Après le développement des universités dans les années soixante, en 1974 plus aucun poste de professeur n'était mis au concours. Voulant devenir professeur des universités, il promut au sein du Syndicat National Autonome des Sciences et de la Fédération Nationale des Syndicats Autonomes, d'abord la transformation du nom de Maître Assistant, qui connotait subalterne, en Maître de Conférences (MCF). Ensuite, il défendit dans son syndicat un projet de transformations sur concours de postes de MCF en postes de professeurs. Accordée par le ministère, cette mesure débloqua l'avenir de jeunes universitaires. Ce succès le persuada qu'un individu animé d'un projet qui l'imprégnait puissamment pouvait, entraînant un collectif, obtenir des mesures au niveau national. Il fut élu plusieurs fois au Conseil Supérieur des Corps Universitaires appelé ensuite Conseil Supérieur des Universités. Il lui fallut dix ans, parce qu'il s'était fait des ennemis haut placés, pour baliser le système et devenir professeur.

Il présenta le concours de recrutement de professeur des universités à l'Université de La Réunion (3500 étudiants alors) où il arriva en août 1986. Il y avait beaucoup à faire. Il obtint en 1987 l'habilitation du ministère pour mettre en place une licence professionnalisée en chimie et biologie végétales, puis une maîtrise de chimie et biologie végétales en 1988, constituant ainsi le premier « deuxième cycle » complet du secteur scientifique. Il avait choisi la professionnalisation pour que les diplômés trouvent de l'emploi. Puis, il obtint l'habilitation pour une Maîtrise de sciences et techniques et en 1998 un IUP Agroalimentaire (IUP : Institut Universitaire Professionnalisé) en concertation avec les professionnels de l'île. Il le dirigea de 1998 à 2006. Ce fut un succès, prolongé par un DESS-Master « Ingénierie de la production agroalimentaire », en 2001, orienté sur la conception, la construction des usines agroalimentaires, des moyens de production en général et la mise en œuvre de leur gestion technique. Il fut le porteur du projet et ensuite directeur de cette formation. Pour le DESS, 90 % des enseignements étaient délivrés par des professionnels, par des étrangers anglophones aussi venant de l'île Maurice, de Hollande, d'Afrique du Sud qui enseignaient les matières scientifiques et techniques en anglais et qui intervenaient aussi dans l'IUP. Cet effort aboutit sous la direction de Vidal à la conception et à la mise en place de la première école d'ingénieurs en Outre-Mer, reconnue par la Commission du Titre d'Ingénieur, en 2005. Il dirigea cette école (ESIDAI : École Supérieure d'Ingénieurs en Développement Agroalimentaire Intégré) de 2006 à 2009, année où il prit sa retraite, mettant en trois ans en place les cinq années de formation. Un accord avec l'ENSBANA de Dijon fit que cette dernière école recevait les étudiants de cinquième année une grande partie de l'année et les mélangeait à ceux de son propre cursus. Des politiques de la Réunion essayèrent de saboter le projet déposant un recours auprès du Tribunal Administratif pour que soit interdit au Conseil Régional de participer au financement de l'école. Ceci l'étrangla financièrement alors que les étudiants étaient déjà en formation. Il dut participer ponctuellement, de façon personnelle, à des financements de fonctionnement. Certains politiques voulaient le forcer à implanter son école dans le Sud de l'île, ce qui était impossible. Il était parvenu, après bien des luttes, à faire construire plus de 2000 m^2 de locaux techniquement adaptés, à 800 m du campus de l'université ce qui lui permit de bénéficier du concours des enseignants de l'université sans mise en place de moyens pédagogiques supplémentaires. Bernard Vidal créa ainsi, certainement un record mondial, treize années de formations diplômantes.

Bernard Vidal a enseigné la chimie, la chimie physique, la spectroscopie atomique, celle des espèces diatomiques en phase gazeuse à très basse pression, des molécules polyatomiques en phase gazeuse et condensée, et dans ses applications IR, UV, RMN à l'analyse et la détermination des structures des molécules en particulier organiques. Il a enseigné, de 1972 à 2009, la chimie quantique et l'histoire des sciences, dans ce dernier cours il discutait de son dualisme en précisant à ses étudiants que ceux qui pensaient comme lui n'étaient que de vils flagorneurs ! Il écrivit des livres d'enseignement de chimie quantique qui eurent du succès, lui assurant une grande notoriété dans sa discipline.

Dans son travail de thèse à Lille, il œuvra, entre autres, à inventer un nouveau type de cavités hyperfréquences pour la production de plasmas froids très stables permettant l'étude cinétique de chimiluminescences. Après 1974, il travailla en recherche à Lille et à La Réunion, dans le secteur de la spectroscopie UV, étudiant des molécules naturelles. Il s'intéressa en particulier aux interactions à longue distance dans les molécules, interactions susceptibles de perturber les symétries locales dans ces molécules, donc les interdictions quantiques et les intensités des transitions. Il réalisa 115 publications scientifiques, dont 46 en seul auteur.

Bernard Vidal fut aussi pendant dix ans (1992-2002) vice-président de l'université chargé des études et de la vie universitaires, position sensible qui l'amenait à se préoccuper de tout ce qui se passait dans l'université pour en assurer le fonctionnement sans heurt. Pendant cette période de dix ans, le nombre d'étudiants passa de 6 000 à 12 500. Il fit partie de ceux qui conçurent et accompagnèrent, dirigeant même le développement général de l'université dans des circonstances souvent difficiles à la croisée de facteurs liés au développement du territoire, d'incidences économiques, de facteurs politiques... en gardant une logique centrée sur la formation de la jeunesse de toute une région française.

Sa capacité d'écoute envers ses étudiants a été soulignée. Nombre de ses collègues apportaient leur contribution bénévole aux projets qu'il dirigeait parce qu'il les laissait libres de leurs initiatives dans un cadre accepté et préfixé et laissait à chacun le mérite de son propre travail, le soutenant dans les difficultés et partageant les échecs.

Il prit sa retraite à 66 ans en 2009. Il réside à La Réunion.

Remerciements

Nous tenons à remercier pour leur aide dans la biographie ci-dessus : Igor Payet, Renaud de Lacham, Henri Payet, Ilsa Grondin, Bastien Moreau, Adeline Robert, Thierry Deltertre, Jean-Hugues Técher, Valérie-Jeanne Minatchy, Gillette Kerbidy, Jean-Antoine Lauret, Léanor Kichenin, Albert Delacourt, Jean Martel, Jean-Christian Picavet, Edmond Mairesse, Edmond Courtois, Albert Vidal, et Jacqueline Lieutard-Vidal, sans oublier les amis et anciens collègues de Bernard Vidal, de l'Université des Sciences et Techniques du Languedoc (Montpellier II), de l'Université des Sciences et Techniques de Lille (Lille I), ceux de l'Université de Maurice et ceux de l'Université de La Réunion.

Livres de Bernard Vidal

Le féminisme, Paris, Bouillon, 2015, 154 pages
Réel concret, métaphysique quantique ou baguette magique ? Paris, Technedit, 2014, 141 pages
Les visages de la science, Louvain-la-Neuve(B), Academia, 2014, 214 p.
*La testabilité des théories. L'*experimentum crucis *de la physique au spiritualisme,* Paris, Technedit, 2014, 125 p.
La haine contre l'Occident, Paris, Bouillon, 2013, 296 pages
Le conflit science-société, Paris, Technedit, 2011, 236 pages
La Science, un bricolage qui a réussi, Paris, Technedit, 2010, 668 pages
Matière dialectique et violence, Paris, Mare et Martin, 2007, 415 pages
La théorie des groupes en chimie. Introduction à l'étude des symétries, Paris, Technedit, 2000, 214 p
Histoire de la chimie, Paris, PUF, "Que-Sais-Je?", 1998 (2ème éd.), 126 pages, traduit en portugais et en vietnamien
Quantique moléculaire, Paris, Tec-Doc/Lavoisier, 1997, 243 pages
Exercices de chimie quantique, Paris, Masson, 1995, 187 p.
Chimie quantique, de l'atome à la théorie de Hückel, Paris, Masson, 1993, 351 pages
La liaison chimique : le concept et son histoire, Paris, J.Vrin, 1989, 291 pages
Théories élémentales et atomiques de l'Antiquité classique, Nice, IHS, 1984, 214 pages

De même que :

Divine Sapho, poèmes, 2016, 132 p.
Des jours et des nuits, poèmes, 2013, 156 p.
Ces deux derniers ouvrages de poésies sont disponibles entre autres chez l'auteur (bmr.vidal@gmail.com) ou auprès de Technedit, 8 rue du Faubourg Poissonnière, 75210-Paris, qui en assure la diffusion.

Table des matières

Philosophie
aux éditions L'Harmattan

Dernières parutions

BURKE, MARX, ARENDT ET LA CRITIQUE DES DROITS DE L'HOMME
Nogbou Hyacinthe
Le présent ouvrage propose de voir les inflexions des droits de l'homme face au pouvoir des nouvelles puissances, face à la plénitude de l'État-nation de façon générale, mais principalement face à l'État-africain. Comment, à partir des critiques d'Edmond Burke, de Karl Marx et d'Hannah Arendt, penser la réalité des droits de l'homme? Quel commerce ces trois grands penseurs des droits de l'homme entretiennent-ils?
(Harmattan Côte-d'Ivoire, 13.50 euros, 114 p.)
ISBN : 978-2-343-10569-7, ISBN EBOOK : 978-2-14-003024-6

COURT TRAITÉ DE LA SERVITUDE RELIGIEUSE
Pour une théorie critique du fait religieux
Collin Denis
La critique de la religion est pour l'essentiel terminée : voilà ce que Marx écrivait en 1843 (Critique de la philosophie du droit de Hegel). Le début du XXIe siècle semble lui donner tort. Fondamentalismes, djihadisme, terrorisme : ceux qui pensaient que nous étions définitivement entrés dans un monde matérialiste en sont pour leurs frais. Mais il existe une tradition philosophique pour laquelle vivre sous la conduite de la raison permet de s'émanciper de la servitude religieuse. Il s'agit donc d'en revenir aux principes afin d'examiner ce qu'il en est du fait religieux aujourd'hui.
(Coll. Ouverture Philosophique, 12.00 euros, 90 p.)
ISBN : 978-2-343-11318-0, ISBN EBOOK : 978-2-14-003063-5

DE LA POSSIBILITÉ D'UNE FICTION HISTORIQUE CHEZ JACQUES DERRIDA
Phénoménologie, grammatologie, poétique
Trujillo Ivan
Dans ce livre, l'auteur explore le rapport entre la fiction et l'histoire dans la philosophie de Jacques Derrida. En essayant de discerner la pensée d'une certaine fiction historique chez Derrida, l'auteur cherche à éclairer la portée politique de l'idée d'une littérature sans condition.
(Coll. La philosophie en commun, 26.00 euros, 268 p.)
ISBN : 978-2-343-10416-4, ISBN EBOOK : 978-2-14-002948-6

L'ÉTHIQUE HUMANITAIRE AU PRISME DE NIETZSCHE
Pitié et souffrance
Moutoumbou Ndjounggui Roland Rodrigue
L'universalité de l'« humanitaire » dans notre monde suscite un triple soupçon : n'aurait-il pas partie liée avec la tradition humaniste qui donne une place centrale à la pitié. Si oui, qui investit sa pitié dans l'humanitaire, pour qui (en faveur de qui) et avec quels effets moraux sur ceux qui en bénéficient ? Et si on refuse la morale et la politique de la pitié, est-ce à dire qu'on renonce à venir au secours de ceux qui souffrent ? Afin d'éviter les pièges détestables de la pitié, l'auteur utilise des concepts nietzschéens pour repenser une éthique humanitaire.
(Harmattan Cameroun, 26.00 euros, 262 p.)
ISBN : 978-2-343-11266-4, ISBN EBOOK : 978-2-14-002920-2

DES HUMAINS CONFIANTS ET DOCILES
Vincent Hubert
La confiance : donnée naturelle ou conséquence d'un certain nombre d'efforts ou d'intentions ? Dans les deux cas, elle est un résultat. Ni naturelle ni fabriquée, elle reste néanmoins à la base de tout. En découle la docilité, qu'il ne faut pas confondre avec la crédulité, la soumission, la dépendance et l'absence de tout esprit critique. Avoir bon esprit ne fait pas de nous des gens aveugles et stupides. En ces temps incertains et violents, il ne faudrait pas oublier qu'il nous est possible d'aimer ce monde et d'y prendre goût.
(Coll. La philosophie en commun, 25.00 euros, 234 p.)
ISBN : 978-2-343-11234-3, ISBN EBOOK : 978-2-14-002996-7

PHILOSOPHIE DU VIEILLIR
Existence et temporalité dans la pensée antique
Lombard Jean
La vieillesse apparaît avec une espèce d'évidence énigmatique. Elle s'est imposée à l'observation des hommes dès les premiers temps de la Grèce : le concept même d'âge avancé est affecté par les grandes modifications qui marquent l'histoire grecque et romaine. Il est impossible de l'ignorer, de ne pas remarquer sa réalité familière et de l'éviter, le moment venu. Au fond, qu'est ce que la vieillesse ?
(Coll. Hippocrate et Platon, études de philosophie de la médecine, 14.50 euros, 126 p.)
ISBN : 978-2-343-11383-8, ISBN EBOOK : 978-2-14-003011-6

MÉLANGES PHILOSOPHIQUES
Sous la direction de Yahot Christophe
Les deux dernières décennies ont vu se développer un grand nombre d'universités et d'institutions de recherche dans de nombreux pays africains. Les intellectuels du continent éprouvent de plus en plus la volonté de partager leur expérience et leur vision du monde et des choses avec le reste du monde. Faire vivre la diversité, tel est le but primordial de ce livre qui inaugure la collection « Arc-en-ciel » qui se présente comme une œuvre de construction commune pour trouver les réponses aux grands défis du XXIe siècle.
(Harmattan Côte-d'Ivoire, 20.50 euros, 196 p.)
ISBN : 978-2-343-10568-0, ISBN EBOOK : 978-2-14-003028-4

LA PAROLE DE PROTAGORAS
Fragments et témoignages (édition bilingue – Grec et latin / Français)
Moscarelli Laura
Intellectuel intelligent et probe, fin pédagogue, orateur passionné, Protagoras d'Abdère était l'une des plus grandes personnalités de la Grèce antique. Traditionnellement considéré comme le premier des «sophistes», il défendait la démocratie périclééenne. Sa parole, comme celle de tous les sophistes, a été discréditée tout au long de l'histoire de la pensée occidentale. Elle mérite d'être réhabilitée et écoutée pour elle-même. Cet ouvrage propose donc une traduction du grec et du latin au français de la plupart des fragments et des témoignages que nous possédons. Une courte introduction historique précède ces textes.
(Coll. Philosophies-Artistes, 15.50 euros, 138 p.)
ISBN : 978-2-343-11132-2, ISBN EBOOK : 978-2-14-002937-0

VALEURS FONCTIONNALISÉES ET RELATIONS INTERCULTURELLES
Essai
Yahot Christophe
Qui sont les hommes véritablement, et comment la nécessité du vivre ensemble peut-elle se concevoir à l'aube du XXIe siècle afin de réduire si possible les conflits qui tirent, semble-t-il, leur origine dans les différences culturelles ? Si les rapports entre les hommes deviennent de plus en plus insupportables en raison de l'intolérance et de la violence qu'ils génèrent, c'est collectivement que nous devons trouver les réponses aux problèmes qui se dressent sur le chemin de l'avènement du «règne des fins».
(Harmattan Côte-d'Ivoire, 16.50 euros, 152 p.)
ISBN : 978-2-343-10570-3, ISBN EBOOK : 978-2-14-003027-7

LA RAISON OU LE CHAOS
Prone André – Préface d'André Tosel
Persuadé de l'imminence de la dimension paroxysmique de la crise actuelle, l'auteur revisite deux concepts philosophiques présentés par Marx et Spinoza, pour montrer en quoi le système capitaliste s'oppose à la raison. L'auteur propose aussi deux nouveaux paradigmes pour permettre au peuple de faire face à la fragilité de l'humanité et au déséquilibre de l'écosystème naturel mis en péril par la marchandisation du vivant.
(Coll. Questions contemporaines, 15.00 euros, 142 p.)
ISBN : 978-2-343-11293-0, ISBN EBOOK : 978-2-14-002914-1

CRITIQUE DE LA RAISON PHILOSOPHIQUE (Tome 1)
Première partie. La preuve par l'ordre et la mesure
Jalley Émile
Cet ouvrage peut se lire selon quatre « preuves » indépendantes bien que complémentaires : preuve cartésienne selon l'ordre et la mesure (tome 1), preuve kantienne-hégélienne selon l'histoire de la philosophie (tomes 2 et 3), preuve scientifique selon la psychologie de l'enfance (tome 4) et preuve populaire prise dans l'espace médiatique (tome 5). Ces cinq volumes peuvent se lire séparément.
(29.50 euros, 288 p.)
ISBN : 978-2-343-10917-6, ISBN EBOOK : 978-978-2-14-002829-8

CRITIQUE DE LA RAISON PHILOSOPHIQUE (Tome 2)
Deuxième partie. La preuve par l'histoire de la philosophie
Jalley Émile
Cet ouvrage peut se lire selon quatre « preuves » indépendantes bien que complémentaires : preuve cartésienne selon l'ordre et la mesure (tome 1), preuve kantienne-hégélienne selon l'histoire de la philosophie (tomes 2 et 3), preuve scientifique selon la psychologie de l'enfance (tome 4) et preuve populaire prise dans l'espace médiatique (tome 5). Ces cinq volumes peuvent se lire séparément.
(25.00 euros, 236 p.)
ISBN : 978-2-343-11196-4, ISBN EBOOK : 978-978-2-14-002830-4

CRITIQUE DE LA RAISON PHILOSOPHIQUE (Tome 3)
Deuxième partie. La preuve par l'histoire de la philosophie
Jalley Émile
Cet ouvrage peut se lire selon quatre « preuves » indépendantes bien que complémentaires : preuve cartésienne selon l'ordre et la mesure (tome 1), preuve kantienne-hégélienne selon l'histoire de la philosophie (tomes 2 et 3), preuve scientifique selon la psychologie de l'enfance (tome 4) et preuve populaire prise dans l'espace médiatique (tome 5). Ces cinq volumes peuvent se lire séparément.
(23.50 euros, 222 p.)
ISBN : 978-2-343-11197-1, ISBN EBOOK : 978-978-2-14-002831-1

CRITIQUE DE LA RAISON PHILOSOPHIQUE (Tome 4)
Troisième partie. La preuve par la psychologie
Jalley Émile
Cet ouvrage peut se lire selon quatre « preuves » indépendantes bien que complémentaires : preuve cartésienne selon l'ordre et la mesure (tome 1), preuve kantienne-hégélienne selon l'histoire de la philosophie (tomes 2 et 3), preuve scientifique selon la psychologie de l'enfance (tome 4) et preuve populaire prise dans l'espace médiatique (tome 5). Ils peuvent se lire séparément, mais font partie d'un même projet de critique de la philosophie française contemporaine. Ces cinq volumes peuvent se lire séparément.
(26.50 euros, 254 p.)
ISBN : 978-2-343-11198-8, ISBN EBOOK : 978-978-2-14-002832-8

CRITIQUE DE LA RAISON PHILOSOPHIQUE (Tome 5)
Quatrième partie. La preuve par le discours médiatique
Jalley Émile
Cet ouvrage peut se lire selon quatre «preuves» indépendantes bien que complémentaires : preuve cartésienne selon l'ordre et la mesure (tome 1), preuve kantienne-hégélienne selon l'histoire de la philosophie (tomes 2 et 3), preuve scientifique selon la psychologie de l'enfance (tome 4) et preuve populaire prise dans l'espace médiatique (tome 5). Ils peuvent se lire séparément, mais font partie d'un même projet de critique de la philosophie française contemporaine. Ces cinq volumes peuvent se lire séparément.
(33.00 euros, 320 p.)
ISBN : 978-2-343-11199-5, ISBN EBOOK : 978-978-2-14-002833-5

LE MONDE DANS 3 000 ANS
Essai
Arnaud Emmanuel
Quelle sera l'apparence de l'espèce humaine dans 3 000 ans ? Quelle sera la forme de l'organisation économique et sociale de ses civilisations ? Quelle sera l'étendue de sa connaissance et de ses conquêtes physiques ? C'est à ces différentes questions que répond de façon originale cet essai. L'auteur s'essaye ici à la prospective, nous offrant un scénario possible de l'histoire humaine...
(Coll. Rue des écoles, 14.00 euros, 152 p.)
ISBN : 978-2-343-10976-3, ISBN EBOOK : 978-978-2-14-002792-5

LE LIBRE ARBITRE
Esquisse d'une métaphysique de la liberté
Van Kerckhoven Alain
Dans cet ouvrage, l'auteur démontre que le libre arbitre a toujours été instrumentalisé pour justifier des postures religieuses, philosophiques ou politiques. L'apparition de nouveaux outils de connaissance permet pour la première fois d'en faire un sujet d'étude rationnelle. Les conclusions nous entraînent aux frontières de la science et de la philosophie, au cœur de l'expérience humaine.
(Coll. Ouverture Philosophique, 18.50 euros, 174 p.)
ISBN : 978-2-343-10613-7, ISBN EBOOK : 978-978-2-14-002701-7

HISTOIRE DES ONGLES
Essai sur l'apparent et le manifeste
Hervieu Éric
Les ongles font partie des productions apparentes et persistantes à la surface de la peau, que l'on regroupe sous le nom de «phanères», mot qui à l'origine signifiait visible, évident, apparent, manifeste. Les ongles ont donné lieu à une symbolique tout aussi ancienne qu'abondante (croyances populaires, registres médicaux ou religieux, esthétiques de Poe et de Mallarmé...). C'est donc à partir de ces interprétations que se révèlent certains enjeux de la forme artistique, puisque l'art lui-même est apparent et manifeste.
(Coll. Acteurs de la Science, 12.50 euros, 100 p.)
ISBN : 978-2-343-11086-8, ISBN EBOOK : 978-978-2-14-002713-0

CRITIQUE DU DROIT CHEZ MICHEL VILLEY ET RENÉ GIRARD
Pour une épistémologie négative
Dubouchet Paul
La virulence parait être le point commun entre Michel Villey et René Girard. Pour René Girard, droit, philosophie et sciences humaines ont pour but de cacher le «meurtre fondateur» tandis que pour Villey elles veulent répudier le «raisonnement dialectique» au profit du «raisonnement déductif». Mettre en rapport ces deux critiques permet de révéler une «épistémologie négative», seule capable de sauver, avec le droit, la philosophie et les sciences humaines.
(Coll. Ouverture Philosophique, 19.00 euros, 182 p.)
ISBN : 978-2-343-10665-6, ISBN EBOOK : 978-2-14-002551-8

L'HARMATTAN ITALIA
Via Degli Artisti 15; 10124 Torino
harmattan.italia@gmail.com

L'HARMATTAN HONGRIE
Könyvesbolt ; Kossuth L. u. 14-16
1053 Budapest

L'HARMATTAN KINSHASA
185, avenue Nyangwe
Commune de Lingwala
Kinshasa, R.D. Congo
(00243) 998697603 ou (00243) 999229662

L'HARMATTAN CONGO
67, av. E. P. Lumumba
Bât. – Congo Pharmacie (Bib. Nat.)
BP2874 Brazzaville
harmattan.congo@yahoo.fr

L'HARMATTAN GUINÉE
Almamya Rue KA 028, en face
du restaurant Le Cèdre
OKB agency BP 3470 Conakry
(00224) 657 20 85 08 / 664 28 91 96
harmattanguinee@yahoo.fr

L'HARMATTAN MALI
Rue 73, Porte 536, Niamakoro,
Cité Unicef, Bamako
Tél. 00 (223) 20205724 / +(223) 76378082
poudiougopaul@yahoo.fr
pp.harmattan@gmail.com

L'HARMATTAN CAMEROUN
TSINGA/FECAFOOT
BP 11486 Yaoundé
699198028/675441949
harmattancam@yahoo.com

L'HARMATTAN CÔTE D'IVOIRE
Résidence Karl / cité des arts
Abidjan-Cocody 03 BP 1588 Abidjan 03
(00225) 05 77 87 31
etien_nda@yahoo.fr

L'HARMATTAN BURKINA
Penou Achille Some
Ouagadougou
(+226) 70 26 88 27

L'HARMATTAN SÉNÉGAL
10 VDN en face Mermoz, après le pont de Fann
BP 45034 Dakar Fann
33 825 98 58 / 33 860 9858
senharmattan@gmail.com / senlibraire@gmail.com
www.harmattansenegal.com

www.ingramcontent.com/pod-product-compliance
Lightning Source LLC
LaVergne TN
LVHW011301061026
849535LV00005B/1352
* 9 7 8 2 3 4 3 1 2 0 4 8 5 *